TIERRA

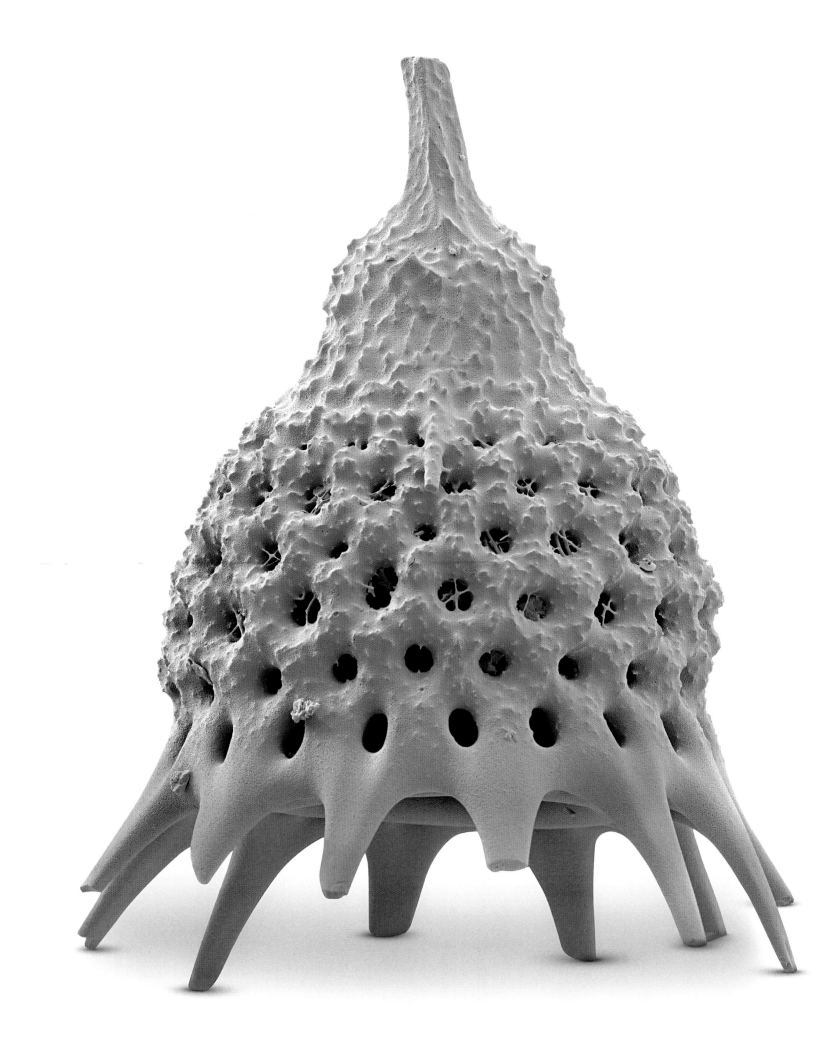

DK

TIERRA

LOS SECRETOS DE NUESTRO PLANETA

DK LONDON

Edición sénior Peter Frances y Rob Houston
Edición Polly Boyd, Jemima Dunne, Sarah MacLeod,
Cathy Meeus y Steve Setford
Producción sénior Meskerem Berhane
Coordinación editorial Angeles Gavira Guerrero
Edición de arte sénior Sharon Spencer y Duncan Turner
Ilustración Phil Gamble
Diseño de cubierta sénior Akiko Kato
Dirección de diseño de cubiertas Sophia MTT
Coordinación de arte Michael Duffy
Dirección de arte Karen Self
Dirección de diseño Phil Ormero
Subdirección de publicaciones Liz Wheeler
Dirección de publicaciones Jonathan Metcalf

COORDINACIÓN DE LA EDICIÓN EN ESPAÑOL

Coordinación editorial Marina Alcione
Asistencia editorial y producción Eduard Sepúlveda

Publicado originalmente en Gran Bretaña
en 2022 por Dorling Kindersley Limited
DK, One Embassy Gardens, 8 Viaduct Gardens,
London, SW11 7BW

Parte de Penguin Random House

Título original: *The Science of the Earth*
Primera edición 2023

Copyright © 2022 Dorling Kindersley Limited

© Traducción en español 2023 Dorling Kindersley Limited

Servicios editoriales: deleatur, s.l.
Traducción: Antón Corriente Basús

ISBN: 978-0-7440-8908-0

Impreso en Emiratos Árabes Unidos

Para mentes curiosas
www.dkespañol.com

Colaboradores

Philip Eales estudió física y teledetección en el University College de Londres. Además de escribir sobre ciencias de la Tierra y el espacio, dirige una empresa de computación gráfica especializada en la visualización de datos y fenómenos astronómicos y geográficos.

Gregory Funston es un paleontólogo canadiense formado en la Universidad de Alberta, actualmente becario postdoctoral en la Universidad de Edimburgo. Sus estudios sobre dinosaurios y mamíferos le han llevado a yacimientos de todo el mundo.

Derek Harvey es un naturalista particularmente interesado en la biología evolutiva. Estudió zoología en la Universidad de Liverpool y ha formado a toda una generación de biólogos, además de dirigir expediciones de alumnos en Costa Rica, Madagascar y Australasia.

Anthea Lacchia es escritora y periodista afincada en Irlanda. Escribe principalmente sobre temas de ciencia y naturaleza, y se doctoró con un estudio sobre los ammonoideos fósiles, parientes extintos de calamares y sepias.

Dorrik Stow es geólogo, oceanógrafo y autor de más de 300 artículos y libros. Es profesor emérito de la Universidad Heriot-Watt de Edimburgo, profesor distinguido de la Universidad de Geociencias de China de Wuhan y miembro emérito del Leverhulme Trust.

Asesores

David Holmes es geógrafo formado en la Universidad de Leeds, con un grado en geografía física y un máster en ciencias ambientales. Es miembro de la Royal Geographical Society de Londres y autor de varios manuales de geografía.

Cally Oldershaw fue conservadora de gemas del Museo de Historia Natural de Londres y presidenta de la Asociación Gemológica de Gran Bretaña. Es profesora de ciencias de la Tierra y autora de numerosos libros y artículos.

Douglas Palmer es autor y colaborador de numerosos libros sobre ciencias de la Tierra, especialmente del ámbito de la paleontología, materia de la que fue profesor en el Trinity College de Dublín. También trabaja en el Museo Sedgwick de la Universidad de Cambridge.

Kim Dennis-Bryan es zoóloga e inició su carrera estudiando peces fósiles en el Museo de Historia Natural de Londres, antes de ser profesora de la Open University especializada en ciencias naturales. Ha colaborado en muchos libros de ciencias, entre ellos *Animal*, *Océano* y *Prehistoria* de DK.

Portadilla Geoda con amatista y cristales de calcita
Portada Micrografía electrónica de barrido en color de un radiolario fósil *Anthocyrtidium ligularia*
Arriba Riolita y depósitos geotermales en el campo de lava de Laugahraun (Islandia)
Página 7 Moscas, escarabajos barrenadores y hormigas obreras conservadas en ámbar

contenido

planeta vivo

prólogo

Fundido al principio, luego helado, un tiempo cubierto de agua y sin tierra emergida, un planeta sin cielo ni nubes: es difícil imaginar la Tierra sin luz solar o lluvia, nuestra hermosa esfera giratoria totalmente sin vida. Ello no se debe a las limitaciones de nuestro conocimiento científico de su historia, sino a la complejidad de los factores implicados y, sobre todo, a nuestra percepción del tiempo. No es una dimensión fácil de aprehender.

La bola ardiente que hoy en día consideramos nuestro hogar se formó hace 4600 millones de años. La vida apareció en ella hace al menos 3770 —quizá hasta 4410— millones de años. Toda la vida desciende del último antepasado común universal (LUCA, por sus siglas en inglés), organismo a partir del cual evolucionaron todas las especies que hoy viven: todo animal, planta y hongo está emparentado con una única forma de vida unicelular, de aspecto no muy distinto a una pequeña bacteria actual. No hay fósiles de LUCA, pero se cree que surgió en las cálidas aguas de fuentes hidrotermales del océano profundo, hace 4280 millones de años. Son unas cifras enormes. ¿Cómo empezar a reunir lo que sabemos del complejo pasado de la Tierra y usarlo para entender cómo existe la Tierra hoy?

Este extraordinario libro nos ofrece esa oportunidad. Al desmenuzar las grandes ideas sobre los fundamentos de la física, la química y la biología, se pueden comprender los procesos que formaron nuestro mundo y siguen dándole forma hoy. Desde cristales hasta tornados, desde fósiles hasta volcanes, en cada página hallamos interesantes conocimientos sobre el funcionamiento de la Tierra. Esta es la historia más emocionante jamás contada, pues sin sus muchos capítulos y peripecias, hoy no estaríamos aquí... y ha sido un viaje considerable.

CHRIS PACKHAM
NATURALISTA, PRESENTADOR, ESCRITOR,
FOTÓGRAFO Y CONSERVACIONISTA

CRESTAS DE ARENISCA EN LA PENÍNSULA NORUEGA DE VARANGER

planeta Tierra

La Tierra surgió hace unos 4600 millones de años como un cuerpo rocoso y caliente en la órbita del recién formado Sol. Por su posición en el sistema solar, es el único planeta de este que tiene agua líquida en su superficie. La continua transferencia de calor desde su interior la mantiene geológicamente activa, produciendo un movimiento constante y reciclando sus capas exteriores.

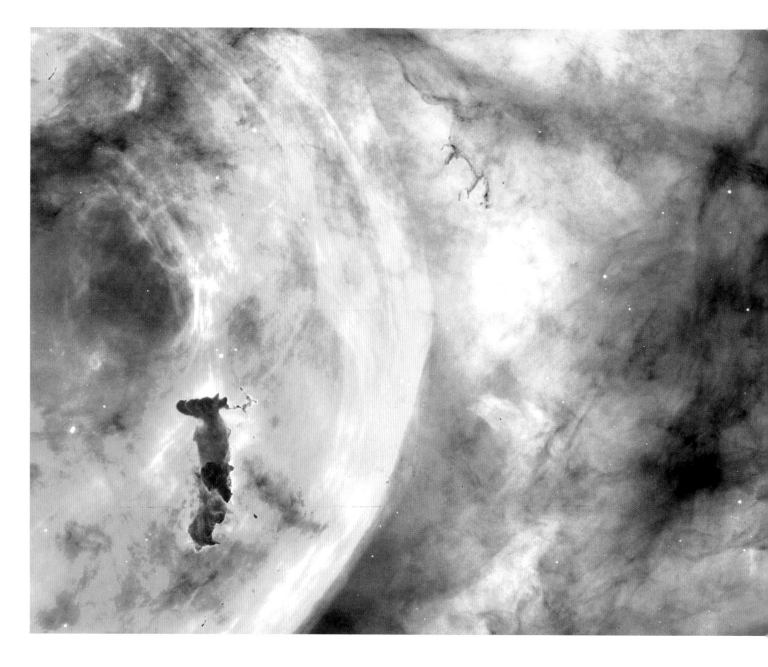

orígenes **interestelares**

Con tres excepciones, todos los elementos de la Tierra se forjaron hace
mucho tiempo en una estrella. Las excepciones —el hidrógeno, el helio
y el litio— se formaron al originarse el universo. Se cree que el calor y la
presión del núcleo de una estrella bastan para fusionar elementos ligeros
y crear otros más pesados, hasta el hierro, con un peso atómico de 56.
Los elementos más pesados, como el plomo, se deben a fuerzas aún
mayores, producidas al explotar una estrella moribunda como supernova.
La explosión dispersa los elementos creados por la estrella por el espacio
interestelar, sembrando la siguiente generación de estrellas.

El polvo tiene
un resplandor
rojo a la luz
de millones de
estrellas nuevas

Detonante estelar
Cuando dos galaxias colisionan, se generan nuevas olas de
estrellas. Las galaxias Antena llevan unos 100 millones de
años interactuando, comprimiendo nubes de gas y polvo.

LA VÍA LÁCTEA

Nuestra galaxia, la Vía Láctea, es una espiral barrada de entre 100 000 y 400 000 millones de estrellas. Dos grandes brazos surgen de los extremos de un bulbo central densamente poblado de estrellas viejas, y al rotar, el gas y el polvo se comprimen, produciendo áreas de formación estelar. Nuestro sistema solar ocupa un brazo menor, el de Orión, a algo más de la mitad de la distancia entre el núcleo galáctico y el brazo exterior.

ESTRUCTURA DE LA VÍA LÁCTEA

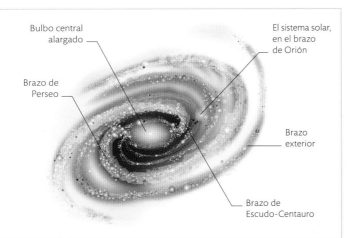

Bulbo central alargado

Brazo de Perseo

El sistema solar, en el brazo de Orión

Brazo exterior

Brazo de Escudo-Centauro

Nubes moleculares

El material expulsado de las estrellas se acumula en forma de nubes de gas y polvo, denominadas nubes moleculares, formadas sobre todo por moléculas de hidrógeno. La nebulosa Keyhole (arriba, izda.) es un ejemplo. Las nubes moleculares se pueden contraer por efecto de su propia gravedad o de un factor externo y formar glóbulos densos, como la Oruga (arriba, dcha.), que dan lugar a nuevas estrellas.

Disco protoplanetario
En esta imagen obtenida por un radiotelescopio puede verse un disco de polvo, llamado disco protoplanetario, alrededor de la joven estrella HL Tauri. Esta está a 450 años luz de la Tierra, en la constelación Tauro. Los círculos claros y oscuros en el disco muestran dónde se está concentrando el polvo para formar planetas.

El Sol
El Sol es una estrella enana amarilla que se halla hacia la mitad de su ciclo de vida, y con un diámetro de unos 1,4 millones de km, contiene el 99% de la masa del sistema solar. Es la fuente más importante de luz y calor para la vida en la Tierra. Esta energía procede de la fusión nuclear producida en su núcleo, donde la temperatura alcanza los 15 000 000 °C.

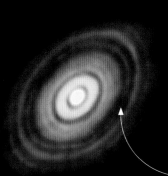

Los círculos oscuros del disco indican dónde pueden estar formándose planetas

Prominencias y filamentos, plumas como llamas de plasma caliente, se extienden por la superficie solar

la formación del sistema solar

Hace unos 4600 millones de años, una nube gigante de gas y polvo interestelar comenzó a colapsar sobre sí misma, quizá debido a las ondas de choque de la explosión de una estrella cercana. Al colapsar la nube, empezó a girar y calentarse, y formó un disco de gas y polvo en rotación. Cuando el calor y la presión del núcleo fueron lo bastante altos, los átomos de hidrógeno empezaron a fusionarse formando átomos de helio, liberando una gran cantidad de energía. Una nueva estrella, nuestro Sol, nació en el centro del disco. La gravedad reunió el resto de los materiales para formar asteroides, cometas, planetas y satélites.

CÓMO SE FORMARON LOS PLANETAS

El material en el disco alrededor del joven Sol incluía polvo, gas y, en la fría parte exterior, fragmentos de hielo. Este material chocaba y a veces se amalgamaba por un proceso de acreción. El polvo se concentró en guijarros, estos en rocas, y las rocas aumentaron de tamaño hasta formar planetas incipientes, llamados planetesimales. Algunos de estos objetos alcanzaron un tamaño suficiente como para que la gravedad les diera forma esférica, y se convirtieron en planetas o satélites.

El Sol se enciende

El polvo se agrega y forma planetesimales

Los protoplanetas (planetas jóvenes) barren la materia de sus órbitas

Planetas en órbitas estables

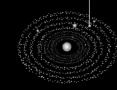

1. DISCO PROTOPLANETARIO   2. ACRECIÓN FRÍA   3. PROTOPLANETAS   4. SISTEMA SOLAR ACTUAL

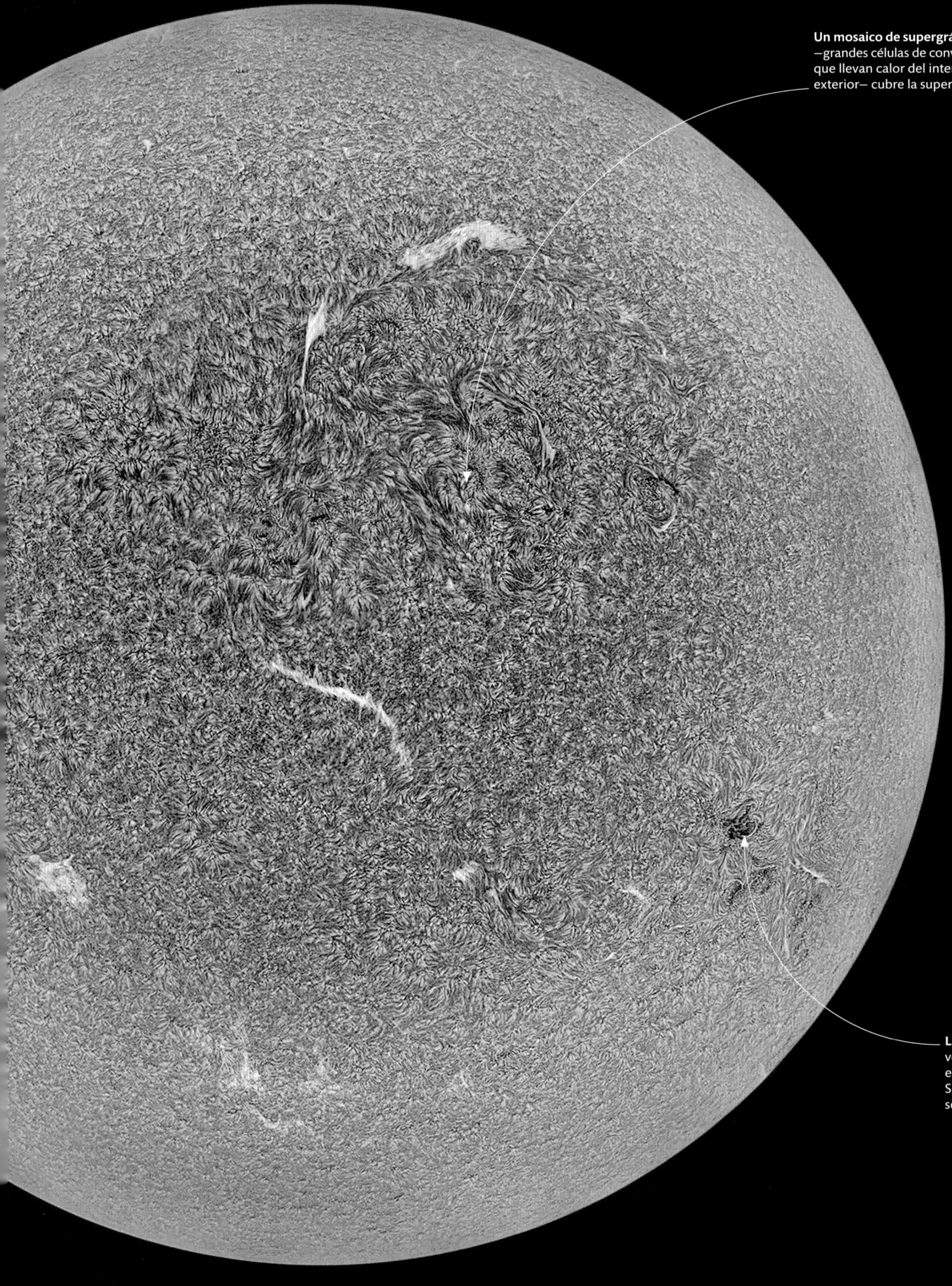

Un mosaico de supergránulos —grandes células de convección que llevan calor del interior al exterior— cubre la superficie del Sol

Las manchas solares se ven allí donde variaciones en el campo magnético del Sol hacen que su superficie sea relativamente fría

Condrita de menos
de 2 mm de diámetro

Micrometeorito
Esta es una micrografía electrónica de barrido de un
meteorito minúsculo hallado en una playa de la costa
este de EE. UU. Pertenece a una clase de meteoritos
llamados condritas, compuestos del mismo material
primitivo que formó originalmente los planetas rocosos.

meteoritos

La Tierra barre unas 70 000 toneladas de material extraterrestre al
año. La mayor parte consiste en partículas de polvo microscópicas,
pero caen también a la superficie objetos mayores, como meteoritos. La
mayoría de estos procede del cinturón de asteroides que se halla entre
Marte y Júpiter, donde las colisiones entre asteroides envían fragmentos
de roca hacia la Tierra. Algunos meteoritos contienen carbono e incluso
moléculas orgánicas complejas que pudieron tener un papel en el
origen de la vida. Como todos los planetas, la Tierra fue bombardeada
con objetos en la infancia del sistema solar. La Luna conserva las
cicatrices de ese bombardeo, pero en la Tierra el reciclaje continuo
de la corteza por la tectónica de placas ha borrado todos los cráteres
de impacto, salvo los más recientes.

Los fragmentos de
roca sugieren que este
pedazo se formó entre
el núcleo metálico y el
manto de silicato que
recubría el asteroide

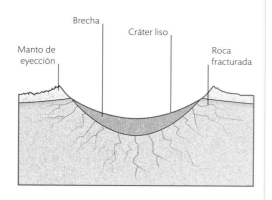

CRÁTERES DE IMPACTO

Con el tamaño y la velocidad suficientes,
un asteroide o meteoroide forma un
cráter circular al chocar con el suelo
y explotar. Su energía cinética se
convierte instantáneamente en calor,
que puede ser bastante para vaporizar
el meteorito y parte de la roca de la
superficie. Parte del meteorito puede
conservarse como roca fundida o
fragmentos (brecha), y parte del
material eyectado por el impacto se
posa en forma de halo. Los estratos
rocosos bajo el cráter pueden quedar
fracturados, levantados o volteados.

Brecha

Cráter liso

Manto de
eyección

Roca
fracturada

Cristales de olivino
(silicato de hierro y
magnesio) incrustados
en metal hierro-níquel

Resto del núcleo

Estos fragmentos cortados y pulidos de
meteoritos de roca y hierro, encontrados
en Seymchan (Rusia), presentan cristales
de hierro y níquel que se formaron en
el núcleo fundido de un planetesimal
o asteroide diferenciado (segmentado
en núcleo, manto y corteza). Algunos
meteoritos son rocosos, y una parte
de estos muestran signos de fusión en
su cuerpo de origen. Otros tienen una
composición química similar a la del
Sol, y se consideran representativos de
la nebulosa solar a partir de la cual se
formaron los planetas.

Cristales de níquel y hierro
formados en el núcleo
caliente de un asteroide

La textura característica de los
cristales de la aleación hierro-níquel,
revelada al cortar, pulir y tratar con
un ácido débil una sección de un
meteorito de hierro, se llama
estructura de Widmanstätten

La erosión y el reciclaje de la corteza han borrado los numerosos cráteres de impacto de la Tierra, salvo los más recientes. La roca antigua y estable y la ausencia de vegetación hacen de Australia central un buen lugar para encontrarlos. Uno de los pocos recuerdos del bombardeo de la Tierra por cometas y asteroides es el cráter de Tnorala (o Gosse's Bluff), a unos 200 km al oeste de Alice Springs, en el Territorio del Norte.

Tnorala

Tnorala se formó a principios del Cretácico, hace 142 millones de años, cuando un asteroide o cometa de 600 m de diámetro impactó a 40 km/s en la llanura del centro de Australia, dejando un cráter de 22 km de diámetro. Actualmente, aunque la erosión ha borrado casi todo rastro del borde exterior del cráter de impacto, el levantamiento central permanece como un anillo de colinas de arenisca de unos 5 km de diámetro. El borde del cráter, aunque allanado por la erosión, es un círculo de roca más oscura, apreciable en imágenes obtenidas por satélite. La colisión dejó pruebas como rocas deformadas y fragmentadas, granos de cuarzo fundidos y, lo más concluyente, conos astillados en la roca, resultado de la onda de choque del impacto.

Tnorala es un lugar sagrado para los aborígenes arrente, cuya tradición también atribuye su creación a un objeto caído del cielo. En su relato, un bebé cayó a la Tierra en un cesto por descuido de un grupo de mujeres celestiales que bailaban a lo largo de la Vía Láctea. Las rocas quedaron levantadas al aterrizar el cesto.

Las rocas sometidas a la elevada presión de la onda de choque presentan un patrón estriado de cola de caballo

Cono astillado

Anillo de arenisca
El círculo de colinas de arenisca de Tnorala se alza 180 m sobre la llanura de alrededor. Es uno de los cráteres de impacto más estudiados de Australia. Su origen como tal se propuso en la década de 1960, basándose sobre todo en la abundancia de conos astillados en la zona.

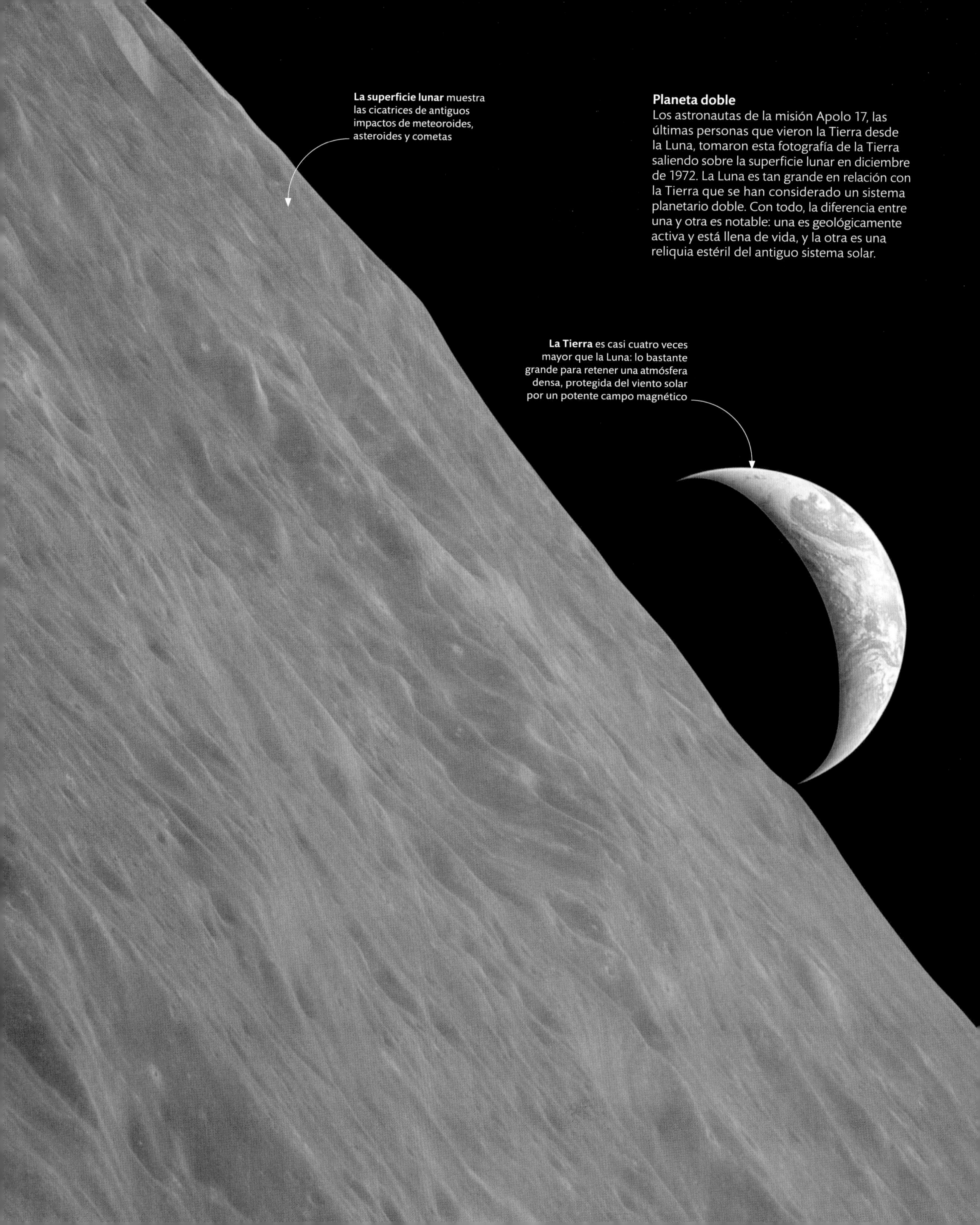

La superficie lunar muestra las cicatrices de antiguos impactos de meteoroides, asteroides y cometas

Planeta doble

Los astronautas de la misión Apolo 17, las últimas personas que vieron la Tierra desde la Luna, tomaron esta fotografía de la Tierra saliendo sobre la superficie lunar en diciembre de 1972. La Luna es tan grande en relación con la Tierra que se han considerado un sistema planetario doble. Con todo, la diferencia entre una y otra es notable: una es geológicamente activa y está llena de vida, y la otra es una reliquia estéril del antiguo sistema solar.

La Tierra es casi cuatro veces mayor que la Luna: lo bastante grande para retener una atmósfera densa, protegida del viento solar por un potente campo magnético

Roca lunar

Las muestras de roca recogidas por los astronautas del programa Apolo de la NASA entre 1969 y 1972 revelan que la superficie lunar es similar en composición al manto terrestre. Estos especímenes, de hasta 4400 millones de años de edad, ayudan a datar la historia temprana de la Tierra y el origen de la Luna.

Vesículas (cavidades) formadas por burbujas de gas en la lava

Esta roca de hace 3500 millones de años, traída por los astronautas de la misión Apolo 15, es similar al basalto de los alrededores de Hawái (EE.UU.)

la Luna

Menos de 100 millones de años después de formarse, se cree que la Tierra sufrió un impacto cataclísmico con un planeta menor, del tamaño de Marte. Este y gran parte de la corteza terrestre se fundieron, y el material arrojado al espacio se agregó y solidificó formando el único satélite natural de la Tierra. Cometas y asteroides bombardearon la joven Luna, dejando cráteres por toda su superficie. La lava inundó algunos de los cráteres de impacto mayores, formando los «mares» oscuros que se ven desde la Tierra. La cara oculta es más accidentada. Como el mayor satélite del sistema solar en relación con su planeta progenitor, la influencia de la Luna sobre la evolución de la Tierra y sus formas de vida ha sido también grande: además de impulsar la mareas oceánicas, ha estabilizado la tasa de rotación de la Tierra, su inclinación axial y su clima, y puede también haber reforzado el campo magnético que la protege. Con su imponente presencia en el cielo nocturno, fue un objetivo temprano de la exploración espacial.

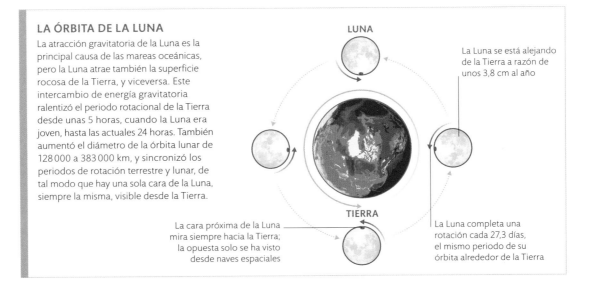

LA ÓRBITA DE LA LUNA

La atracción gravitatoria de la Luna es la principal causa de las mareas oceánicas, pero la Luna atrae también la superficie rocosa de la Tierra, y viceversa. Este intercambio de energía gravitatoria ralentizó el periodo rotacional de la Tierra desde unas 5 horas, cuando la Luna era joven, hasta las actuales 24 horas. También aumentó el diámetro de la órbita lunar de 128 000 a 383 000 km, y sincronizó los periodos de rotación terrestre y lunar, de tal modo que hay una sola cara de la Luna, siempre la misma, visible desde la Tierra.

LUNA

La Luna se está alejando de la Tierra a razón de unos 3,8 cm al año

TIERRA

La cara próxima de la Luna mira siempre hacia la Tierra; la opuesta solo se ha visto desde naves espaciales

La Luna completa una rotación cada 27,3 días, el mismo periodo de su órbita alrededor de la Tierra

nuestro lugar en
el sistema solar

Cuando los planetas adquirieron masa suficiente, su propia gravedad empezó a comprimirlos, transformando energía gravitatoria en energía térmica. Esta, junto con el calor de la desintegración radiactiva, fue suficiente para fundir su interior. Los elementos más pesados se hundieron hacia el núcleo, y los ligeros ascendieron a la superficie, en la llamada diferenciación planetaria. La Tierra quedó con una corteza sólida y un gran núcleo, en parte líquido, que genera un campo magnético lo bastante potente para impedir que la corriente de partículas cargadas del viento solar la despoje de su atmósfera. La Tierra está singularmente estructurada y posicionada para que en ella prospere la vida.

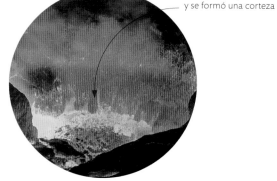

Erupciones volcánicas
e impactos frecuentes de meteoritos mantuvieron fundida la superficie de la Tierra, hasta que se enfrió y se formó una corteza

Infierno en la Tierra
Entre la lluvia de material protoplanetario y el calor que ascendía de las capas inferiores del planeta, la superficie de la Tierra primigenia habría sido un lugar infernal.

ÓRBITAS DEL SISTEMA SOLAR

El sistema solar es un conjunto de cuerpos sujetos por la atracción gravitatoria del Sol. Estos forman distintos grupos: los planetas interiores rocosos (Mercurio, Venus, la Tierra y Marte), un cinturón de asteroides, los gigantes gaseosos y helados (Júpiter, Saturno, Neptuno y Urano), el cinturón de Kuiper de gélidos cuerpos lejanos, entre ellos el planeta Plutón, y los aún más lejanos cometas de la nube de Oort. Para establecer las distancias en el sistema solar se usa la unidad astronómica (UA), siendo 1 UA la distancia media entre la Tierra y el Sol. La Tierra es el único planeta de la zona habitable del sistema solar (en verde, abajo): no es ni demasiado fría ni demasiado caliente, por lo que el agua es estable en su superficie.

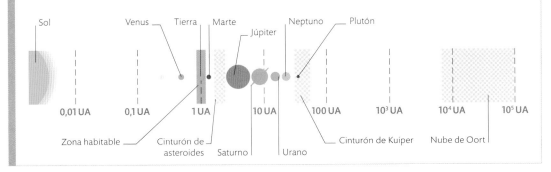

Cráter lleno de hielo
En Marte hay agua suficiente para inundar su superficie hasta una profundidad de al menos 30 m, pero la baja presión atmosférica y el frío extremo impiden que se dé en forma líquida. Marte está más allá del límite exterior de la zona habitable del sistema solar. Su agua está atrapada en forma de hielo, bajo la superficie en su mayor parte, pero también en cráteres cerca de los polos, como el de Korolev.

Después de perder las hojas en invierno, el haya produce unas yemas protegidas por fascículos, de las que se desarrollan las hojas en primavera

Adaptación estacional

La vida se ha adaptado a la variación estacional de la luz solar. Algunos árboles desarrollaron agujas perennes resistentes a los inviernos fríos; otros, como el haya de la imagen, desarrollaron hojas anchas y delgadas que maximizan la exposición al sol en verano. Los árboles crecen vigorosamente en verano y pasan el invierno en estado latente.

El polen de las flores masculinas es dispersado por el viento cuando las condiciones para que se propague son idóneas, es decir, con tiempo fresco y seco

Largas ramas leñosas reparten las hojas por una extensa área

LA INCLINACIÓN DEL PLANETA

La colisión planetaria que formó la Luna (pp. 20-21) inclinó el eje de rotación de la Tierra en relación con el plano de su órbita alrededor del Sol. Esto habría vuelto inestable dicha rotación, pero la atracción gravitatoria de la Luna la regularizó. La inclinación axial del planeta apenas ha variado unos grados en un millón de años, permitiendo el desarrollo de un clima relativamente estable, con la predecible variación anual de la luz solar que reciben los hemisferios norte y sur y que determina las estaciones.

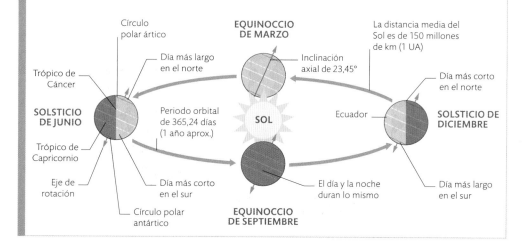

Círculo polar ártico

EQUINOCCIO DE MARZO

Inclinación axial de 23,45°

La distancia media del Sol es de 150 millones de km (1 UA)

Día más largo en el norte

Trópico de Cáncer

Día más corto en el norte

Ecuador

SOLSTICIO DE JUNIO

Periodo orbital de 365,24 días (1 año aprox.)

SOL

SOLSTICIO DE DICIEMBRE

Trópico de Capricornio

Eje de rotación

Día más corto en el sur

El día y la noche duran lo mismo

Día más largo en el sur

Círculo polar antártico

EQUINOCCIO DE SEPTIEMBRE

días y estaciones

La Tierra rota sobre su eje una vez cada 23 horas y 56 minutos. También gira en su órbita, y por tanto el Sol tarda un poco más en volver al mismo punto en el cielo, lo cual da la duración de un día, que dividimos en 24 horas. En el ecuador hay 12 horas de luz diurna y 12 de noche, pero según nos alejamos hacia el norte o el sur, la inclinación del eje de rotación de la Tierra hace que los días sean más largos en verano y las noches más largas en invierno. Esta variación diaria y anual en la energía recibida del Sol determina el cambio de las estaciones en el planeta.

Los fascículos marrones que protegían las yemas del frío en invierno se pierden en primavera, al abrirse las yemas

Hojas nuevas brotan de las yemas en primavera

La verde clorofila de las hojas aprovecha la luz solar para estimular el crecimiento del árbol junto con el agua y los nutrientes

Sol de medianoche

A medida que nos desplazamos hacia el norte desde el círculo polar ártico y hacia el sur desde el antártico (66°33' Norte y Sur), hay al menos un día en verano en el que el Sol no se pone, y un día en invierno en el que no sale. Esta imagen de exposición múltiple muestra la trayectoria del Sol sobre el horizonte del círculo polar ártico: no llega a ponerse, y asciende de nuevo justo después de la medianoche. En los polos Norte y Sur hay seis meses de luz diurna seguidos de otros seis en que no se ve el Sol.

El péndulo de Foucault en París
Esta réplica del aparato original de
Foucault está instalada en el Panteón
de París. Con un sistema ingeniado por
Vincenzo Viviani, Foucault empleó un
cable de 67 m de longitud para colgar
una pesa de plomo de 28 kg de la
cúpula del edificio.

Espiral climática
Esta imagen de satélite de un sistema de bajas presiones sobre Australia muestra la influencia del efecto Coriolis. Producido por la rotación de la Tierra, hace girar las tormentas y ciclones en el sentido de las agujas del reloj en el hemisferio sur, y en el contrario en el norte.

historia de la ciencia de la Tierra

la rotación de la Tierra

Aunque los astrónomos de la India del siglo V a. C. y los del mundo islámico del siglo X habían afirmado que la Tierra completa una rotación al día, la idea aceptada en la Europa del siglo XVI era que los cielos giraban en torno a una Tierra fija. En 1543, Nicolás Copérnico propuso la idea de la rotación de la Tierra como parte de su modelo heliocéntrico, pero un siglo más tarde los críticos aún la rechazaban por falta de pruebas físicas.

La búsqueda de pruebas de la rotación de la Tierra se centró en experimentos para comprobar si un objeto en movimiento se desvía ligeramente a un lado, fenómeno llamado efecto Coriolis. No fue hasta el siglo XVIII cuando se confirmó un efecto medible, al observar que pesas que caían desde torres de más de 150 m de altura se desviaban unos centímetros.

El físico francés Jean Bernard Léon Foucault ofreció una prueba mucho más clara de la rotación terrestre en 1851, usando para ello un largo péndulo con una montura especial que permitía que oscilara libremente. Si la Tierra no rotaba, se esperaría que el péndulo oscilara en un plano fijo, conforme al principio de conservación del momento angular; si rotaba, en cambio, el momento angular se conservaría por la rotación (precesión) del péndulo en relación con la superficie terrestre.

En el caso de un péndulo situado en el polo norte o sur, el plano de oscilación completaría una rotación de 360 grados en 24 horas. En latitudes menores, el efecto va disminuyendo y la precesión es más lenta, hasta llegar a cero en el ecuador. En la latitud de París, donde Foucault llevó a cabo su experimento, el péndulo tardó casi 32 horas en completar una rotación, precesando en el sentido de las agujas del reloj a unos 11 grados por hora. Las demostraciones del experimento en distintos lugares de Europa y América atrajeron gran interés del público.

Aunque pequeños a escala humana, los efectos de la rotación son muy notables a escala planetaria, pues determinan los patrones de circulación de la atmósfera y los océanos.

> ❝ Está invitado a ver girar la Tierra mañana, de tres a cinco, en la Sala Meridiana del Observatorio de París. ❞

LÉON FOUCAULT, TARJETA DE INVITACIÓN (3 DE FEBRERO DE 1851)

DATACIÓN RADIOMÉTRICA

Ciertos materiales terrestres, como el zircón antiguo mostrado abajo, pueden fecharse por datación radiométrica. Esta usa la desintegración lenta y regular de isótopos radiactivos, como la del uranio-235 al plomo, que ofrece una escala absoluta para medir el tiempo geológico. La proporción de uranio-235 y plomo en una roca indica su edad. Los isótopos de otros elementos son reveladores de las condiciones en que se formaron ciertas rocas; así, la proporción de oxígeno-18 y oxígeno-16 informa sobre la presencia de agua líquida, y la de carbono-12 y carbono-13, sobre la presencia de vida.

Átomos de uranio-235, la mitad de los cuales se desintegra cada 700 millones de años

Átomo de plomo, producto de la desintegración radiactiva de uno de uranio

Queda un cuarto de los átomos de uranio originales

Queda la octava parte de los átomos de uranio

ROCA NUEVA

700 MILLONES DE AÑOS

1400 MILLONES DE AÑOS

2100 MILLONES DE AÑOS

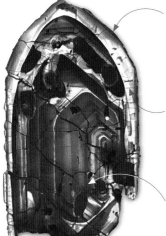

Cristal de zircón de tan solo 0,4 mm de longitud, apenas perceptible a simple vista

Líneas de crecimiento paralelas

El color azul de esta imagen es resultado del bombardeo de electrones bajo el microscopio

Agua extraterrestre

Parte del agua de la Tierra habría llegado en los muchos cometas que impactaron en ella durante su infancia. Formados por partes aproximadamente iguales de hielo y polvo, pierden parte del hielo, en un 80 % agua, en espectaculares erupciones de tipo géiser cuando se calientan al llegar al sistema solar interior. Esto lo captó en primer plano la sonda Rosetta al aproximarse al cometa 67P/Churyumov-Gerasimenko en 2014.

Rastros del primer océano

Los materiales más antiguos hallados en la Tierra son cristales del mineral zircón, formados hace 4400 millones de años, cuyos isótopos de oxígeno indican la presencia de agua líquida. El zircón, duro como el diamante, es un indicador duradero del registro geológico.

origen de los océanos

Al diferenciarse las capas de la Tierra (p. 22), los materiales volátiles expulsados de su interior por la intensa actividad volcánica formaron una atmósfera de nitrógeno, dióxido de carbono y vapor de agua. La superficie se enfrió y se formó la corteza sólida que permitió al vapor de agua condensarse y crear el primer océano. Los antiguos cristales de zircón de la cordillera de Jack Hills, en Australia Occidental, son prueba de agua superficial hace al menos 4400 millones de años, solo 160 millones de años después de formarse la Tierra. Algunos meteoritos contienen un 15–20 % de agua, y se cree que la Tierra primitiva tenía la misma composición, y por tanto agua suficiente para el primer océano.

Núcleos viejos

Las rocas más antiguas se encuentran en el centro estable de algunos continentes: restos de cratones de la Tierra antigua. Esta roca metamórfica de una isla del río Acasta, en Canadá, tiene unos 4000 millones de años.

Durante la larga historia de esta roca, las bandas se formaron por metamorfosis bajo gran presión y calor

Cascada de lava

La lava vertida en el océano Pacífico vaporiza el agua en el delta de lava de Kamokuna, en la isla de Hawái. La isla va creciendo gradualmente, a medida que la lava líquida y caliente del volcán Kilauea fluye hasta el mar y añade material a la costa. El proceso en marcha hoy en Hawái fue también parte del antiguo proceso de formación de los continentes.

formación de **continentes**

Durante el proceso de diferenciación (p. 22), se formaron las capas del interior de la Tierra: un núcleo metálico bajo un manto rico en silicatos y una corteza ligera. Esta corteza primaria era uniforme, pero lentamente empezó a diferenciarse en dos tipos: corteza oceánica y corteza continental. La corteza, fusionada con la capa superior del manto, flotaba sobre el material caliente y móvil, cuyo calor desplazó y fracturó las capas exteriores en placas tectónicas. Algunas de estas se sumieron en el manto, mientras se formaba corteza nueva donde las placas se habían separado. Este reciclaje continuo de la corteza concentró los elementos ligeros en determinados lugares, y formó la corteza continental gruesa y flotante que hoy cubre aproximadamente un 40 % de la superficie de la Tierra.

CÓMO SE FORMARON LOS PRIMEROS CONTINENTES

Hace unos 4000 millones de años, las placas de la corteza terrestre empezaron a moverse, y parte de la corteza primaria se hundió en el manto. Al fundirse esta, liberó agua que fundió el manto, produciendo magma rico en elementos ligeros que al ascender formó islas volcánicas. El movimiento tectónico juntó las islas en cratones (masas de roca ligera). La meteorización y sedimentación concentraron los materiales ligeros en los cratones. Cuando el movimiento de las placas reunió los cratones, estos formaron masas mayores de corteza continental.

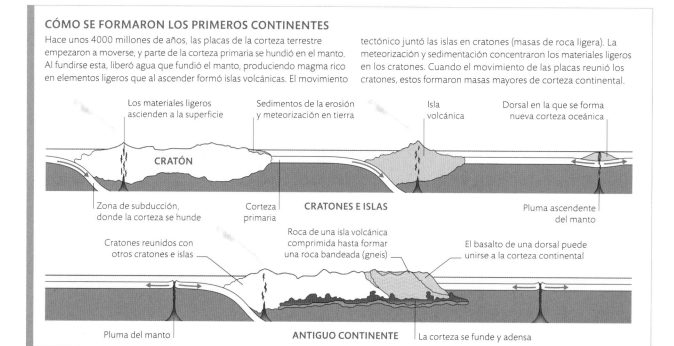

Los materiales ligeros ascienden a la superficie

Sedimentos de la erosión y meteorización en tierra

Isla volcánica

Dorsal en la que se forma nueva corteza oceánica

CRATÓN

Zona de subducción, donde la corteza se hunde

Corteza primaria

CRATONES E ISLAS

Pluma ascendente del manto

Cratones reunidos con otros cratones e islas

Roca de una isla volcánica comprimida hasta formar una roca bandeada (gneis)

El basalto de una dorsal puede unirse a la corteza continental

Pluma del manto

ANTIGUO CONTINENTE

La corteza se funde y adensa

las edades de la Tierra

Si se comprimiera la historia de la Tierra en un solo día, los dinosaurios aparecerían durante una hora a las 22:40, y nuestros antepasados humanos no llegarían hasta dos minutos antes de la medianoche. En lugar de horas, minutos y segundos, el tiempo geológico se divide en eones, eras y periodos. Estos intervalos no representan porciones de tiempo iguales, sino lo que puede interpretarse del registro geológico. El eón Hádico (de Hades, el inframundo de la mitología griega) fue el primero y casi no se conservan rocas de ese tiempo. Las rocas del eón Arcaico contienen escasas pruebas de bacterias, pero a medida que las rocas son más recientes, del eón Proterozoico (vida temprana) al Fanerozoico (vida visible), contienen cada vez más pruebas del desarrollo de los continentes, los océanos, el medio ambiente y la evolución de los seres vivos.

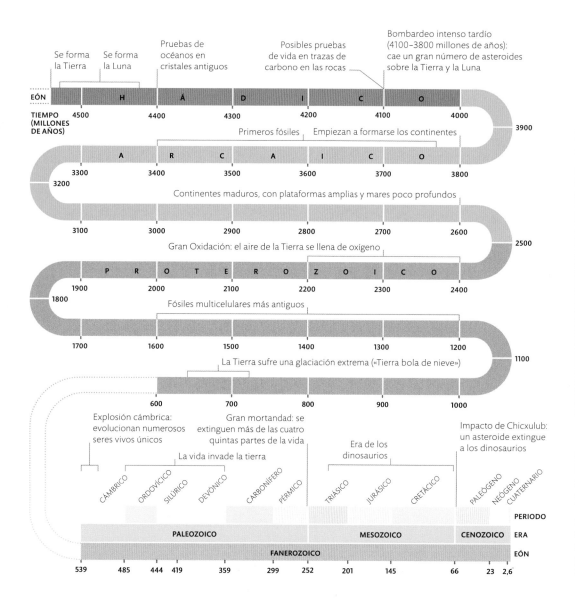

La historia de nuestro planeta
La escala temporal geológica ofrece una cronología de los mayores acontecimientos de la historia de la Tierra desde que se formó hace 4600 millones de años. En este diagrama, el eón más reciente, el Fanerozoico, se divide en eras, subdivididas a su vez en periodos. La escala está marcada por la aparición y extinción de formas de vida.

Registro rocoso

En algunos lugares, los estratos de la Tierra pueden leerse como las páginas de un libro de historia. Las capas de lutita y arcilla de Bentonite Hills (Utah, EE. UU.) se formaron al depositarse barro, cieno, arena fina y ceniza volcánica en pantanos y lagos durante el periodo Jurásico. El estudio de estratos como estos permite conocer cómo era la vida hace 145 millones de años.

materiales de la Tierra

La delgada corteza exterior terrestre está compuesta de una gran diversidad de rocas que son el resultado de miles de millones de años de actividad geológica. El componente esencial de todas las rocas —y de todos los cuerpos sólidos del universo— son los minerales. Parte de la corteza está cubierta y oculta por una capa aún más delgada de suelo y vegetación, y por cuerpos de agua líquida y hielo.

Cristales de marcasita

El mineral marcasita es un polimorfo de la pirita: tiene la misma fórmula química, pero una estructura cristalina ligeramente distinta. A diferencia de la pirita, expuesta al aire pierde lustre y se descompone rápidamente.

Los cristales puntiagudos de la marcasita tienen una forma distinta de los de la pirita y pertenecen a un sistema cristalino diferente

Cristales de pirita

La pirita se halla en casi todos los ambientes de la Tierra. Sus cristales pueden ser cubos, octaedros o piritoedros de doce caras. Este cristal cúbico procede de la provincia china de Guangxi. El nombre de la pirita —que produce chispas cuando se golpea fuerte con un martillo— deriva de 'fuego' en griego.

El cubo es la forma más simétrica de las formas cristalinas, con tres ejes de simetría iguales en ángulo recto y simetría rotacional cuádruple (se ve igual en cuatro puntos de una rotación completa)

estructura cristalina

Los minerales son sólidos inorgánicos que se dan naturalmente y están compuestos por elementos químicos cuyos átomos se disponen típicamente en un patrón sistemático. Cuando crecen sin impedimentos, desarrollan formas geométricas regulares, llamadas cristales, a menudo apreciables a simple vista. Estos reflejan la estructura interna del mineral: la disposición regular en unidades tridimensionales de sus átomos o iones (los iones son átomos o moléculas con carga eléctrica). Un modo de describir la simetría de un cristal es por sus ejes de simetría, líneas imaginarias que atraviesan el centro desde el centro de caras opuestas. Los cristales se dividen en siete grupos, o sistemas cristalinos, cada uno con una forma y una simetría características. La mayoría de los cristales no adquieren una forma cristalina perfecta, al formarse en lugares con espacio restringido.

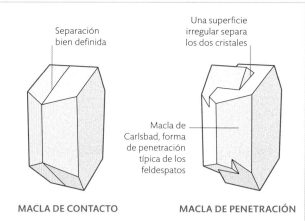

El color amarillo y el lustre metálico de la pirita llevan a confundirla con el oro, de ahí el apodo de «oro de los tontos»

MACLAS

Dos o más cristales del mismo mineral pueden crecer simétricamente en lo que se llaman maclas. Estas pueden ser de contacto o de penetración. En las primeras, hay un límite definido entre los cristales, que son imagen especular uno de otro; en las segundas, parecen haber crecido uno a través de otro. Los minerales más abundantes, los feldespatos, son con frecuencia maclas. El cuarzo y la espinela forman maclas de contacto, mientras que la ortoclasa, la pirita y la fluorita forman maclas de penetración. El tipo de macla puede ayudar a identificar un mineral.

Separación bien definida

Una superficie irregular separa los dos cristales

Macla de Carlsbad, forma de penetración típica de los feldespatos

MACLA DE CONTACTO

MACLA DE PENETRACIÓN

Las estriaciones (bandas o marcas lineales) en las caras de los cubos de pirita suelen ser causados por dos formas cristalinas distintas que se desarrollan a la vez

Formas y caras

El término *forma* se refiere a un conjunto de caras cristalinas idénticas con planos simétricos. Los formas pueden ser cerradas o abiertas: las caras de las cerradas, como cubos u octaedros, son todas idénticas, mientras que en las abiertas hay caras de distinto tamaño y forma. Un espécimen con caras de prisma principalmente paralelas (dcha.) tiene que rematar en una cara de otro tipo (en este caso, una pirámide). Si el cristal consiste en más de un conjunto de caras, se le atribuye el hábito de las caras que predominan (en este caso, prismático).

Remate piramidal

Seis caras del prisma son paralelas entre sí

PRISMÁTICO
Cuarzo

Hábito cristalino cúbico, caracterizado por seis caras iguales

CÚBICO
Halita (sal de roca)

El cristal forma un octaedro, con ocho caras iguales

OCTAÉDRICO
Cuprita

Aspecto

Algunos hábitos se designan por su aspecto general, en vez de por las formas y las caras de los cristales. Es el caso de los agregados, en los que los cristales crecen en grupo en lugar de individualmente, generalmente debido a un desarrollo imperfecto. En algunos agregados, los cristales son microscópicos. Se emplean muchos términos diferentes para describir los agregados, que son muy variables tanto en tamaño como en hábito.

Cristal macizo, sin estructura obvia; los cristales no se aprecian individualmente

MASIVO
Dumortierita

Cristales largos y delgados apuntando en la misma dirección

FIBROSO
Tremolita

Cristales largos y delgados que irradian de un punto central

RADIAL
Pirofilita

Cristales alargados y aplanados de borde curvo, como la hoja de un cuchillo

LAMINAR
Cianita

Masa de cristales largos y finos como agujas, que pueden irradiar de un punto central

ACICULAR
Mesolita

Los cristales se agrupan en ramas divergentes, como hojas de helecho

DENDRÍTICO
Cobre

Cristales en capas concéntricas o bandas alrededor de un punto central

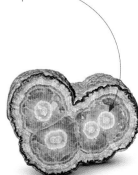

CONCÉNTRICO
Rodocrosita

hábito cristalino

El término *hábito* se refiere a la forma externa de un cristal, como las formas y las caras de los cristales individuales del conjunto. La descripción puede referirse a un único cristal bien formado o a un agregado, formado por muchos cristales. En la naturaleza, los cristales con forma perfecta son raros, pues su desarrollo se ve limitado por el tamaño y la forma de los espacios donde crecen, además de la gravedad. Un mismo mineral puede tener hábitos diversos, dependiendo de las condiciones en que se forme.

Cristal prismático con un remate piramidal de seis caras

Cristales globulares y organizados en racimos, como las uvas

BOTROIDAL
Malaquita

Este cristal ha crecido en una larga columna o prisma hexagonal

Cristales planos, en caras paralelas rectangulares o cuadradas

Lustre vítreo característico de los berilos

TABULAR
Torbernita

Aguamarina
La variedad azul del berilo, la aguamarina, se forma en el suelo a gran profundidad, asociado a menudo con intrusiones graníticas (pp. 134–135). Sus cristales forman prismas de seis lados, con caras paralelas a un eje central. Este espécimen procede de la meseta de Jos, en Nigeria.

El color blanco plateado es característico del bismuto nuevo; con el tiempo puede volverse iridiscente

El lustre brillante da al diamante un aspecto resplandeciente

ADAMANTINO
Diamante

La superficie del mineral es áspera y no reflectante

MATE
Hematita

Superficie no reflectante semejante a arcilla seca

TERROSO
Bentonita

Las irregularidades microscópicas de la superficie le dan un aspecto grasiento

GRASO
Crisocola

Ligero brillo debido a las fibras paralelas del mineral

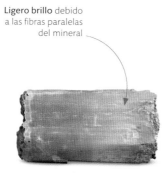

SEDOSO
Ulexita

Los prismas del cristal relucen como el vidrio

VÍTREO
Cuarzo

El lustre de las superficies
brillantes recuerda al
papel de aluminio

Las superficies
planas reflejan la luz

el reflejo de la luz

Los minerales suelen describirse o identificarse por su lustre, es decir, sus cualidades reflectantes y el grado de su brillo. Pueden distinguirse de modo general como metálicos, submetálicos o no metálicos. Los de lustre metálico son reflectantes y opacos, como el metal pulido; los minerales submetálicos son más mates y menos reflectantes; y los minerales de lustre no metálico suelen ser de colores más claros, siendo muchos transparentes o translúcidos en algún grado. Hay varios tipos de lustre no metálico, algunos de los cuales se muestran en la página anterior.

Lustre metálico

El lustre del bismuto, con su superficie brillante y altamente reflectante, se describe como metálico. Como en todos los minerales similares, el efecto de metal pulido se produce cuando la luz que incide sobre su superficie estimula los electrones, haciendo que vibren y emitan una luz difusa.

REFRACCIÓN Y REFLEXIÓN INTERNA

El grado de transparencia de un cristal depende del comportamiento de la luz cuando lo atraviesa. Si el rayo de luz incidente llega en ángulo recto a la interfase del cristal y el aire, toda la luz atraviesa el cristal en línea recta (1). Más a menudo, el rayo incide en un ángulo distinto, y la luz es en parte refractada y en parte reflejada al ralentizarse y cambiar de dirección (2). A medida que aumenta el ángulo de incidencia, crece la proporción de luz reflejada. El ángulo crítico (3) es el ángulo de incidencia a partir del cual se da la reflexión interna total. Cuando el ángulo de incidencia es mayor que el ángulo crítico, toda la luz es reflejada (4).

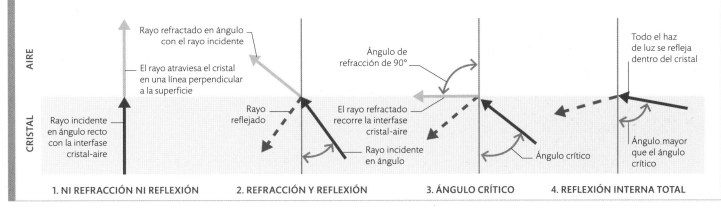

AIRE

CRISTAL

Rayo refractado en ángulo
con el rayo incidente

El rayo atraviesa el cristal
en una línea perpendicular
a la superficie

Rayo incidente
en ángulo recto
con la interfase
cristal-aire

Rayo
reflejado

Ángulo de
refracción de 90°

El rayo refractado
recorre la interfase
cristal-aire

Rayo incidente
en ángulo

Ángulo crítico

Todo el haz
de luz se refleja
dentro del cristal

Ángulo mayor
que el ángulo
crítico

1. NI REFRACCIÓN NI REFLEXIÓN   2. REFRACCIÓN Y REFLEXIÓN   3. ÁNGULO CRÍTICO   4. REFLEXIÓN INTERNA TOTAL

Lustre
perlado verde

Talco
El mineral más blando, el talco, tiene un valor de 1 en la escala de Mohs, y es fácil rayarlo con la uña. Con el talco molido se elaboran cosméticos, entre ellos los polvos de talco.

Diamante en bruto
Este diamante de 424 quilates fue encontrado en Sudáfrica en 2019. El diamante es la sustancia natural más dura que existe, y como tal puede rayar cualquier otro mineral y solo puede rayarse con otro diamante. Estas gemas están hechas de carbono puro, y se forman a unos 160 km de profundidad, bajo gran presión y con calor intenso. Los diamantes que se ven en la superficie llegaron a ella traídos por erupciones volcánicas muy profundas.

minerales duros y blandos

Comprobar la dureza es un modo muy útil de identificar un mineral desconocido. La dureza de un mineral se define como su resistencia al rayado o la abrasión, más que a su solidez; de hecho, los minerales muy duros pueden ser bastante frágiles y romperse con facilidad. Un arañazo en un mineral señala un lugar donde se han retirado átomos de su superficie; la fuerza de los enlaces entre átomos influye en la dureza de un mineral. El granito, por ejemplo, es un mineral relativamente blando, con enlaces débiles entre sus átomos, mientras que el diamante, el mineral más duro, tiene enlaces atómicos fuertes. A todos los minerales se les puede asignar un valor de dureza empleando alguno de los métodos de prueba existentes, como las escalas de Mohs y de Knoop.

Espécimen transparente e incoloro, sin trazas de otros elementos

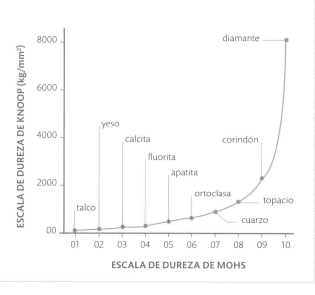

DETERMINAR LA DUREZA
La prueba de dureza de los minerales más empleada es la escala de Mohs, que mide la dureza en relación con diez minerales de referencia de dureza creciente, del 1 (tan blando como el talco) al 10 (tan duro como el diamante). Para probar la dureza de un mineral, se puede rayar con otro mineral conocido (el más duro rayará el más blando, pero no viceversa) u otro objeto de dureza conocida. Así, una uña, una moneda de cobre y una lima de acero pueden rayar minerales de dureza inferior a 2,5, 3,5 y 6,5, respectivamente. En la prueba de Knoop, se coloca un peso sobre la muestra con un indentador. El valor de dureza se basa en la proporción de la carga aplicada y el área de indentación.

ESCALA DE DUREZA DE KNOOP (kg/mm²)

talco · yeso · calcita · fluorita · apatita · ortoclasa · cuarzo · topacio · corindón · diamante

ESCALA DE DUREZA DE MOHS

Forma irregular, de
bordes redondeados

elementos nativos

La mayoría de los minerales son compuestos que combinan distintos elementos químicos. Sin embargo, algunos elementos, los llamados nativos, se dan en la naturaleza en una forma relativamente pura. Los elementos nativos más comunes se dividen en tres grupos: metales (oro, plata, platino, cobre y hierro), semimetales (arsénico y bismuto) y no metales (azufre y carbono). Hay otros elementos nativos que se dan más raramente. Los elementos nativos se encuentran en distintos tipos de roca, y suelen tener cierto valor económico. Los minerales de oro, plata, platino, osmio e iridio son la principal fuente de los elementos del mismo nombre.

Cobre nativo
El cobre, probablemente el primer metal trabajado por los humanos, es un metal dorado rojizo y brillante, marrón al perder lustre, y que expuesto al oxígeno forma costras verdes o negras. Utilizado tradicionalmente para hacer monedas junto con la plata y el oro, es buen conductor de la electricidad, y se emplea en muchos equipos eléctricos.

Las ramificaciones forman una masa

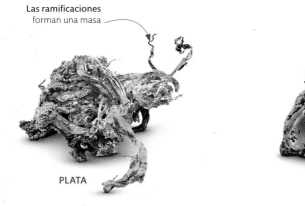

PLATA

Las pepitas redondeadas son típicas del platino

PLATINO

Plano de exfoliación por el que se rompe el grafito

GRAFITO

Cristales amarillo vivo bien formados

AZUFRE

FORMAS NATURALES DEL CARBONO

El carbono, uno de los elementos químicos más abundantes, se da en muchas formas: cristalinas, como el diamante y el grafito —formados uno en condiciones de alta presión y temperatura, y el otro a alta temperatura—, o no cristalinas, como el hollín y el carbón —formados por combustión incompleta—. El carbono es singular entre los elementos por la capacidad de formar largas cadenas de átomos con enlaces fuertes, llamadas polímeros.

Cada átomo de carbono tiene enlaces con otros cuatro

Átomos de carbono dispuestos en capas de hexágonos

Átomos de carbono en desorden

DIAMANTE

GRAFITO

CARBONO AMORFO

Color de fondo marrón rojizo cálido

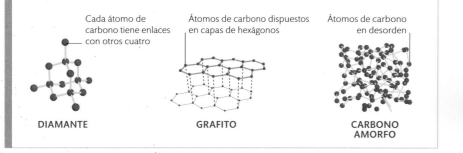

Manchas verdes
debidas a la oxidación

Aspecto ramificado e
irregular característico
del cobre

Compuesto metálico
La mayoría de los metales se combinan
con elementos químicos no metálicos
o con semimetales para formar una gran
variedad de minerales. La tetraedrita (aquí
mostrada), por ejemplo, es un compuesto
del metal cobre con azufre y con el
semimetal antimonio. Los semimetales
tienen propiedades intermedias entre
las de los metales y los no metales.

**Los cristales
triangulares** de
forma piramidal
(tetraédrica) dan
nombre al mineral

Superficie
brillante y
reflectante

ABUNDANCIA DE METALES EN LA CORTEZA TERRESTRE

Este gráfico muestra que los metales más abundantes en la corteza terrestre son elementos comunes formadores de rocas que al combinarse con oxígeno forman silicatos como el cuarzo y el feldespato. Entre tales elementos comunes se hallan el hierro, el aluminio, el magnesio, el titanio y el manganeso. Los metales más raros, entre ellos el oro y el platino, escasean en la corteza por encontrarse por lo general a mayor profundidad.

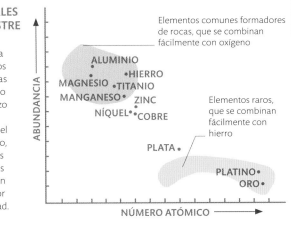

Elementos comunes formadores de rocas, que se combinan fácilmente con oxígeno

ALUMINIO
•HIERRO
MAGNESIO •TITANIO
MANGANESO
ZINC
NÍQUEL• •COBRE

Elementos raros, que se combinan fácilmente con hierro

PLATA •

PLATINO•
ORO •

ABUNDANCIA

NÚMERO ATÓMICO →

Metal nativo

Algunos metales pueden darse en la naturaleza en su forma nativa, es decir, no combinados con otros elementos químicos. Entre estos metales nativos se hallan el oro, el platino, la plata, el mercurio y el cobre (pp. 44–45). El oro se encuentra en rocas ígneas o en depósitos fluviales en forma de escamas o pepitas. Esta muestra procede de Queensland (Australia).

Superficie lisa
pero irregular,
y color amarillo
dorado brillante

Fractura desigual
de los cristales

los metales de la Tierra

Los metales se dan en varias formas en la corteza terrestre. Macizos, brillantes y opacos, suelen ser cristalinos, y constituyen el principal grupo de elementos de la tabla periódica. Sin embargo, no todos figuran en la tabla, pues algunos forman compuestos con otros metales o con no metales; es el caso del acero, por ejemplo, que es una aleación de hierro, níquel y cromo. Las menas son rocas que contienen metales valiosos o compuestos metálicos en proporción suficiente para que extraerlos sea comercialmente viable. Los metales son buenos conductores de la electricidad y el calor, y son maleables a la vez que resistentes, por lo que tienen aplicaciones muy diversas.

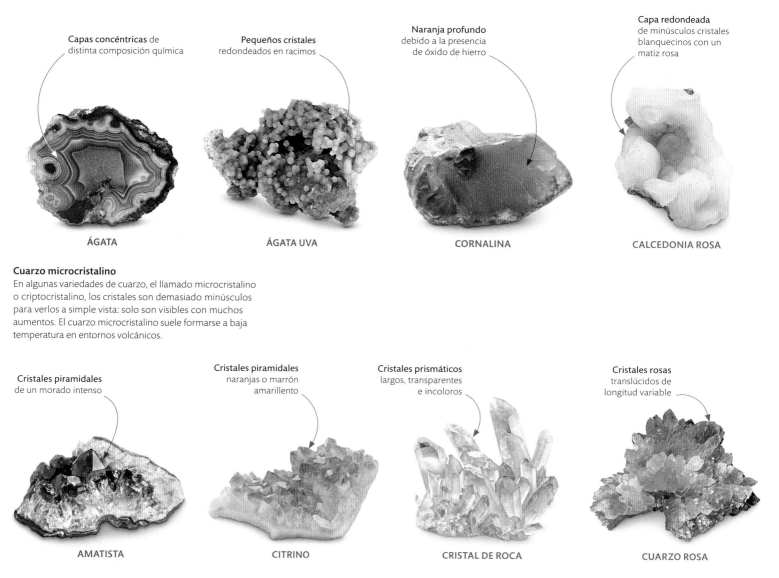

Capas concéntricas de distinta composición química

Pequeños cristales redondeados en racimos

Naranja profundo debido a la presencia de óxido de hierro

Capa redondeada de minúsculos cristales blanquecinos con un matiz rosa

ÁGATA

ÁGATA UVA

CORNALINA

CALCEDONIA ROSA

Cuarzo microcristalino
En algunas variedades de cuarzo, el llamado microcristalino o criptocristalino, los cristales son demasiado minúsculos para verlos a simple vista: solo son visibles con muchos aumentos. El cuarzo microcristalino suele formarse a baja temperatura en entornos volcánicos.

Cristales piramidales de un morado intenso

Cristales piramidales naranjas o marrón amarillento

Cristales prismáticos largos, transparentes e incoloros

Cristales rosas translúcidos de longitud variable

AMATISTA

CITRINO

CRISTAL DE ROCA

CUARZO ROSA

Cuarzo macrocristalino
Las variedades de cuarzo con cristales perceptibles a simple vista se conocen como cuarzos macrocristalinos. Los cristales son prismas de seis lados y pirámides, a menudo perfectos, aunque no siempre. Los agregados de cuarzo macrocristalino recubren a menudo cavidades rocosas (pp. 56-57).

variedades de cuarzo

Presente en la mayoría de los tipos de roca, el cuarzo es el segundo elemento más común en la corteza continental terrestre, después de los feldespatos (pp. 50-51). Hay muchas variedades, y si bien el cuarzo puro es incoloro, se da en una muy amplia gama de colores, debidos a las sustancias químicas presentes en la roca. Gracias a sus fuertes enlaces químicos, el cuarzo es bastante duro, y es el único silicato (compuesto de oxígeno y silicio) compuesto enteramente de silicio y oxígeno. Junto con los feldespatos y la mica, es uno de los principales componentes del granito. Hay dos tipos de cuarzo: microcristalino y macrocristalino.

Cuarzo ahumado
Cuando un espécimen de cuarzo, como el ahumado aquí mostrado, tiene espacio para crecer, forma hermosos prismas hexagonales rematados por pirámides de seis caras. El color del cuarzo ahumado varía del marrón claro al negro, y se debe a la exposición del mineral a la radiación en el subsuelo.

Color verde debido a la presencia de níquel

Color rojo debido a trazas de óxido de hierro, con vetas de cuarzo blanco

Superficie plana quebrada de microcristales verdes y marrones

Franjas paralelas alternas blancas y marrones

CRISOPRASA

JASPE ROJO

JASPE VERDE

ÓNICE

La superficie del cristal tiene un lustre vítreo

Estriaciones (surcos paralelos) en algunas de las caras del cristal

Prismas de seis lados, largos, bien formados y en racimo

Una de las seis caras que rematan los prismas

GRUPOS DE SILICATOS

Todos los silicatos (feldespatos incluidos) comparten una unidad básica, el tetraedro de silicio, en el que cuatro átomos de oxígeno rodean un átomo de silicio. Estos tetraedros, que pueden visualizarse como pirámides o como modelos de barras y esferas, se dan individualmente o agrupados. Los muchos silicatos se dividen en grupos según cómo se unen los tetraedros y otros elementos.

TETRAEDRO DE SILICIO

Átomo de oxígeno

Modelo de barras y esferas

Átomo de silicio

Modelo gráfico

ANILLOS, CADENAS Y ENTRAMADOS

Tetraedro aislado
(ej.: granate)

NESOSILICATOS

Pares de tetraedros unidos por iones de oxígeno
(ej.: epidota)

SOROSILICATOS

Tres, cuatro o seis tetraedros en anillos
(ej.: turmalina)

CICLOSILICATOS

Cadenas únicas de tetraedros
(ej.: piroxeno)

INOSILICATOS

Cadenas dobles de tetraedros unidos por iones de oxígeno
(ej.: anfíboles)

INOSILICATOS

Anillos de tetraedros unidos en láminas
(ej.: arcilla)

FILOSILICATOS

Tetraedros interconectados en entramados tridimensionales
(ej.: feldespatos)

TECTOSILICATOS

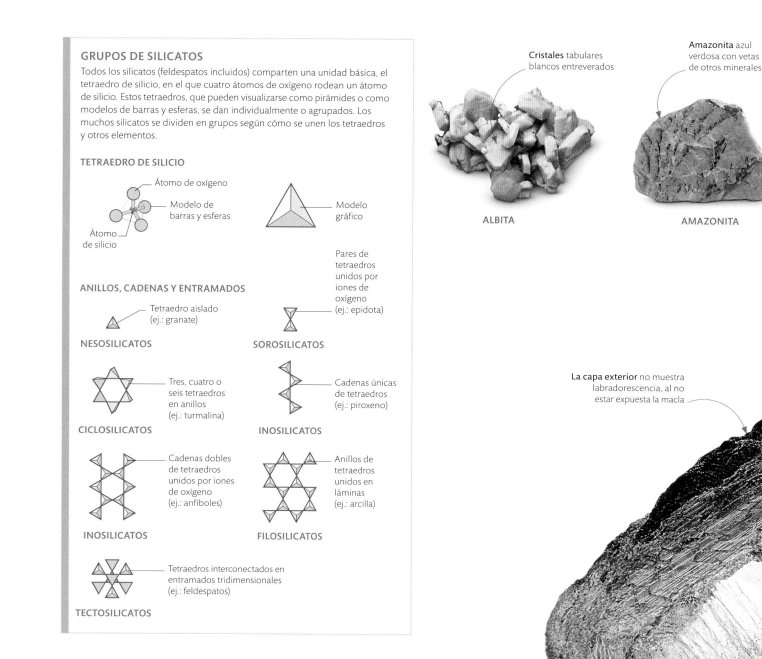

Cristales tabulares blancos entreverados

ALBITA

Amazonita azul verdosa con vetas de otros minerales

AMAZONITA

La capa exterior no muestra labradorescencia, al no estar expuesta la macla

feldespatos

Los feldespatos, los más abundantes de todos los minerales, componen unos dos tercios de la corteza terrestre. Pertenecen a la mayor y más importante clase de minerales, la de los silicatos. Aunque existen muchas variedades de feldespatos, pueden dividirse en dos grandes grupos: los ricos en potasio y los ricos en sodio y calcio (plagioclasas). Los primeros aparecen a menudo en rocas ígneas como el granito, así como en el gneis y la arenisca. Las plagioclasas son comunes en rocas ígneas como el gabro, y en los meteoritos y rocas lunares.

Labradorita
La labradorita, un feldespato plagioclasa, se identifica fácilmente por su brillo iridiscente. La causa de tal iridiscencia (o labradorescencia) es la estructura interna de macla lamelar: capas alternas de dos o más feldespatos de distinta composición química. Cuando la luz penetra en el mineral, es reflejada por las distintas superficies de la macla, que producen destellos de color.

Cristal tabular
rosa pálido

Cristales verdes
prismáticos

Cristales
translúcidos
grisáceos sin
forma definida

Cristales de color
crema y salmón
y hábito masivo

ORTOCLASA

ANORTITA

BITOWNITA

OLIGOCLASA

Líneas paralelas claras
(estriaciones) debidas
a la macla

Brillo iridiscente
azul y dorado

Espécimen con
superficies de
fractura desiguales

Malaquita

La malaquita, mineral secundario de un verde vivo, se forma al alterarse minerales ricos en cobre, cuando el agua carbonatada (que contiene dióxido de carbono disuelto) interactúa con el cobre, o cuando la caliza interactúa con un fluido rico en cobre. Con frecuencia forma masas redondeadas de cristales dispuestos en franjas concéntricas.

En este espécimen, un sulfuro de cobre ha sido cubierto y sustituido por una capa de cristales de malaquita

Cristales individuales cortos y aciculares

La superficie tiene un lustre metálico iridiscente

minerales alterados

Los minerales son compuestos químicos que pueden reaccionar con otros compuestos y formar nuevos minerales, llamados secundarios. Cuando la química de un mineral o las propiedades de sus cristales son alterados por procesos químicos, se habla de un mineral alterado. Los minerales pueden alterarse cuando entran en contacto con sustancias químicas disueltas en agua. Esto puede suceder, por ejemplo, cuando el mineral entra en contacto con agua subterránea rica en oxígeno filtrada desde la superficie, o con agua calentada en el subsuelo por una masa de magma.

Calcopirita

La calcopirita, un sulfuro de hierro y cobre, es la principal fuente de cobre del mundo. Expuesta al aire, adquiere un lustre iridiscente morado, amarillo, azul y verde. Al reaccionar con determinadas soluciones acuosas, puede alterarse y formar otros minerales, como la malaquita.

Los cristales de malaquita forman penachos

DIAGÉNESIS

Los minerales pueden alterarse y convertirse en nuevos minerales al depositarse y quedar enterrados sedimentos que luego se consolidan en forma de roca. Este proceso, que tiene lugar cerca de la superficie terrestre, se conoce como diagénesis, y puede implicar también la unión progresiva de granos de sedimento, o cementación. Por ejemplo, el cuarzo puede crecer entre granos de arena, cementándolos.

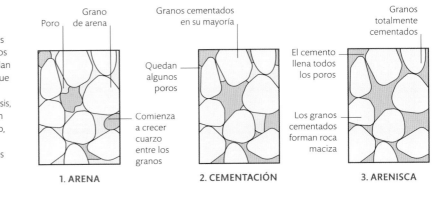

Poro · Grano de arena

Granos cementados en su mayoría

Granos totalmente cementados

Quedan algunos poros

El cemento llena todos los poros

Comienza a crecer cuarzo entre los granos

Los granos cementados forman roca maciza

1. ARENA

2. CEMENTACIÓN

3. ARENISCA

asociaciones minerales

Los minerales forman a menudo grupos, o asociaciones, y ciertos minerales suelen hallarse juntos. Así, por ejemplo, la malaquita se asocia con frecuencia con la pirita y la calcopirita, y el oro blanco con el cuarzo. Algunos minerales se forman juntos en entornos específicos. Las menas, por ejemplo, pueden formarse en rocas rodeadas de masas de magma cuando estas se enfrían en la corteza terrestre (recuadro, abajo). Otras asociaciones minerales se deben a la composición química de los fluidos que las precipitan, como ocurre en cavidades cristalinas como las geodas (pp. 56–57). Conocer el entorno de formación y las asociaciones minerales es útil para identificar minerales.

Prehnita con apofilita

Los minerales prehnita y apofilita se dan a menudo juntos, recubriendo las cavidades de rocas ígneas como el basalto, o a veces sobre el granito. Ambos minerales se hallan también juntos en vetas de las rocas (recuadro, abajo). Los cristales de prehnita individuales son raros: es más común que formen agregados cristalinos botrioidales o redondeados.

El veteado indica que los minerales se formaron a la vez

Pirita con esfalerita y cuarzo
Este espécimen presenta cuarzo incoloro con pirita dorada y esfalerita metálica gris oscuro.

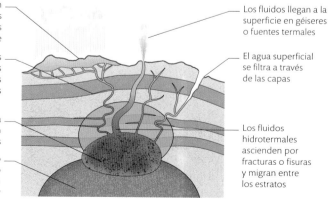

Cristales translúcidos de apofilita

La roca sobre la que crecen los cristales se denomina matriz

VENAS HIDROTERMALES

Las asociaciones minerales se encuentran a menudo en venas hidrotermales, depósitos de la corteza terrestre formados por la precipitación de los minerales de líquidos calientes que fluyen por las fisuras de las rocas. Los líquidos pueden ser liberados por masas de magma (intrusiones) al enfriarse, o por agua subterránea calentada. Los depósitos contienen a menudo menas valiosas, formándose estaño y tungsteno cerca de la intrusión, y más lejos, cobre, zinc y plomo.

La meteorización transforma los minerales de las menas de la superficie

Los fluidos llegan a la superficie en géiseres o fuentes termales

Se forman depósitos minerales en grietas o zonas permeables adyacentes a las venas

El agua superficial se filtra a través de las capas

Agua subterránea caliente rica en minerales

Líquido caliente rico en minerales dejado por la intrusión granítica al cristalizar

Los fluidos hidrotermales ascienden por fracturas o fisuras y migran entre los estratos

La apofilita forma
grupos de cristales
macizos tabulares

Los escasos cristales
anaranjados de prehnita
tienen un lustre vítreo

Cristales de cuarzo
translúcidos formados
sobre la superficie del
centro de la cavidad

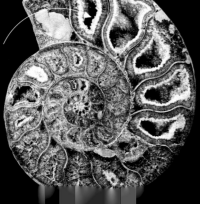

Cristales
formados en
una de las
cámaras

Fósil de amonites
Los cristales se forman a veces en
los restos de animales conservados
como fósiles. Los amonites —parientes
extintos de los calamares y las sepias—
fosilizados, por ejemplo, pueden
contener cavidades o cámaras en las
que, al entrar en contacto con fluidos
minerales, pueden formarse cristales.

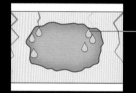
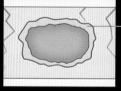
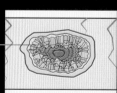
Forma más o menos esférica con un exterior irregular

Geoda recubierta de ágata bandeada y calcedonia

cavidades cristalinas

Una geoda es una cavidad, generalmente redondeada, en una roca que por fuera parece un nódulo rocoso corriente. Al abrir la roca, esta revela una cavidad cubierta de minerales, que suelen ser hermosos cristales que crecen hacia el interior. A diferencia de los cristales que crecen confinados, los de las geodas suelen tener espacio suficiente para formar caras bien definidas, por lo que son muy apreciadas. El tamaño de las geodas puede variar de unos centímetros a varios metros de diámetro.

Geoda de cuarzo

Esta geoda hallada en el norte de Bohemia (República Checa) contiene variedades de cuarzo como la calcedonia, el ágata bandeada y el cuarzo cristalino translúcido. Otras variedades de cuarzo que crecen en geodas son la amatista, el jaspe, la calcita, la dolomita y la celestita. El recubrimiento puede consistir en varias capas concéntricas, que dan a la geoda un aspecto bandeado.

DUREZA

La dureza de una gema es un factor clave en joyería, pues la piedra tallada debe resistir la abrasión del uso repetido. La escala de Mohs (p. 42) asigna valores de dureza a los minerales según su «rayabilidad», en una escala del 1 (muy blando) al 10 (muy duro). Idealmente, las gemas son al menos tan duras como el cuarzo (7 en la escala de Mohs). Los diamantes son, con creces, las gemas más duras.

Cristal octaédrico incoloro

Conjunto de cristales rojizos de lustre vítreo

Largo cristal prismático hexagonal, variedad azul verdosa del berilo

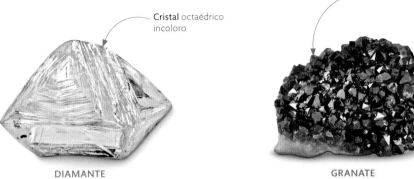

DIAMANTE
10 (escala de Mohs)

GRANATE
7-7,5 (escala de Mohs)

AGUAMARINA
7,5 (escala de Mohs)

COLOR

En los diamantes, la transparencia y la ausencia de color son los rasgos más deseables. En la mayoría de las demás gemas, en cambio, son colores específicos lo que se busca y añade valor. Así, por ejemplo, el berilo incoloro tiene cierto valor, pero la variedad verde —la esmeralda— es una de las gemas más buscadas y apreciadas del mundo.

Cristales morados, por contener trazas de hierro

Variedad verde del olivino, coloreado por el hierro

Cristal rojizo de forma tabular (variedad de corindón)

AMATISTA

PERIDOTO

RUBÍ

Cristal bipiramidal azul de seis lados (variedad de corindón)

Fragmento de cristal marrón anaranjado, de superficie exfoliada perfecta y lustre vítreo

Capas de distinto color debido a trazas de sustancias diversas

ZAFIRO

TOPACIO

TURMALINA

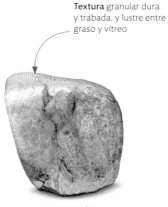

Textura granular dura y trabada, y lustre entre graso y vítreo

JADE JADEÍTA
7 (escala de Mohs)

Turmalina nodular azul cielo, con vetas oscuras y sin cristales visibles

TURQUESA
5,5-6 (escala de Mohs)

Fragmento de cristal multicolor azul y morado; aunque es blanda para una gema, la fluorita es apreciada por sus excepcionales colores

FLUORITA
4 (escala de Mohs)

Esmeralda

Junto con el diamante, el zafiro y el rubí, la esmeralda es una de las gemas más valiosas del mundo. Se encuentra por todo el mundo, siendo los principales productores Colombia, Brasil y Zambia. La esmeralda es la variedad verde del berilo, un mineral rico en silicio, y también se conoce como berilo verde.

Cristal de seis lados de un verde intenso característico

gemas

Los tres atributos clave para clasificar un mineral como gema (como piedra empleada para hacer joyas) son la durabilidad, la belleza y la rareza. La hermosura de las gemas se realza con la talla en ángulos específicos y el pulido, con el fin de maximizar el brillo y el color. Los tasadores valoran las gemas según su transparencia, su talla, su color y su peso (medido en quilates). Solo 130 minerales —menos del 4 % de todos ellos— se clasifican como gemas, entre los que se incluyen ciertos minerales no cristalinos de origen orgánico, como la perla, el coral y el ámbar (pp. 60–61).

CÓMO SE FORMA UNA PERLA

Cuando los moluscos detectan cuerpos extraños, tales como partículas de arena, entre la concha y el manto (el órgano que secreta la concha), forman un revestimiento defensivo. El epitelio del manto —la capa de tejido que envuelve el cuerpo del molusco— empieza a recubrir el cuerpo extraño con capas concéntricas de aragonito y conquiolina, el llamado nácar o madreperla. Con el tiempo, las capas forman una perla alrededor del cuerpo extraño.

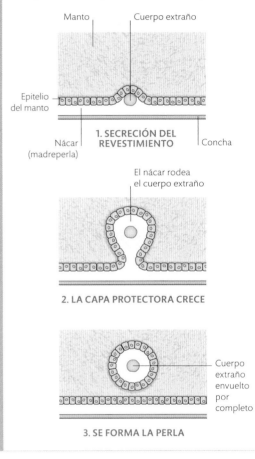

Manto   Cuerpo extraño

Epitelio del manto

Nácar (madreperla)   **1. SECRECIÓN DEL REVESTIMIENTO**   Concha

El nácar rodea el cuerpo extraño

2. LA CAPA PROTECTORA CRECE

Cuerpo extraño envuelto por completo

3. SE FORMA LA PERLA

Minerales procedentes de seres vivos

Los minerales orgánicos son muy abundantes en la naturaleza. Las partes blandas de bivalvos (mejillones, almejas y ostras) y gasterópodos (caracoles, bígaros y caracolas) construyen su concha secretando carbonato cálcico, un mineral calizo. Los esqueletos del coral están hechos también de carbonato cálcico, secretado por organismos denominados pólipos. Los restos de árboles que quedan enterrados, sometidos a calor, pueden convertirse en materia orgánica como carbón, antracita o azabache.

Las capas de carbonato cálcico que secretan los gasterópodos forman conchas espirales

CONCHA DE GASTERÓPODO

minerales orgánicos

Algunos minerales son formados por seres vivos por medio de procesos biológicos. Aunque no se trate de minerales en sentido estricto, al no haberse formado inorgánicamente, se conocen como minerales orgánicos. El proceso por el que seres vivos producen minerales se llama biomineralización, y el resultado es la formación de materiales como conchas, perlas, coral, carbón y ámbar. A veces, los minerales se forman en presencia de microbios; por ejemplo, los estromatolitos —que son de los fósiles más antiguos conocidos— están hechos de sedimentos atrapados por cianobacterias vivas.

Las motas oscuras atrapadas en el ámbar podrían ser fragmentos vegetales

El **nácar** (madreperla) que reviste el interior de la concha tiene un lustre iridiscente

CONCHA DE OSTRA CON PERLA

Los esqueletos de carbonato cálcico secretados por pólipos de coral forman colonias ramificadas

ESQUELETO DE CORAL

Variedad de carbón negra y reluciente con un lustre submetálico

ANTRACITA

Color de marrón oscuro a negro y textura leñosa

AZABACHE

Ámbar

La resina es una sustancia densa y pegajosa que exudan los árboles con la corteza dañada para sellar los tejidos expuestos y evitar la entrada de patógenos o insectos. Al quedar enterrada resina endurecida de bosques antiguos en depósitos de sedimento, se formó ámbar, resina de árbol fosilizada. El ámbar puede aparecer en nódulos, varas o gotas.

Forma irregular, con partes redondeadas y globulares y gotas solidificadas

De color naranja y marrón, este ámbar translúcido tiene un lustre resinoso característico

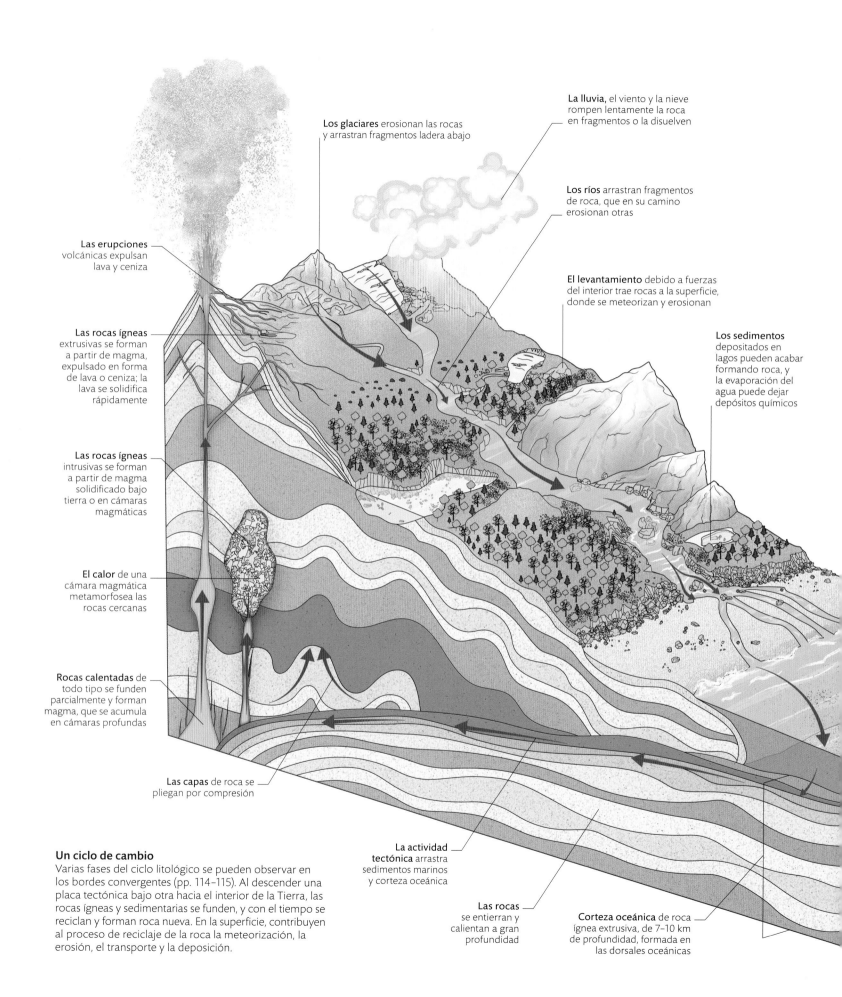

Los glaciares erosionan las rocas y arrastran fragmentos ladera abajo

La lluvia, el viento y la nieve rompen lentamente la roca en fragmentos o la disuelven

Los ríos arrastran fragmentos de roca, que en su camino erosionan otras

Las erupciones volcánicas expulsan lava y ceniza

El levantamiento debido a fuerzas del interior trae rocas a la superficie, donde se meteorizan y erosionan

Las rocas ígneas extrusivas se forman a partir de magma, expulsado en forma de lava o ceniza; la lava se solidifica rápidamente

Los sedimentos depositados en lagos pueden acabar formando roca, y la evaporación del agua puede dejar depósitos químicos

Las rocas ígneas intrusivas se forman a partir de magma solidificado bajo tierra o en cámaras magmáticas

El calor de una cámara magmática metamorfosea las rocas cercanas

Rocas calentadas de todo tipo se funden parcialmente y forman magma, que se acumula en cámaras profundas

Las capas de roca se pliegan por compresión

La actividad tectónica arrastra sedimentos marinos y corteza oceánica

Las rocas se entierran y calientan a gran profundidad

Corteza oceánica de roca ígnea extrusiva, de 7–10 km de profundidad, formada en las dorsales oceánicas

Un ciclo de cambio

Varias fases del ciclo litológico se pueden observar en los bordes convergentes (pp. 114–115). Al descender una placa tectónica bajo otra hacia el interior de la Tierra, las rocas ígneas y sedimentarias se funden, y con el tiempo se reciclan y forman roca nueva. En la superficie, contribuyen al proceso de reciclaje de la roca la meteorización, la erosión, el transporte y la deposición.

De roca ígnea a sedimentaria
El río Jökulsá á Brú, en Islandia,
fluye por el cañón de Studlagil entre
acantilados hechos de columnas de
roca ígnea, formadas a partir de magma
enfriado lentamente. Fragmentos de los
acantilados arrancados y transportados
por la corriente se depositan río abajo
o en el mar, donde pueden acabar
convertidos en roca sedimentaria.

Las olas rompen las rocas
de la costa y transportan
los fragmentos a lo largo
de ella o mar adentro

Los fragmentos de roca
arrastrados por los ríos
se depositan en la costa,
siendo las partículas
grandes las primeras
en precipitarse

Sedimentos finos
depositados en
el lecho marino

Capas de sedimento se acumulan
en el fondo de las cuencas marinas,
donde después se compactan y
cementan, formando roca nueva

el ciclo de las rocas

A lo largo de extensos lapsos de tiempo, los tres tipos básicos de roca —ígnea,
sedimentaria y metamórfica— cambian constantemente en un proceso llamado ciclo
litológico. Este es producto de los efectos combinados del calor bajo la superficie, los
movimientos tectónicos, y la erosión y la sedimentación en la superficie. Las rocas ígneas
se forman al enfriarse y solidificarse roca fundida bajo la superficie o sobre ella, tras ser
expulsada como lava. Las rocas sedimentarias se forman al desprenderse o disolverse
fragmentos de roca por meteorización y erosión, que después son transportados,
depositados, compactados y cementados. El material con el que se forman las rocas
sedimentarias pueden generarlo también animales o plantas por procesos químicos.
Las rocas metamórficas se forman al someterse rocas ígneas o sedimentarias a gran
temperatura y presión, que alteran su estructura o contenido mineral.

Musgo y líquenes
crecen sobre lava
basáltica almohadillada

Formas redondeadas
de lava basáltica que se
enfrió y formó basalto en
los océanos antiguos

Roca basáltica,
con surcos y crestas

rocas ígneas
de los océanos

La delgada capa exterior de la Tierra es la corteza. Esta presenta dos tipos diferenciados: la oceánica y la continental (pp. 66–67). La corteza oceánica cubre alrededor de un 70 % de la superficie terrestre, y consiste en varias capas de roca, principalmente ígnea, combinadas en una masa de entre 7 y 10 km de grosor. La corteza oceánica se forma en las dorsales oceánicas, estructuras volcánicas que se elevan en el lecho oceánico en el límite entre placas tectónicas divergentes (pp. 110–111). Al separarse las placas, asciende magma caliente que se acumula en cámaras magmáticas. Parte del magma se enfría y forma rocas ígneas como el gabro, y el resto surge en forma de lava de fisuras en el lecho marino y se solidifica como basalto.

Basalto almohadillado
Las rocas ígneas llamadas basalto o lava almohadillada se forman por el contacto de la lava basáltica con el agua fría del fondo oceánico. La lava se enfría muy rápidamente y forma una costra delgada; con la erupción continuada y la presión de la lava, la costra se infla y adquiere formas redondeadas de hasta 1 m de diámetro. Los basaltos de esta imagen se encuentran en Islandia.

Cristales perceptibles a simple vista

Gabro
Esta roca ígnea tiene la misma composición química que el basalto, pero al solidificarse el magma más lentamente bajo la superficie, hay tiempo para que se formen cristales mayores.

OFIOLITAS

La corteza oceánica, de estructura y grosor constantes, presenta una secuencia de capas sedimentarias sobre rocas diversas. El mejor lugar para verla es allí donde una sección de corteza oceánica antigua (llamada suite o secuencia ofiolítica) y el manto superior subyacente se han levantado sobre la corteza continental, quedando expuesta por encima del nivel del mar.

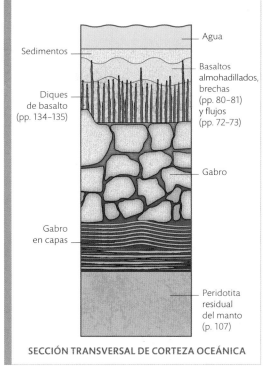

Agua

Sedimentos

Basaltos almohadillados, brechas (pp. 80–81) y flujos (pp. 72–73)

Diques de basalto (pp. 134–135)

Gabro

Gabro en capas

Peridotita residual del manto (p. 107)

SECCIÓN TRANSVERSAL DE CORTEZA OCEÁNICA

rocas ígneas de los continentes

La corteza continental —la que forma los continentes y plataformas continentales— se compone principalmente de granito, y es más antigua y gruesa y menos densa que la oceánica (pp. 64–65). Lejos de los límites entre placas tectónicas, el interior de los continentes se ha mantenido relativamente estable a lo largo del tiempo geológico, al no ser propensas sus rocas a la subducción (el proceso por el que una placa se desliza debajo de otra, produciendo terremotos y volcanes). Las rocas más antiguas del mundo —de hace unos 4000 millones de años— se hallan en la corteza continental.

Pico escarpado moldeado por la meteorización y la erosión

El hielo contribuye a la meteorización: cuando el agua se hiela, se expande, ensanchando las grietas de las rocas

da color a este espécimen

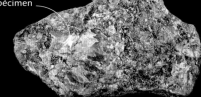

Granito rosa
El granito, roca ígnea enfriada en el subsuelo en cámaras magmáticas, puede ser de color gris, blanco o rosado, según la composición química de sus minerales. Sus cristales se aprecian a simple vista.

Monte Fitz Roy
Muchas cordilleras del mundo están compuestas de granito de la corteza continental, formado en lo profundo del manto terrestre. Con el tiempo, las rocas de granito se alzaron en montañas y quedaron expuestas a la erosión. Así se formaron los escarpados picos del monte Fitz Roy, en la Patagonia, en la frontera entre Chile y Argentina.

La corteza continental puede alcanzar unos 70 km de profundidad debajo de las cordilleras, pero puede tener tan solo 20 km en las áreas donde la corteza se estira y adelgaza. Su composición es más variada que la de la corteza oceánica, sobre todo por ser más ligera y no haberse reciclado en el interior de la Tierra tanto como la más densa corteza oceánica. Como resultado, tiende a permanecer cerca de la superficie, donde se expone a repetidos ciclos de erosión, formación de rocas sedimentarias y metamorfosis.

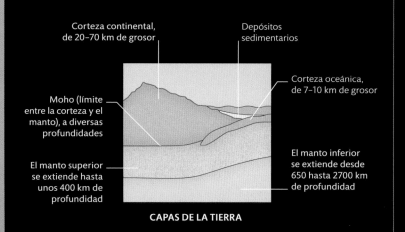

Corteza continental, de 20–70 km de grosor

Depósitos sedimentarios

Corteza oceánica, de 7–10 km de grosor

Moho (límite entre la corteza y el manto), a diversas profundidades

El manto superior se extiende hasta unos 400 km de profundidad

El manto inferior se extiende desde 650 hasta 2700 km de profundidad

CAPAS DE LA TIERRA

Pared lisa de granito esculpida por un glaciar

El Capitán y Half Dome

Las escarpadas paredes de El Capitán se alzan 1000 m sobre el valle de Yosemite, en California. En la cabecera del valle, la pared vertical de Half Dome presenta una vista aún más espectacular. Este paisaje imponente es obra del calor, el agua y el hielo. El granito de El Capitán y Half Dome fue una intrusión profunda de magma caliente bajo capas de roca sedimentaria, hace más de 100 millones de años. La

erosión de los sedimentos dejó expuesto el duro granito hace unos 65 millones de años.

Yosemite se encuentra cerca de la cresta de la Sierra Nevada, que se alzó hace 25 millones de años, lo cual aumentó la fuerza erosiva de las corrientes de la zona, que abrieron profundos cañones en la roca. Hace 3 millones de años, la cordillera era lo bastante alta para que, al enfriarse el clima, se formaran campos

de hielo a lo largo de su cresta. Los glaciares recortaron las laderas, dejando empinadas paredes rocosas. Al retroceder el hielo, se formó un gran lago en el lecho del valle, atrapado por los sedimentos rocosos arrastrados por los glaciares. El lago acabó llenándose de sedimentos, que formaron el suelo plano del valle, cubierto de bosque y prados. Por las laderas del valle descienden varias cascadas, entre ellas el salto Yosemite, que con sus 740 m de altura es la cascada más alta de América del Norte. Yosemite fue el primer área natural legalmente protegida por el gobierno de EE. UU., en 1864, y fue declarado parque nacional en 1890.

Half Dome

Valle de Yosemite

Visto aquí a la luz del sol poniente, El Capitán guarda la entrada al valle de Yosemite. Enfrente, el salto Bridalveil se precipita 190 m desde un valle suspendido. El pico nevado de Half Dome puede verse en la lejanía.

Half Dome se alza 2693 m sobre el nivel del mar

Las partículas pueden tener forma de lágrima, esférica o alargada

Superficie lisa de lustre vítreo (puede ser también áspero o acanalado)

Lágrimas de Pele
Estos pedazos de vidrio volcánico, de hasta 20 mm de longitud, son fragmentos de roca volcánica solidificados a partir de lava líquida enfriada rápidamente en la superficie. Su nombre alude a la diosa hawaiana del fuego, Pele.

Fuentes de lava
Corrientes de lava manan de las fisuras del volcán Kilauea, en la isla de Hawái. La lava se enfría y solidifica en roca ígnea grisácea de textura rugosa, maciza o cordada.

rocas de lava

La roca fundida caliente (llamada magma) se forma en el manto superior terrestre. Al ser menos densa que las rocas que la rodean, asciende a la corteza, donde gran parte se enfría y solidifica en cámaras magmáticas de la corteza superior. El magma que alcanza la superficie surge de fisuras y volcanes como lava, y al enfriarse y solidificarse forma roca ígnea extrusiva. La explosividad de las erupciones y las rocas que forman dependen de la composición y viscosidad del magma. La textura de las rocas ígneas suele contener pistas de cómo se formó la roca (recuadro, abajo).

TEXTURAS DE ROCA ÍGNEA

Al enfriarse el magma lentamente bajo tierra, tiene tiempo para formar cristales grandes. En la superficie se enfría más rápido, y los cristales resultantes son microscópicos; puede enfriarse tan rápido que no se formen cristales, sino vidrio natural. El enfriado lento seguido de enfriado rápido, al ascender el magma a la superficie, puede dar lugar a una textura porfirítica, mezcla de cristales grandes y pequeños. Cuando la lava contiene burbujas, quedan poros en la roca, y la textura resultante es porosa. Las erupciones explosivas forman rocas piroclásticas.

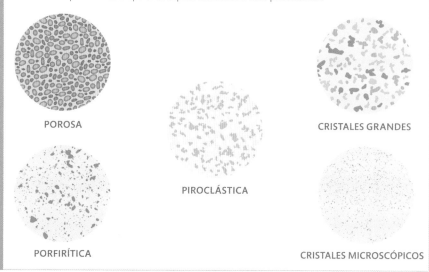

POROSA

PIROCLÁSTICA

CRISTALES GRANDES

PORFIRÍTICA

CRISTALES MICROSCÓPICOS

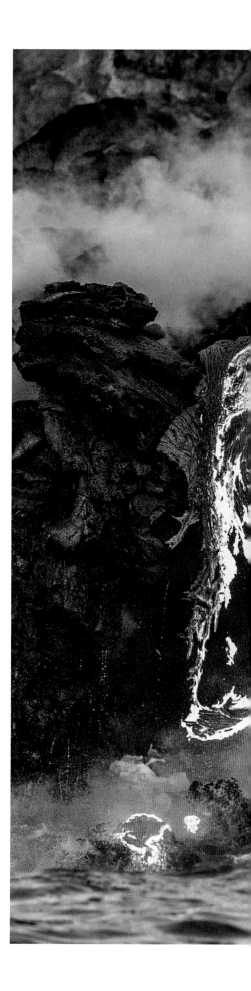

El borde de la lava, al rojo, está a mayor temperatura que la superficie

La lava en bloque solidificada parece un montón de escombros

Colada en bloque
Al alejarse del cráter, la lava de flujo lento puede enfriarse y formar rocas macizas de bordes angulares. Este depósito de lava en bloque se formó en la isla volcánica de Nea Kameni, en el centro de la caldera de Santorini (Grecia).

La superficie se vuelve más oscura y mate al enfriarse

lava

Hay muchos tipos de lava. Un factor clave es la cantidad de silicio en el magma original. El magma caliente pobre en silicio asciende más fácilmente a la superficie y fluye como lava basáltica. Como los gases escapan de estos magmas con facilidad, estos tienden a aflorar en erupciones efusivas, silenciosas. La lava rica en silicio es más fría y viscosa y tiene mayor contenido de gases, y al llegar a la superficie puede generar erupciones explosivas.

Lava pahoehoe
La superficie de una colada basáltica puede formar una piel elástica que, arrastrada por la lava subyacente, forma pliegues y rugosidades similares a cuerdas. Esto resulta en la lava pahoehoe ('cordada' en hawaiano). Este primer plano de lava del volcán Kilauea (Hawái) muestra un lóbulo de pahoehoe, cuya temperatura supera los 1000 °C en algunas partes.

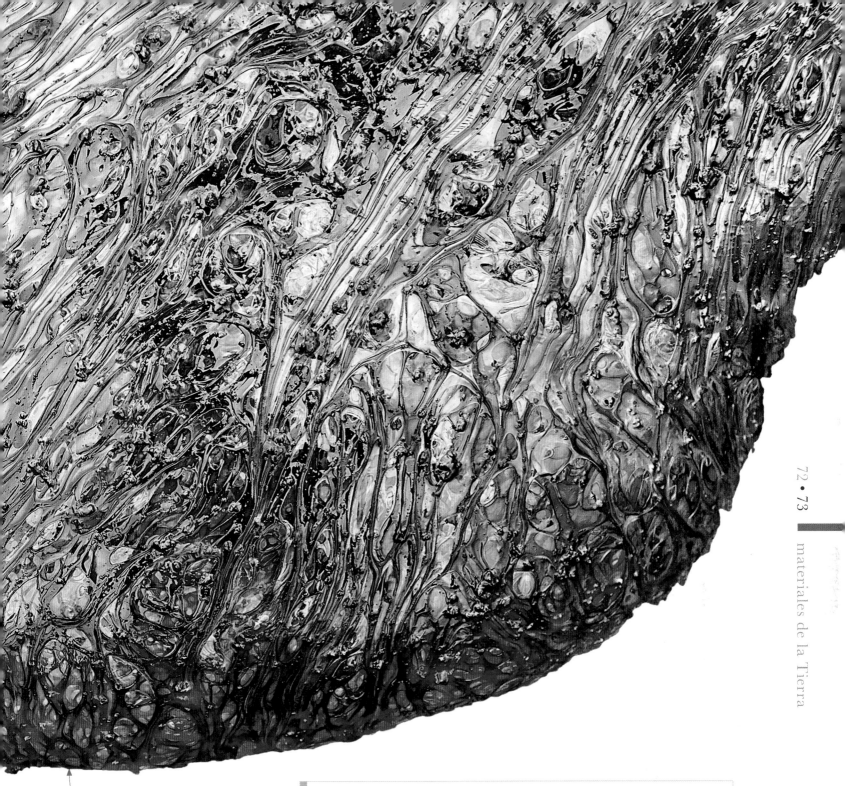

La lava se extiende adoptando una forma lobular

VISCOSIDAD DE LA LAVA

Los flujos de lava se pueden clasificar por su viscosidad, o resistencia al flujo, que es mayor cuanto mayor es su contenido en silicio. La lava rica en silicio no fluye muy lejos antes de solidificarse, mientras que la pobre en silicio puede recorrer varios kilómetros. La distinta viscosidad de la lava genera rocas diferentes: basalto, andesita, dacita y riolita.

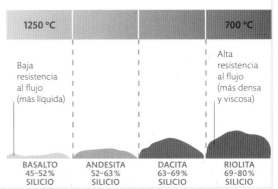

1250 °C			700 °C
Baja resistencia al flujo (más líquida)			Alta resistencia al flujo (más densa y viscosa)
BASALTO 45–52% SILICIO	ANDESITA 52–63% SILICIO	DACITA 63–69% SILICIO	RIOLITA 69–80% SILICIO

Finas capas paralelas de color variable (las más oscuras fueron depositadas en un entorno pobre en oxígeno)

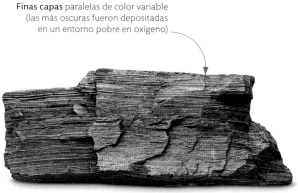

Lutita
Las rocas sedimentarias representan alrededor de un 5% de las rocas de la corteza terrestre. Casi el 80% de estas son rocas de grano fino como la lutita.

Cathedral Gorge
Hace aproximadamente un millón de años, Cathedral Gorge (Nevada, EE.UU.) quedó cubierto por un lago de agua dulce. Las formaciones rocosas que lo conforman están hechas de los sedimentos depositados en el lago: limo, arcilla y ceniza volcánica. Más tarde, la erosión y la meteorización por el viento y la lluvia formaron barrancos y cañones en la roca.

rocas de grano fino

La limolita, la lutolita y la lutita son rocas sedimentarias de grano fino, compuestas de minúsculas partículas menores que granos de arena depositadas en aguas relativamente mansas, como las de lagos, lagunas, pantanos, cuencas oceánicas profundas y áreas fluviales inundables. Al quedar enterradas, se compactan en capas paralelas. Varían en textura y dureza. El limo se deposita para formar limolita, con un grano de 0,004–0,06 mm de diámetro. La arcilla, al depositarse, forma lutita o lutolita de grano más fino (de menos de 0,004 mm de diámetro). La lutita se parte en finas capas, y la lutolita, en trozos.

Un sedimento arenoso cubre el fondo

MESETAS DE LOESS

Un depósito de limo marrón amarillento llamado loess cubre más del 10% de las tierras emergidas del planeta. Se forma en entornos diversos, incluidos desiertos próximos a áreas inundables con limo abundante. El viento transporta el limo de estas áreas hasta el desierto; los sedimentos finos y ligeros se depositan lejos del lugar de origen, y los mayores y más pesados, más cerca. Los depósitos acumulados forman mesetas de loess, las mayores de las cuales se encuentran en China.

El limo grueso es transportado a poca distancia del llano inundable

Sedimentos transportados y depositados de nuevo por el viento

Limo grueso transportado a poca distancia

Limo fino transportado lejos del llano inundable

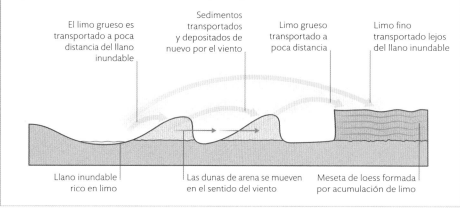

Llano inundable rico en limo

Las dunas de arena se mueven en el sentido del viento

Meseta de loess formada por acumulación de limo

Capas sedimentarias
visibles entre los depósitos
de roca y ceniza

Pináculos y barrancos
formados por la erosión

ESTRATIFICACIÓN CRUZADA

Las rocas sedimentarias se forman en capas, llamadas estratos. Si se deposita arena en agua en calma, el sedimento forma capas paralelas al plano principal del lecho. Sin embargo, en muchas areniscas se observa que los granos se depositaron en ángulo con dicho plano. Esta estratificación cruzada indica que los sedimentos fueron transportados por una corriente, como el viento o un río. En las dunas, la estratificación cruzada se produce al ser transportada la arena por encima de la duna y depositarse al otro lado de la cresta. Al irse depositando más arena, se forman capas inclinadas.

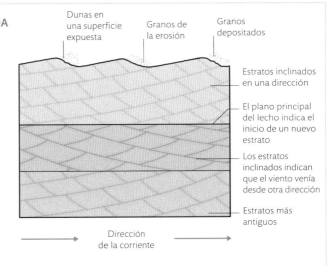

Dunas en una superficie expuesta

Granos de la erosión

Granos depositados

Estratos inclinados en una dirección

El plano principal del lecho indica el inicio de un nuevo estrato

Los estratos inclinados indican que el viento venía desde otra dirección

Estratos más antiguos

Dirección de la corriente

arenisca

Las rocas sedimentarias constituidas por granos del tamaño de la arena (0,125–2 mm) se conocen como areniscas. Los granos —consistentes en minerales, fragmentos de roca y materias orgánicas tales como restos de concha y hueso— son transportados por el viento, por corrientes de agua como arroyos o ríos, o por los océanos, y depositados allí donde la corriente ya no tiene la fuerza suficiente para arrastrar las partículas. Con el tiempo, los granos se compactan y cementan, formando capas rocosas. Hay diferentes tipos de arenisca, según la composición de los granos. La grauvaca, la arcosa, la arenisca de cuarzo y la calcarenita, por ejemplo, consisten principalmente en fragmentos de roca, feldespato, cuarzo y carbonato cálcico, respectivamente. La mayoría de las areniscas contienen gran cantidad de cuarzo.

Espinas de erizo de mar, cada una hecha de un solo cristal de calcita

Arenisca navajo

El Cañón del Antílope, en Arizona (EE. UU.), está hecho de arenisca navajo, formada por arena depositada por vientos del desierto hace unos 190–170 millones de años. Los óxidos de hierro presentes en la arena le dan el color rojo. A lo largo de miles de años, inundaciones de aguas rápidas erosionaron la arenisca y formaron un cañón de ranura. Las formas de ola se deben a la erosión por arena levantada por el viento.

Arena al microscopio

Desde fragmentos de distintas rocas hasta restos esqueléticos de seres vivos, los granos que conforman la arena son de muchas formas, tamaños y colores vistos al microscopio.

fragmentos cementados

Los conglomerados y las brechas son rocas sedimentarias compuestas por fragmentos llamados clastos. Por orden creciente de tamaño, los clastos varían desde los de grano fino (de partículas mayores que los granos de arena) hasta los guijarros y cantos, siendo los mayores de hasta 25 cm de diámetro. Una vez depositados los fragmentos, quedan enterrados bajo otras rocas y se litifican, se transforman en roca maciza. El proceso comienza por la compactación, en la que el peso de las rocas que los cubren comprime los clastos. Cuando se precipitan minerales —como arcilla, óxido de hierro, silicio o carbonato cálcico— en los espacios entre los clastos, estos quedan unidos por cementación. La principal diferencia entre brechas y conglomerados es que las primeras tienen clastos de bordes angulares, mientras que en los conglomerados son más redondeados. La composición de estas rocas aporta pistas sobre el entorno y el lugar en que se formaron.

Conglomerado
Este espécimen contiene jaspe y ágata, ambos variedades de cuarzo microcristalino (pp. 48–49). La forma redondeada y la textura lisa de los clastos, típica de los conglomerados, indica que los fragmentos se depositaron lejos de su lugar de origen. Es probable que los transportara la corriente de un río rápido u otro factor de alta energía capaz de arrastrar los grandes fragmentos a larga distancia, desgastando en el proceso sus puntas y aristas.

Clasto anguloso
en una matriz de grano más fino

Brecha
Los bordes relativamente angulares de los clastos de la brecha indican que los fragmentos no viajaron lejos de su lugar de origen. Las brechas suelen formarse al pie de paredes o laderas donde se acumulan derrubios de la meteorización.

TIPOS DE BRECHA
Hay dos tipos de brecha, dependiendo de la proporción de clastos y matriz (la masa de las partículas de grano fino en la que están cementados los clastos). Cuando los clastos se tocan y la matriz rellena los huecos restantes, la brecha se dice soportada por clastos. Cuando los clastos parecen «flotar» en la matriz sin tocarse entre sí, la brecha se dice soportada por la matriz.

Los clastos se tocan

La matriz llena el vacío entre clastos

BRECHA SOPORTADA POR CLASTOS

Los clastos no se tocan

La matriz envuelve cada clasto

BRECHA SOPORTADA POR LA MATRIZ

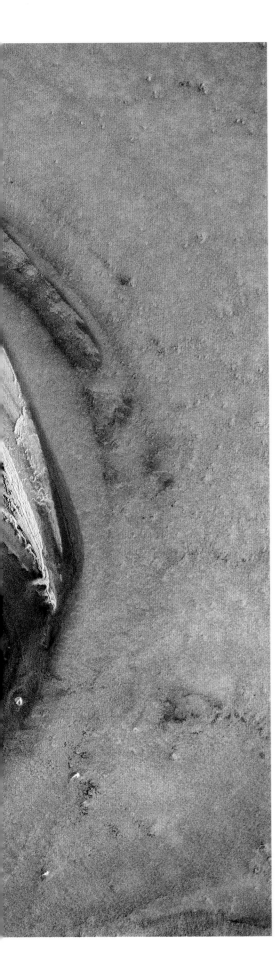

Capas alternas de minerales oscuros, ricos en hierro, y minerales ricos en silicio

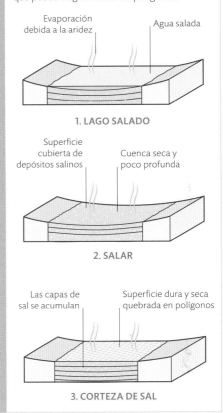

Formación de hierro bandeado
Hace entre 3700 y 1800 millones de años, el oxígeno producido por organismos marinos fotosintetizadores reaccionó con el hierro disuelto en el agua, formando depósitos químicos de aspecto bandeado (pp. 252–253).

Kati Thanda
Kati Thanda (el lago Eyre), que ocupa unos 11 080 km² de desierto en Australia Meridional, consiste en una gruesa sucesión de sedimentos depositados hace unos 60 millones de años. Esta vista aérea muestra el lecho del lago, que se inunda periódicamente, cubierto por cortezas de sal, dejadas por la repetida evaporación de agua somera rica en minerales. Los vivos colores se atribuyen a la presencia de bacterias.

FORMACIÓN DE CORTEZAS SALINAS

En los desiertos, los lagos salados suelen evaporarse antes de que los rellene el agua de lluvia (1). Cuando esto ocurre, la precipitación resulta en la acumulación de depósitos salinos, entre ellos halita y yeso, en una cuenca seca, llamada salar o salina (2). Episodios repetidos de evaporación y aporte de agua producen nuevas capas de depósitos salinos (3). En la superficie se forma una corteza dura y seca, que puede fragmentarse en polígonos.

Evaporación debida a la aridez Agua salada

1. LAGO SALADO

Superficie cubierta de depósitos salinos Cuenca seca y poco profunda

2. SALAR

Las capas de sal se acumulan Superficie dura y seca quebrada en polígonos

3. CORTEZA DE SAL

deposición química

Las rocas sedimentarias hechas de fragmentos de rocas y minerales preexistentes se llaman clásticas. Otras, las llamadas rocas sedimentarias químicas, las forman sustancias precipitadas de soluciones, a menudo como cristales, y son de origen inorgánico u orgánico. Son rocas inorgánicas formadas por deposición química las evaporitas, la dolomita y la caliza inorgánica; son rocas sedimentarias orgánicas el chert, el carbón y la caliza orgánica, formada por organismos marinos (pp. 82–83).

CÓMO SE FORMA LA CALIZA FOSILÍFERA

La mayoría de las calizas se forman a partir del carbonato cálcico de las conchas y los esqueletos de organismos marinos como moluscos, corales y crinoideos. Al morir los organismos marinos (1), sus partes duras se acumulan como sedimentos calcáreos (2), y al quedar enterradas y compactadas en los sedimentos acaban formando piedra caliza (3).

Organismos marinos

El carbonato cálcico precipitado por los organismos se acumula y forma sedimento calcáreo

Con el tiempo, el sedimento calcáreo se convierte en caliza

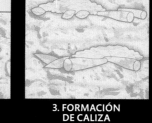

1. COMUNIDAD DE SERES VIVOS

2. LOS RESTOS SE ACUMULAN

3. FORMACIÓN DE CALIZA

caliza

La caliza, que representa el 10–15 % de las rocas sedimentarias, se compone principalmente de calcita (una forma cristalizada de carbonato cálcico). La mayor parte de la caliza se forma por la acumulación de conchas y esqueletos de organismos marinos muertos (recuadro, arriba), pero también se forma por procesos químicos, al precipitarse la calcita de agua marina o lacustre. Cuando se filtra agua ligeramente ácida y disuelve los depósitos de carbonato, en la caliza se forman huecos. Cuando la caliza se ve sometida a metamorfismo, la calcita se recristaliza en forma de mármol.

Fósil de un briozoo; algunos briozoos forman colonias compuestas de muchos individuos minúsculos, llamados zooides

Roca blanda, porosa y blanca

Creta
La creta, hecha de calcita, es una caliza formada por los restos de organismos marinos microscópicos, que forman un lodo calcáreo muy fino al morir. Este acaba

Caliza fosilífera
Las calizas están entre las rocas más fosilíferas, y sus bien preservados fósiles constituyen una ventana a la vida pasada. Este espécimen, formado hace unos 400 millones de años en un mar tropical poco profundo, contiene abundantes fósiles de diversos invertebrados marinos, como braquiópodos, trilobites,

Fósil de un braquiópodo, invertebrado de concha rígida que vive en el lecho marino

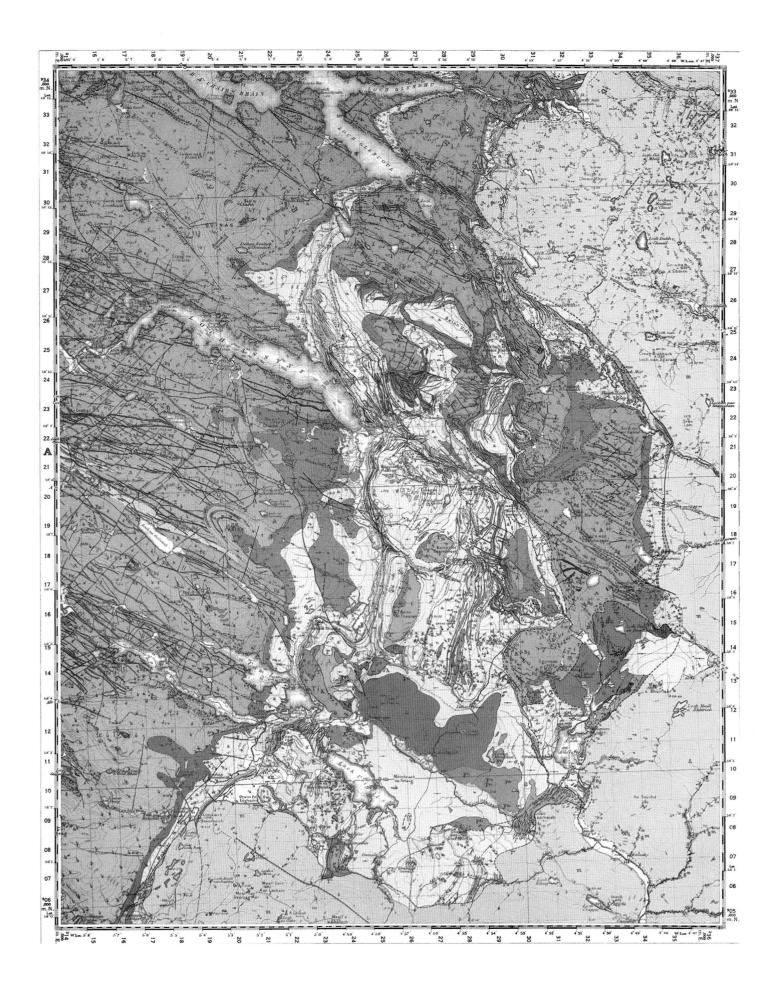

Sección geológica innovadora
Esta sección transversal de las rocas de Inglaterra y Gales (dcha.), incluida en *A Delineation of the Strata of England and Wales, with Part of Scotland* de William Smith, de 1815, muestra la inclinación de los estratos hacia el sureste, con la roca más antigua de los montes de Gales al oeste (izda.) cubierta por rocas cada vez más jóvenes hacia el este (dcha.).

cartografía de las rocas

Durante milenios se usaron mapas para registrar la localización de yacimientos económicamente valiosos, tanto canteras de piedra para construir como minas de metales preciosos. El ejemplo más antiguo conservado es un papiro egipcio de 1150 a. C. Sin embargo, no fue hasta el siglo XVIII cuando se empezó a llenar el espacio entre tales observaciones y se crearon mapas sistemáticos y continuos de los distintos tipos de roca bajo nuestros pies.

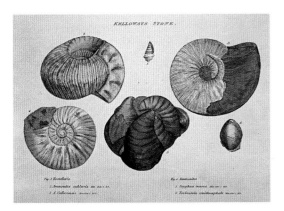

Fósiles guía
Esta ilustración muestra algunos fósiles característicos del Jurásico Superior hallados en dos estratos de la Formación Kellaways. El conocimiento de los fósiles permitió a William Smith relacionar afloramientos del mismo estrato en distintos lugares.

Mapa geológico de Assynt (Escocia)
Elaborado a finales del siglo XIX, este fue uno de los primeros mapas en mostrar la compleja disposición de las rocas de una antigua cordillera. Las líneas, además de distinguir las rocas con colores, representan fallas geológicas, y las flechas, el sentido de la inclinación.

> " Los fósiles organizados son [...] las antigüedades de la Tierra, y muy claramente muestran su gradual formación regular. "
>
> WILLIAM SMITH (1817)

Los geólogos franceses Philippe Buache y Jean-Étienne Guettard inauguraron una nueva era de la cartografía en 1746, con un mapa que mostraba la extensión de una capa de creta por el norte de Francia y el sur de Inglaterra. En 1809, el geólogo aficionado de origen escocés William Maclure fue un paso más allá y elaboró un mapa geológico del este de EE. UU. que clasificaba las rocas de la superficie en cuatro tipos: primitiva, de transición, secundaria y aluvial.

Mientras tanto, William Smith, un joven prospector en el oeste de Inglaterra, estaba adquiriendo un conocimiento mucho más detallado de los estratos rocosos al inspeccionar minas de carbón y obras de canalización. En los pozos de las minas de distintos lugares vio la misma secuencia de rocas, y también que los estratos rocosos se diferenciaban por los fósiles de flora y fauna antiguas que contenían, a partir de los cual formuló el principio de sucesión faunística.

Al supervisar excavaciones para canales, Smith puso a prueba sus ideas en un área extensa, y amplió el muestreo vertical de los estratos con la representación horizontal de su afloramiento en la superficie. Empezó en 1799 con un mapa de los tipos de roca en los alrededores de la ciudad de Bath, donde vivía. Pasó muchos más años viajando por Inglaterra, Gales y el sur de Escocia, reuniendo fósiles y cartografiando las rocas en que aparecían. En 1815 produjo el primer mapa geológico de todo un país, en el que identificaba 23 estratos rocosos, cada uno pintado a mano con un color distintivo.

El trabajo pionero de Smith puso los cimientos de la cartografía geológica moderna, y muchos de los nombres que puso a los estratos que identificó siguen usándolos los geólogos de hoy.

Serpentinita

La roca metamórfica serpentinita es un ejemplo de roca alterada tras quedar enterrada. Se forma cuando rocas ígneas de la corteza oceánica se calientan hasta unos 200 °C en presencia de agua, condiciones en las que sus minerales experimentan un proceso metamórfico llamado serpentinización.

En este espécimen, los colores están distribuidos de manera uniforme, pero pueden darse en bandas

Grano grueso fácilmente apreciable a simple vista

Milonita
Roca metamórfica compacta de grano fino, la milonita (dcha.) se forma por el cizallamiento de rocas en fallas. El bandeado o foliación paralela es propia de rocas producidas por metamorfismo dinámico.

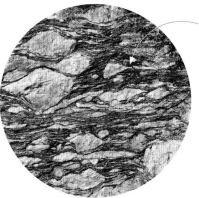

Bandas de granos minúsculos parcialmente recristalizados alineados con la falla

Las motas verdes y amarillas son características de la serpentinita

metamorfismo dinámico
y de enterramiento

Las rocas metamórficas se forman de varias maneras. El metamorfismo dinámico lo produce la presión en una dirección particular por movimientos a gran escala de la corteza, sobre todo en planos de falla y límites activos entre placas. Cuando una parte de la corteza se desliza, o cizalla, sobre otra, la superficie de contacto se conoce como falla. Cuando una falla es profunda, algunos minerales de la roca se recristalizan parcialmente, fragmentándose las rocas y formándose otras nuevas de textura diferente. Las rocas pueden transformarse también cuando la presión y la temperatura aumentan al quedar enterradas, en el llamado metamorfismo de enterramiento.

ZONAS DE CIZALLA

A escasa profundidad en la corteza terrestre, hasta unos 10 km, las rocas son relativamente frías y quebradizas, y cuando se deforman, tienden a fracturarse. En la corteza media y profunda, por el contrario, a mayor temperatura, las rocas se comportan de manera semejante al plástico calentado, y en lugar de romperse, fluyen. A lo largo de extensos lapsos de tiempo, la presión que sufren las rocas en las profundas zonas de cizalla provoca que sus minerales recristalicen, lo que resulta en la textura bandeada que se aprecia en la milonita (arriba).

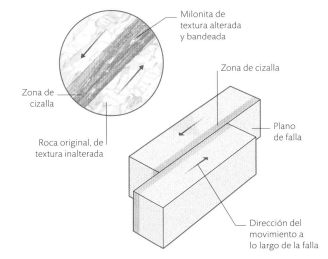

Milonita de textura alterada y bandeada

Zona de cizalla

Zona de cizalla

Roca original, de textura inalterada

Plano de falla

Dirección del movimiento a lo largo de la falla

Gneis
El gneis es una roca metamórfica que se forma en condiciones de alta presión y temperatura (a más de 500 °C). Las bandas claras y oscuras se deben a reacciones químicas que causan la separación de los minerales de la roca en áreas de composición diferente. Las áreas claras contienen principalmente cuarzo y feldespato, mientras que el bandeado oscuro contiene minerales como el piroxeno y el anfíbol.

Textura de grano grueso y aspecto bandeado

metamorfismo regional

Las rocas alteradas por la presión, el calor o ambos en un área extensa han experimentado un proceso llamado metamorfismo regional. Este se da típicamente cuando la colisión de placas tectónicas forma cadenas montañosas (pp. 114–115 y pp. 120–121). En esta situación, las rocas de la corteza se comprimen (recuadro, abajo), y rocas que estuvieron en la superficie pueden ser arrastradas a decenas de kilómetros de profundidad, donde la temperatura es mucho mayor. El tipo de roca metamórfica resultante depende del tipo de roca original, y de a cuánta presión y temperatura se vea sometida.

Pizarra galesa
La pizarra, roca metamórfica de grano fino, se forma por los efectos de la presión y la temperatura sobre la lutita. Como se puede partir en finas capas por sus planos de rotura naturales (recuadro, abajo), es útil como material para tejados y pavimentos.

PLEGAMIENTO Y FOLIACIÓN
Cuando los movimientos de la corteza terrestre comprimen los estratos, estos se pliegan, y los minerales de la roca se recristalizan parcialmente, sin fundirse. Los cristales nuevos se alinean perpendicularmente a la dirección de la compresión, y en paralelo al plano axial del pliegue. Dicha alineación se conoce como foliación. En el caso de la pizarra, los planos de rotura paralelos están muy juntos (pizarrosidad) y son áreas de relativa debilidad, por eso es fácil separarla en losas finas para usarlas como baldosas o tejas.

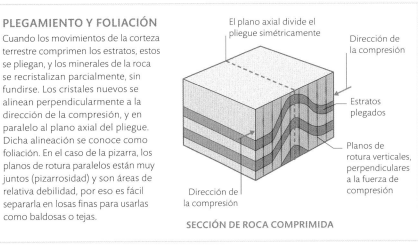

El plano axial divide el pliegue simétricamente

Dirección de la compresión

Estratos plegados

Planos de rotura verticales, perpendiculares a la fuerza de compresión

Dirección de la compresión

SECCIÓN DE ROCA COMPRIMIDA

metamorfismo de contacto

Cuando el magma caliente migra y empieza a enfriarse y solidificarse a gran profundidad bajo la superficie, forma una masa de roca ígnea conocida como intrusión (pp. 134–135). La intrusión libera calor en las rocas que la rodean, y estas experimentan un proceso de cambio químico, llamado metamorfismo de contacto. Así se forman varios tipos de roca metamórfica, entre ellos el hornfels o corneana —que se forma cuando el calor del magma entra en contacto con lutita, pizarra o basalto— y el skarn (dcha.). Como el metamorfismo de contacto es el resultado de un aumento de la temperatura, y no de la presión, no hay plegamiento ni foliación, a diferencia de lo que ocurre en el metamorfismo dinámico y regional (pp. 86–89).

La roca contiene los minerales diópsido, calcita rosa y actinolita negra

Skarn
Cuando el calor intenso de una intrusión ígnea afecta a rocas carbonáticas como la caliza impura, esta se altera por metamorfismo de contacto. La roca metamórfica resultante se conoce como skarn.

La roca preexistente junto a la capa de diabasa, cocida y alterada por esta, adquirió un color blanquecino

AUREOLAS METAMÓRFICAS

El área alrededor de una intrusión
ígnea afectada por el metamorfismo
de contacto se denomina aureola
metamórfica. La alteración disminuye
con la distancia respecto a la fuente
de calor, produciendo una serie de
zonas concéntricas diferenciadas. En
el ejemplo de la imagen, el magma
fundido se ha solidificado en una
intrusión granítica. Las rocas más
próximas al magma (hornfels)
experimentan un grado mayor de
metamorfosis que las más alejadas
(roca moteada). La roca sedimentaria
más allá de la aureola (lutita) no se ha
visto afectada por el metamorfismo.

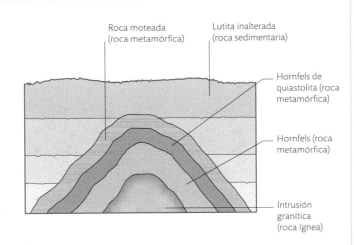

Roca moteada
(roca metamórfica)

Lutita inalterada
(roca sedimentaria)

Hornfels de
quiastolita (roca
metamórfica)

Hornfels (roca
metamórfica)

Intrusión
granítica
(roca ígnea)

Alteradas por calor

Entre las capas de roca sedimentaria que
forman las montañas que rodean el glaciar
de Grinnell, en Montana (EE. UU.), se ha
formado una lámina o manto. Esto ocurre
cuando magma fundido penetra entre
capas de roca sedimentaria y se solidifica
formando una banda de roca ígnea paralela
a los estratos. El calor intenso de la lámina
alteró las rocas adyacentes de arriba y abajo
por metamorfismo de contacto.

La banda oscura es
una lámina de la roca
ígnea diabasa, fuente
del calor que alteró las
rocas que la rodean

Las rocas sedimentarias
se depositaron en estratos
definidos a lo largo del tiempo

Estratos inclinados

Las coloridas montañas de Zhangye Danxia, en el noreste de China, están formadas por arenisca y limolita depositadas durante el periodo Cretácico, hace entre 145 y 66 millones de años. Los estratos, que en origen eran horizontales, quedaron comprimidos y plegados hace unos 50 millones de años por la colisión entre las placas continentales India y Euroasiática que formó la cordillera del Himalaya.

Los desfiladeros y barrancos de la roca se formaron por meteorización y erosión del viento y el agua

La arenisca roja debe su color al óxido de hierro

DISCORDANCIAS ANGULARES

La posición relativa de los estratos rocosos revela su historia geológica. Los sedimentos se depositan en capas horizontales (1), que la actividad tectónica puede plegar e inclinar (2). La erosión de estas capas puede luego desgastar la parte superior del pliegue hasta dejar un plano horizontal (3). Si se depositan nuevas capas de roca sobre los estratos inclinados y erosionados, se da una discordancia angular (4), un rasgo que representa una laguna en el registro geológico.

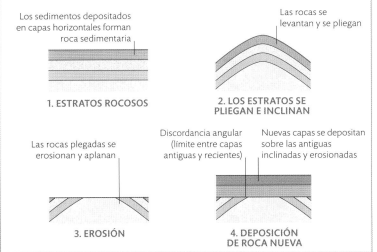

Los sedimentos depositados en capas horizontales forman roca sedimentaria

1. ESTRATOS ROCOSOS

Las rocas se levantan y se pliegan

2. LOS ESTRATOS SE PLIEGAN E INCLINAN

Las rocas plegadas se erosionan y aplanan

3. EROSIÓN

Discordancia angular (límite entre capas antiguas y recientes)

Nuevas capas se depositan sobre las antiguas inclinadas y erosionadas

4. DEPOSICIÓN DE ROCA NUEVA

estratos rocosos

Estudiar las capas rocosas permite a los geólogos comprender cómo y cuándo se formaron las rocas. Las rocas sedimentarias se depositan en capas horizontales, con las más antiguas en la base de la secuencia y las más recientes encima, a partir de lo cual pueden determinarse sus edades relativas. Sin embargo, la actividad tectónica puede inclinar o invertir las capas, y la erosión puede dar lugar a lagunas en el registro geológico (recuadro, arriba). Estudiando los fósiles atrapados en la roca, los científicos pueden estimar la edad de las capas, y saber si capas geográficamente separadas se depositaron en la misma época.

Cada estrato es más reciente que el que tiene debajo y más antiguo que el de arriba

Capas horizontales
Este acantilado (dcha.) de la costa oeste de Gales (RU) forma parte del grupo de rocas sedimentarias estratificadas llamado Aberystwyth Grits, cuya capa base se depositó, según los cálculos, hace entre 488 y 443 millones de años.

el Gran Cañón

El Gran Cañón del Colorado serpentea por la meseta del mismo nombre, en el suroeste de EE. UU. El río Colorado abrió un corte de 1,6 km de profundidad a través de la corteza, formando un paisaje imponente y abriendo una ventana única a 1800 millones de años de la historia de la Tierra, revelados en los estratos rocosos expuestos en sus paredes. En su mayor amplitud, el cañón tiene una anchura de 29 km.

Las rocas de la meseta del Colorado se depositaron hace entre 575 y 270 millones de años, en su mayoría en mares someros, playas y pantanos. Más tarde, hace entre 70 y 30 millones de años, la zona se levantó 3000 m sobre el nivel del mar, probablemente como resultado de la colisión de placas tectónicas. El cañón en sí comenzó a formarse hace unos 6-5 millones de años, cuando el río Colorado encontró una salida al mar en el golfo de California.

Las paredes empinadas suelen estar hechas de roca más resistente

Con un desnivel de unos 600 m a lo largo de los 446 km de su recorrido por el cañón, el curso del río es empinado, lo que da a sus aguas una velocidad y una potencia tremendas. El volumen de agua y la carga rocosa aumentan drásticamente en épocas de inundación, y debió de ser muy superior al final de las glaciaciones, cuando se fundieron los glaciares río arriba.

El río ha alcanzado un basamento rocoso mucho más duro que los sedimentos que lo cubrían, de modo que hoy el cañón se ensancha más rápido de lo que profundiza, a medida que los afluentes erosionan los lados.

El cañón al amanecer
Las paredes del Gran Cañón exhiben coloridas capas de caliza, arenisca, lutita y lava, sobre un basamento de antiguas rocas ígneas y metamórficas. El levantamiento de la meseta del Colorado se produjo sin mucha deformación, dejando estratos mayormente horizontales y una columna estratigráfica fácil de leer.

Sobre la capa orgánica que cubre el suelo crece musgo

Mantillo oscuro y fértil, rico en materia orgánica y minerales

La capa gris es más clara que las superiores debido a la lixiviación de materia orgánica y hierro

Capa del subsuelo, donde se acumulan materia orgánica y minerales filtrados (sobre todo óxidos de hierro, que le dan el color rojizo); las raíces también llegan al subsuelo

La **oscura capa** de humus, que contiene materia vegetal y animal viva y en descomposición, acumula gran cantidad de carbono

PERFILES DEL SUELO

La mayoría de los suelos se dividen en capas, u horizontes, cuya disposición se llama perfil: una sección vertical del suelo de la superficie a la roca madre. No todos los horizontes se hallan en todos los suelos, pero generalmente hay (de arriba abajo): una capa de humus con materia vegetal; un mantillo oscuro y fértil; una capa de subsuelo más clara y rica en minerales; una capa pedregosa infértil; y una capa rocosa maciza, la roca madre.

Capa de humus, con plantas, animales y microorganismos vivos y en descomposición

El mantillo, oscuro y fértil, contiene materia orgánica y minerales

Subsuelo de color más claro, rico en hierro, aluminio y minerales arcillosos

Fragmentos de roca meteorizada de diversos tamaños

Capa maciza de roca madre

la capa del suelo

Los suelos, mezcla de materia orgánica, minerales, agua, aire y organismos vivos, tienen un papel vital en los ecosistemas de la Tierra. Absorben y almacenan carbono, reciclan organismos muertos como nutrientes, y ofrecen un medio a las plantas y un hogar a una cuarta parte de las especies conocidas. Retienen agua que da sustento a plantas y otros seres vivos, y controlan el drenaje del agua excedente. Los suelos ricos en microorganismos, además, descomponen sustancias químicas dañinas, reduciendo así la contaminación del agua subterránea.

Suelo cuarteado
Cuando la sequía y las condiciones secas persisten en un área, como esta yerma llanura de Victoria (Australia), el suelo pierde agua y se contrae, formando grietas. Esto es característico de los suelos arcillosos.

El **suelo seco** se agrieta formando fisuras profundas

Capas de un podsol
El suelo ácido llamado podsol se distingue por presentar una capa gris claro bajo el humus o mantillo, debida a la lixiviación: la filtración de hierro y materia orgánica al subsuelo inferior, generalmente a causa de la lluvia y el drenaje rápido. El podsol es característico de los bosques de coníferas.

Gotas de agua
La formación de gotas de agua, y su forma más o menos esférica (izda.), se deben a la tensión superficial, que aporta cohesión a las moléculas de agua que interactúan en la superficie (recuadro, abajo).

La tensión superficial mantiene esta gota de agua en la punta de la hoja

propiedades del agua

El agua, la sustancia más abundante en los seres vivos, tiene muchas propiedades inusuales o únicas, en gran parte debidas a su capacidad para formar enlaces moleculares de hidrógeno. Pocas otras sustancias se dan naturalmente en la superficie terrestre en los tres estados de la materia: líquido (agua), sólido (hielo, pp. 100–101) y gaseoso (vapor). Además, el agua puede absorber gran cantidad de calor sin que aumente mucho su temperatura, y libera calor almacenado cuando las temperaturas bajan. La temperatura relativamente constante del agua es favorable para la vida.

Los tres estados de la materia
Al ponerse el sol sobre el paisaje de Loch Siel, en las Tierras Altas de Escocia, el hielo forma una superficie sólida sobre las aguas del lago, y el vapor de agua se condensa en microgotas en suspensión como neblina.

TENSIÓN SUPERFICIAL

La gran tensión superficial del agua es una ventaja para algunos animales y plantas; así, por ejemplo, permite caminar sobre ella a algunos insectos, y ayuda a transportar el agua de las raíces a las hojas de las plantas. La tensión superficial la generan las fuerzas cohesivas entre las moléculas de agua. En un cuerpo de agua, las moléculas bajo la superficie son atraídas en todas direcciones por las moléculas que las rodean; las de la superficie, en cambio, solo son atraídas hacia los lados y hacia el interior de la masa de agua, al no haber moléculas que las atraigan más allá de la superficie. Así pues, las moléculas de la superficie son atraídas hacia la masa de líquido, lo cual contrae la superficie del líquido.

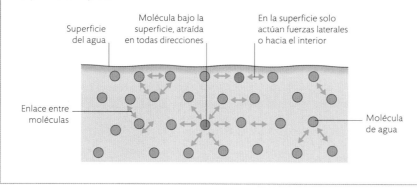

Superficie del agua

Molécula bajo la superficie, atraída en todas direcciones

En la superficie solo actúan fuerzas laterales o hacia el interior

Enlace entre moléculas

Molécula de agua

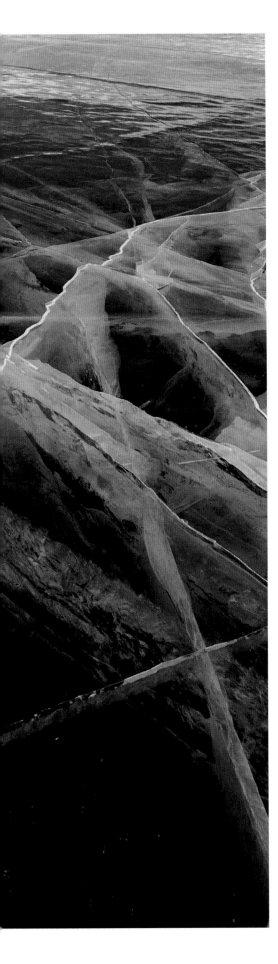

CALOR LATENTE

Para que una sustancia cambie de estado (como cuando el hielo sólido se vuelve agua líquida, o esta vapor) es necesaria la energía térmica llamada calor latente. La temperatura de la sustancia permanece constante durante el proceso, y la cantidad de energía necesaria depende de su estado. El agua tiene un calor latente alto, pues requiere mucha energía térmica alterar sus enlaces atómicos: cuando la nieve y el hielo se calientan, se funden relativamente despacio, y siguen a la misma temperatura hasta volverse líquidos.

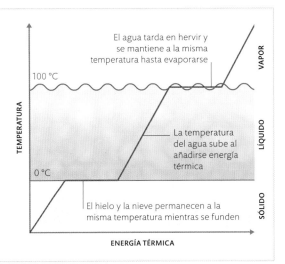

El agua tarda en hervir y se mantiene a la misma temperatura hasta evaporarse

100 °C

La temperatura del agua sube al añadirse energía térmica

0 °C

El hielo y la nieve permanecen a la misma temperatura mientras se funden

TEMPERATURA

VAPOR

LÍQUIDO

SÓLIDO

ENERGÍA TÉRMICA

agua congelada

Al enfriarse el agua líquida por debajo de su punto de congelación (0 °C), empieza a convertirse en hielo. En este las moléculas están menos juntas que en el agua; así pues, a diferencia de muchas otras sustancias, el agua se expande al congelarse, aumentando su volumen en un 9 %. El hielo es por tanto menos denso que el agua, y flota. El hielo, como compuesto presente en la naturaleza con una fórmula química definida y una estructura cristalina, es en esencia un mineral. Los copos de nieve son cristales de hielo fusionados y dispuestos naturalmente en intrincadas estructuras hexagonales (pp. 230–231).

Lago Baikal
El hielo de la superficie del lago más profundo del mundo, el lago Baikal, en Siberia (Rusia), está atravesado de grietas (izda.). El agrietamiento natural del hielo se debe a la fluctuación diaria de la temperatura del aire, que hace que el hielo se expanda de día y se contraiga de noche.

Patrones dendríticos o ramificados típicos de las flores de escarcha

Flores de escarcha
Estos cristales de hielo en forma de flor se forman sobre el hielo marino joven (sobre todo en los polos) y el hielo fino de lagos en condiciones tranquilas, al enfriarse rápidamente el agua expuesta a aire mucho más frío.

Nube de hielo
Nieve y hielo se precipitan por la escarpada
pared del pico Baltistán (o K6), en Pakistán.
Tales avalanchas alcanzan velocidades de
cientos de kilómetros por hora.

avalanchas

El desmoronamiento ladera abajo de una masa de hielo o nieve,
que a menudo arrastra tierra y piedras, se conoce como avalancha
o alud. Las avalanchas empiezan cuando una capa de nieve u otro
material se vuelve inestable debido a una nevada, un cambio
de temperatura, un terremoto o perturbaciones causadas por
actividades humanas como el alpinismo o el esquí. Hay varios tipos
de avalancha. Las de nieve reciente consisten en nieve suelta que
cae por laderas empinadas. En las de placa se desprenden grandes
bloques sólidos de nieve. Las avalanchas de nieve en polvo
combinan componentes de las de nieve reciente y de las de
placa. En las avalanchas de fusión, agua y nieve descienden
juntas por una ladera.

FORMACIÓN DE UNA AVALANCHA DE PLACA

Estas avalanchas altamente destructivas se forman al acumularse el peso de
una nevada abundante sobre una capa de nieve suelta que cubre nieve anterior
consolidada. La nueva capa puede fracturarse en placas o bloques, que pueden
precipitarse por una ladera empinada, a menudo a gran velocidad. Al descender,
el borde delantero se desintegra y forma una nube de partículas, a veces precedida
de una fuerte ráfaga de aire.

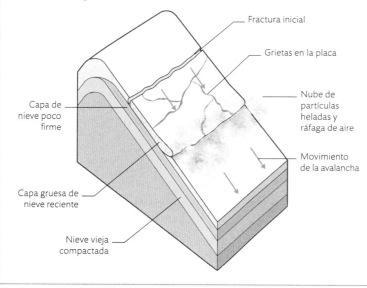

Fractura inicial

Grietas en la placa

Capa de
nieve poco
firme

Nube de
partículas
heladas y
ráfaga de aire

Movimiento
de la avalancha

Capa gruesa de
nieve reciente

Nieve vieja
compactada

Tierra dinámica

Nuestro planeta es una estructura compleja formada por tres capas principales. La más exterior está en un estado de cambio constante, generado por fuerzas internas y por los procesos de meteorización, erosión, transporte y deposición en la superficie. Tales cambios suelen ser demasiado lentos para percibirse en el transcurso de una vida humana, pero a veces ocurren con súbita rapidez y violencia.

Los cristales verdes son de onfacita, variedad rica en sodio del mineral piroxeno

Los cristales rojos son granates, mineral empleado como gema (pp. 58–59)

Granos gruesos uniformemente repartidos en este espécimen, aunque también pueden formar bandas

EL INTERIOR DE LA TIERRA

La capa exterior rocosa de la Tierra, denominada corteza, tiene unos 10 km de grosor bajo los océanos (corteza oceánica) y hasta 70 km de grosor bajo los continentes (corteza continental). La capa gruesa de rocas más densas que se halla debajo de la corteza se conoce como manto. La capa superior sólida y frágil del manto, que tiene una profundidad de unos 100 km, es el llamado manto litosférico. Debajo de este está la astenosfera, compuesta por rocas blandas parcialmente fundidas, de una profundidad de unos 350 km. Aquí, la temperatura y la presión elevadas hacen que las rocas fluyan como la cera y cambien de forma. A mayor profundidad dentro del manto, la presión de las rocas que lo cubren mantiene sólidos los materiales. El núcleo, compuesto principalmente de hierro y níquel, tiene una parte exterior líquida y una parte interior sólida.

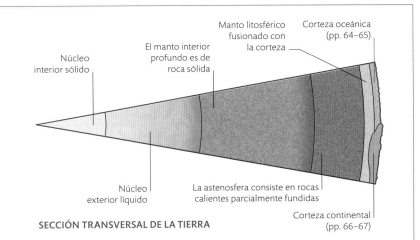

Núcleo interior sólido

El manto interior profundo es de roca sólida

Manto litosférico fusionado con la corteza

Corteza oceánica (pp. 64–65)

Núcleo exterior líquido

La astenosfera consiste en rocas calientes parcialmente fundidas

Corteza continental (pp. 66–67)

SECCIÓN TRANSVERSAL DE LA TIERRA

Grandes fragmentos de roca del interior de la Tierra desprendidos de las montañas del fondo

Rocas del interior de la Tierra

El Parque Nacional de Gros Morne, en Terranova (Canadá), ofrece la rara oportunidad de ver rocas del manto terrestre, entre ellas peridotita, y corteza oceánica. La tectónica de placas levantó las rocas a través de la corteza continental hace unos 470 millones de años.

Los granates son globulares, lo cual da a la eclogita un aspecto moteado

estructura de la Tierra

La Tierra está formada por capas concéntricas, cada una de las cuales tiene propiedades diferentes y está hecha de distintos materiales. Las tres capas principales son: una corteza exterior relativamente fina, un gran manto compuesto en su mayor parte de la roca ígnea peridotita, y un núcleo central. En cada capa hay otras subdivisiones (recuadro, arriba). Mucho de lo que se sabe de la estructura y la composición de la Tierra procede del análisis de las ondas sísmicas: vibraciones generadas por terremotos, explosiones volcánicas o aludes, que atraviesan los distintos materiales del interior de la Tierra a distinta velocidad. Que el núcleo exterior es líquido, por ejemplo, se deduce de que ciertas ondas sísmicas no pueden moverse a través de los líquidos. La corteza, más próxima a la superficie, puede perforarse para obtener muestras directamente.

Eclogita

La eclogita, una rara roca metamórfica de grano grueso, se forma cuando rocas ígneas pobres en sílice, sobre todo basalto y gabro, son arrastradas a lo profundo de la corteza y el manto, a veces a profundidades de hasta 150 km, como resultado de la convergencia de dos placas tectónicas (pp. 114–115). El intenso calor y la alta presión hacen que las rocas ígneas se recristalicen y formen roca nueva. La eclogita se compone de onfacita verdosa y granates rojos, pero contiene también cantidades menores de otros minerales como cuarzo y feldespatos.

Landsat 9
En órbita de polo a polo una vez cada 99 minutos a una altura de 705 km, el Landsat 9, lanzado en 2021, obtiene más de 700 imágenes al día, y revisita a cada parte de la superficie terrestre cada 16 días.

historia de la ciencia de la Tierra

satélites y ciencias de la Tierra

El empleo de satélites para estudiar la Tierra y su atmósfera comenzó en 1958, cuando un satélite detectó los cinturones de radiación del planeta. El primer satélite meteorológico exitoso se lanzó en 1960, y desde 1972, una serie de satélites de observación obtienen imágenes detalladas de la superficie terrestre.

Como los primeros satélites meteorológicos, el primer satélite de observación terrestre, Landsat 1, llevaba una cámara de televisión, así como un dispositivo multiespectral con un canal infrarrojo capaz de monitorizar el crecimiento de la vegetación. Landsats posteriores ampliaron el espectro con más canales, facilitando la detección de distintos tipos de roca.

En las décadas de 1980 y 1990, otros satélites exploraron otras partes del espectro electromagnético: ultravioleta para observar el ozono atmosférico; infrarrojo térmico para la temperatura de la tierra, los océanos y las nubes; y microondas para mostrar el agua en todas sus formas (como líquido, nieve y hielo en la tierra, y como vapor y microgotas en la atmósfera). Los satélites de radar pueden ver a través de las nubes y de noche, y se usan para medir la altura de la tierra y el mar, y los cambios en el grosor y el flujo de las capas de hielo.

Los satélites permiten observar áreas remotas e inhóspitas como los océanos, las pluvisilvas y los polos. En el siglo XXI, los satélites geofísicos han abierto una ventana al interior de la Tierra, pues son capaces de detectar minúsculas variaciones en la gravedad y los campos magnéticos del planeta y así sondean cambios en la densidad de la roca del manto y flujos de material en el núcleo exterior.

Los colores representan diferencias de altura sobre el plano de una esfera

«Patata» gravitatoria
Los satélites en órbitas bajas, sensibles a pequeñas variaciones en el campo gravitatorio local, se han usado para registrar la forma del geoide terrestre: la superficie de referencia que tendría el océano sin vientos ni mareas. A partir de tales lecturas se han creado visualizaciones como la «patata» gravitatoria (arriba).

Geología desde el espacio
Esta imagen de los montes del Anti-Atlas, en Marruecos, la obtuvo en 2001 el Radiómetro Avanzado de Emisión Térmica y Reflexión Espacial (ASTER), diseñado para distinguir diferentes tipos de roca. Las capas de caliza, arenisca y yeso aparecen en amarillo, rojo y verde claro, mientras que los granitos subyacentes se ven azul oscuro y verde.

« El hombre debe elevarse sobre la Tierra [...] pues solo así [...] comprenderá el mundo en que vive. »

ATRIBUIDO A SÓCRATES (470-399 A.C.)

Corteza continental

Las rocas de las placas continentales suelen ser antiguas y estables. La corteza continental más antigua, con rocas de 570 millones de años o más, se concentra en áreas llamadas escudos, como el Escudo Australiano (izda.), en el suroeste de Australia.

Corteza oceánica

Estos basaltos de las islas Galápagos se formaron al moverse la placa de Nazca del océano Pacífico sobre una pluma de material caliente del manto. El magma llegó hasta la superficie como flujo de lava.

La lava basáltica solidificada tiene una textura rugosa

placas tectónicas

La tectónica de placas es la teoría ampliamente aceptada según la cual la capa exterior sólida de la Tierra, llamada litosfera y compuesta por la corteza y la capa superior del manto, se divide en grandes bloques rígidos (placas) que flotan sobre la roca caliente parcialmente fundida de la astenosfera. Las placas se desplazan (recuadro, abajo) entre 2 y 20 cm al año, y tal movimiento —en el que las placas contiguas pueden chocar entre sí, alejarse o moverse lateralmente la una respecto a la otra— tiene como resultado la formación y modificación de los rasgos principales de la superficie de la Tierra, sobre todo en los límites entre placas (pp. 112–113). Hay dos tipos principales de placas: continentales y oceánicas, de unos 150 km y 70 km de grosor respectivamente.

CAUSAS DEL MOVIMIENTO DE PLACAS

El movimiento de placas se atribuye sobre todo al calor que asciende del interior del planeta. Corrientes de convección del manto levantan el manto litosférico terrestre, y magma fundido y caliente asciende en las dorsales oceánicas (pp. 116–117), causando el desplazamiento de las placas. Otro factor importante es la gravedad en las zonas de subducción (donde una placa tectónica se hunde bajo otra en el manto) y las dorsales oceánicas.

Placa atraída al manto por la gravedad en una zona de subducción

Magma fundido asciende en una dorsal oceánica

Al solidificarse el magma, la gravedad hace que se mueva lateralmente

Corteza

Corriente de convección

Manto litosférico

Astenosfera

Núcleo

Manto inferior

SECCIÓN TRANSVERSAL DE LA TIERRA

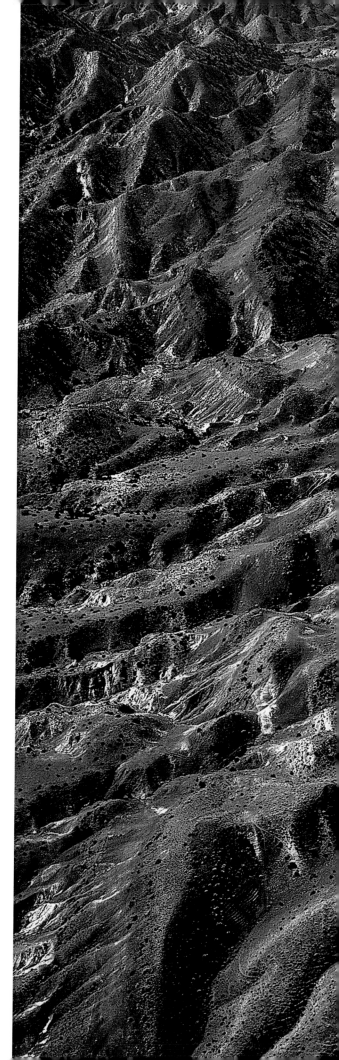

FALLAS TRANSFORMANTES

Cuando dos placas tectónicas se desplazan lateralmente la una respecto a la otra, la divisoria entre ellas se llama falla o borde transformante. Esto suele darse en el lecho oceánico o en el borde de los continentes. En las fallas transformantes continentales, la corteza continental y el manto litosférico —la parte sólida y frágil del manto superior fusionada con la corteza— se mueven sobre la astenosfera subyacente (abajo y recuadro, pp. 106–107). El rozamiento entre las placas presiona y deforma la roca de ambos lados, lo que a veces produce terremotos.

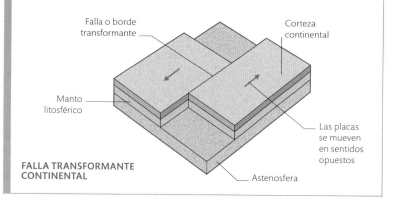

Falla o borde transformante

Corteza continental

Manto litosférico

Las placas se mueven en sentidos opuestos

FALLA TRANSFORMANTE CONTINENTAL

Astenosfera

límites de placas

Parte de la actividad tectónica más intensa de la Tierra se da en los límites entre placas tectónicas (pp. 110–111). Hay tres tipos principales de límites entre placas: convergentes, en los que las dos placas chocan entre sí (pp. 114–115); divergentes, en los que las placas se alejan la una de la otra (pp. 116–117); y transformantes (recuadro, arriba), en los que las placas se deslizan lateralmente la una respecto a la otra. Cada tipo de límite entre placas está asociado a diferentes procesos geológicos, como la formación de cordilleras, la actividad volcánica y los terremotos. Una misma placa puede tener límites de varios tipos.

Aspecto moteado debido a la mezcla de feldespato claro con hornblenda negra y cristales de biotita

Falla de San Andrés

En la costa oeste de América del Norte, dos placas tectónicas adyacentes se mueven lateralmente la una respecto a la otra, afectando a los montes y accidentes del terreno. Esta falla transformante de 1200 km de longitud está asociada a potentes terremotos en la región.

Diorita

La diorita, roca ígnea asociada con los límites de placas convergentes, es un ejemplo de roca intrusiva, con cristales visibles solidificados lentamente en una cámara magmática.

Colisión de dos continentes
Esta vista aérea muestra parte de la cordillera
de Ladakh, en el Himalaya occidental. Como
el resto de la cordillera, es el resultado de la
colisión entre secciones de corteza continental
de las placas India y Euroasiática.

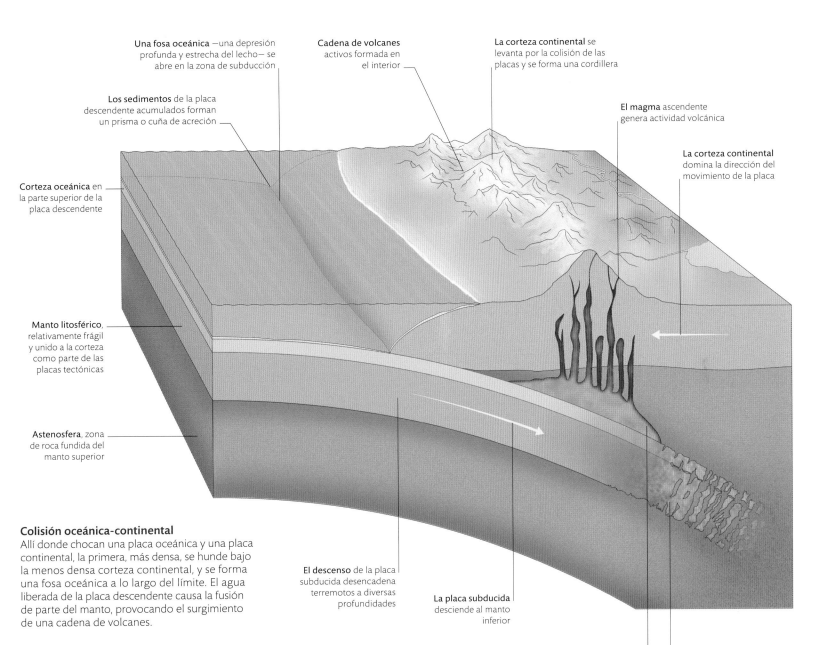

Una fosa oceánica —una depresión profunda y estrecha del lecho— se abre en la zona de subducción

Cadena de volcanes activos formada en el interior

La corteza continental se levanta por la colisión de las placas y se forma una cordillera

El magma ascendente genera actividad volcánica

Los sedimentos de la placa descendente acumulados forman un prisma o cuña de acreción

La corteza continental domina la dirección del movimiento de la placa

Corteza oceánica en la parte superior de la placa descendente

Manto litosférico, relativamente frágil y unido a la corteza como parte de las placas tectónicas

Astenosfera, zona de roca fundida del manto superior

Colisión oceánica-continental
Allí donde chocan una placa oceánica y una placa continental, la primera, más densa, se hunde bajo la menos densa corteza continental, y se forma una fosa oceánica a lo largo del límite. El agua liberada de la placa descendente causa la fusión de parte del manto, provocando el surgimiento de una cadena de volcanes.

El descenso de la placa subducida desencadena terremotos a diversas profundidades

La placa subducida desciende al manto inferior

El agua liberada de la placa oceánica al hundirse reduce la temperatura de fusión del manto, haciendo que se funda

La placa subducida se funde y desintegra al descender por el manto caliente

colisión de placas

Las placas tectónicas de la Tierra se mueven constantemente. Cuando dos placas se mueven la una hacia la otra y chocan en el límite entre ambas, este se llama convergente. Hay tres tipos principales de límite convergente: oceánico-continental, en el que la corteza oceánica choca con la continental y se hunde bajo ella (subducción); oceánico-oceánico, donde la más densa de dos secciones de corteza oceánica queda subducida bajo la otra; y continental-continental, donde chocan dos continentes y se funden en una sola masa emergida. Como la corteza continental es relativamente poco densa, no se hunde, sino que se pliega y forma cordilleras. El límite entre dos placas en el que una se hunde bajo la otra se llama zona de subducción, y donde chocan continentes, zona de sutura.

placas divergentes

Cuando dos placas tectónicas se separan, el límite entre ambas se llama divergente. Donde esto ocurre bajo la corteza oceánica, el magma que asciende del manto forma una fisura profunda, a la que afluye más magma y forma corteza nueva. Al repetirse, este proceso de expansión del fondo oceánico conduce a la formación de una cordillera submarina, llamada dorsal (recuadro, p. siguiente). En los límites divergentes bajo la más gruesa placa continental, esta se fractura y forma un rift o fosa tectónica, con fallas a ambos lados. El agua afluye a este valle desde ríos y arroyos, formando un lago; donde el rift esté por debajo del nivel del mar, puede afluir agua de este. Si el rift sigue ensanchándose y profundizándose, puede formarse una nueva cuenca oceánica.

Pequeño lago creado por la llegada al valle de agua de ríos y arroyos

Gran Valle del Rift
En África Oriental (incluida Tanzania, arriba), el adelgazamiento de la corteza continental cerca del límite divergente bajo el mar Rojo y el golfo de Adén ha formado valles y barrancos.

DORSALES MEDIOOCEÁNICAS

Las dorsales en expansión tienen topografías distintas en función de la velocidad a la que se mueven las placas tectónicas. En las de expansión rápida, como la del Pacífico Oriental, el lecho oceánico se aleja de la dorsal antes de enfriarse y hundirse, y forma paisajes amplios y suaves. En las de expansión lenta, como la dorsal Mesoatlántica, el lecho no se aleja mucho antes de enfriarse y hundirse, y forma paisajes abruptos con fallas.

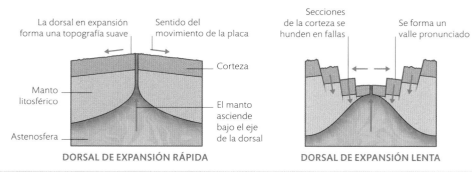

La dorsal en expansión forma una topografía suave

Sentido del movimiento de la placa

Manto litosférico

Astenosfera

Corteza

El manto asciende bajo el eje de la dorsal

DORSAL DE EXPANSIÓN RÁPIDA

Secciones de la corteza se hunden en fallas

Se forma un valle pronunciado

DORSAL DE EXPANSIÓN LENTA

Divisoria oceánica

La dorsal Mesoatlántica se extiende unos 16 000 km a lo largo del centro del océano Atlántico. La fisura de Silfra (en la imagen), en Islandia, a caballo de la dorsal Mesoatlántica, es uno de los pocos lugares de la Tierra en los que se puede nadar y bucear entre dos placas tectónicas, la Eurasiática y la Norteamericana.

Las rocas en el extremo del plegamiento, originalmente parte de un sinclinal, se han comprimido y volteado

Pliegues menores, llamados parásitos, se forman en los estratos invertidos del plegamiento

Estas rocas, principalmente caliza, se depositaron en el fondo de un océano

TIPOS DE PLEGAMIENTO

La compresión lateral de capas de roca horizontales las deforma en una serie de valles llamados sinclinales y arcos llamados anticlinales. Las rocas más profundas de los sinclinales son las más recientes, mientras que en los anticlinales son las más antiguas. Si la compresión persiste, un flanco del pliegue puede desplazarse más que el otro, que acaba formando un pliegue tumbado, con los estratos invertidos (con la capa más antigua encima).

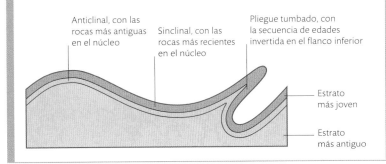

Anticlinal, con las rocas más antiguas en el núcleo

Sinclinal, con las rocas más recientes en el núcleo

Pliegue tumbado, con la secuencia de edades invertida en el flanco inferior

Estrato más joven

Estrato más antiguo

plegamientos

Cuando el movimiento de las placas tectónicas (pp. 110–111) comprime roca caliente en lo profundo de la corteza, en lugar de fracturarse, la roca se pliega. El plegamiento se da a menudo en los límites de placas en colisión (pp. 114–115), y lo hace a diversas escalas, desde un pequeño pliegue que afecta a una roca del tamaño de una mano hasta plegamientos que forman montañas enteras, como en los Alpes suizos o las Rocosas canadienses. Estudiar el plegamiento de las rocas permite a los geólogos comprender mejor la historia geológica de un área determinada.

Plegamiento a gran escala
Estos estratos en la ladera del Dent de Morcles (izda.), en Suiza, se depositaron en el Mesozoico (hace entre 245 y 65 millones de años). Quedaron plegados durante la colisión entre Europa y África, hace unos 65 millones de años.

Pliegue simétrico a cada lado de la zona de bisagra

Plegamiento en forma de V
Estos estratos de caliza y chert en Creta (Grecia) quedaron comprimidos en forma de V. Tales plegamientos presentan estratos rectos que se doblan abruptamente en un punto, llamado zona de bisagra.

Agujas nevadas
Las montañas de los Dolomitas, en el noreste de Italia, siguen creciendo, impulsadas por el choque de las placas continentales Euroasiática y Africana. Están hechas de dolomita, roca carbonática dura, y sus imponentes picos son el resultado de la erosión por la lluvia y el hielo.

formación
de montañas

Algunas montañas se forman por la acumulación de basalto formado a partir de la lava procedente de volcanes en tierra o en el lecho oceánico, mientras que otras se forman por la erosión fluvial que abre cañones profundos en una meseta. Pero más comúnmente las montañas se forman en los límites entre placas continentales. Cuando dos de estas chocan, la corteza cede, se engrosa y se pliega formando elevadas cordilleras. Hace entre 60 y 40 millones de años, la colisión entre las placas continentales India y Asiática formó el Himalaya (pp. 124–125). Otras cordilleras, como los Andes, se formaron en el límite entre una placa oceánica y otra continental.

RAÍCES DE LAS MONTAÑAS

La corteza es más profunda bajo las montañas altas que bajo la superficie de elevaciones menores, pues al formarse las montañas, el grosor de la corteza aumenta sobre y bajo la superficie. Como los icebergs, las montañas tienen raíces profundas que reflejan exageradamente la topografía superficial, y flotan sobre el manto, más denso. La corteza terrestre se halla en un estado de equilibrio flotante llamado isostasia. Según este principio, la profundidad a la que se hunde un objeto flotante depende de su grosor y densidad. Con el tiempo, los efectos del agua, el viento y el hielo rebajan la superficie de las montañas, y las raíces ascienden para compensar la pérdida de masa en la superficie.

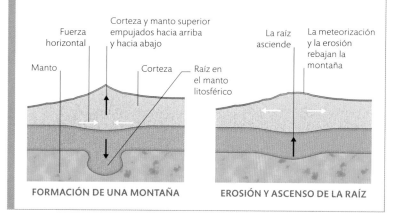

FORMACIÓN DE UNA MONTAÑA

EROSIÓN Y ASCENSO DE LA RAÍZ

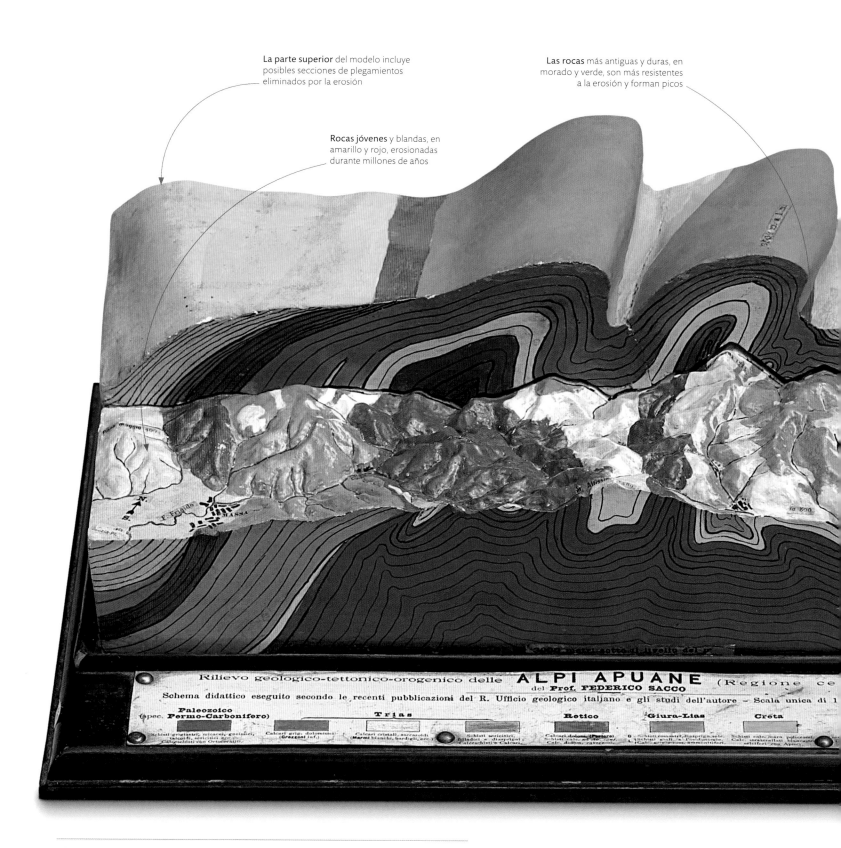

La parte superior del modelo incluye posibles secciones de plegamientos eliminados por la erosión

Las rocas más antiguas y duras, en morado y verde, son más resistentes a la erosión y forman picos

Rocas jóvenes y blandas, en amarillo y rojo, erosionadas durante millones de años

> 66 La obra de Suess marca el fin del primer día, cuando se hizo la luz. 99
>
> MARCEL-ALEXANDRE BERTRAND, GEÓLOGO FRANCÉS (1897)

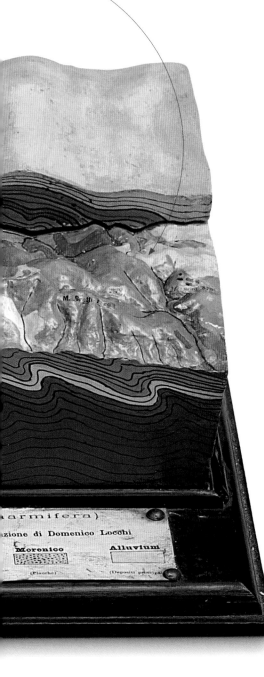

Topografía de
la superficie hoy,
tras millones de
años de erosión

Modelo en relieve de los Alpes Apuanos
Para explicar sus ideas, muchos de los
primeros geólogos crearon modelos
en relieve de sección transversal como
este, del geólogo y paleontólogo italiano
Federico Sacco (1864–1948).

Albert Heim
El geólogo suizo Albert Heim
(1849–1937), retratado aquí
hacia el final de su vida con
unos guías de montaña en
el valle de Maderaner (Suiza),
realizó estudios pioneros de
los Alpes entre las décadas
de 1880 y 1900.

historia de la ciencia de la Tierra

comprender
la orogenia

Gran parte de lo que hoy sabemos sobre cómo se forman las montañas
se basa en el estudio de los Alpes. Desde finales del siglo XVIII, geólogos
suizos y franceses exploraron y estudiaron la cordillera, y crearon mapas
y luego modelos tridimensionales para comprender la estructura de sus
montañas y los procesos que las originaron.

El científico y explorador alpino suizo
Horace Bénédict de Saussure (1740-1799)
realizó detallados estudios de las rocas
de los Alpes. En el siglo XIX hubo otros
estudios sistemáticos de los tipos de roca
de la región, y en 1853 el geólogo suizo
Arnold Escher von der Linth completó el
primer mapa geológico de toda Suiza. Los
nuevos mapas, sin embargo, planteaban
más preguntas de las que respondían. Por
todos los Alpes, había rocas más antiguas
sobre otras más recientes, invirtiendo el
orden esperado de los estratos.

Uno de los primeros en comprender
que el movimiento horizontal podía ser
mayor que el vertical en la orogenia, el
geólogo austríaco Eduard Suess (1831-
1914), concluyó que los muy estudiados
Alpes de Glaris se debían a una falla de
cabalgamiento que dejó roca antigua por

encima de otra más reciente. Erróneamente,
creyó que las grandes fuerzas horizontales
las causaba una contracción gradual de la
corteza terrestre.

Llevando más allá estas ideas, el
geólogo francés Marcel-Alexandre
Bertrand (1847-1907) identificó planos
de cabalgamiento por todos los Alpes.
Encontró rasgos similares en otros lugares,
lo cual le llevó a identificar distintos
episodios de orogenia: caledoniana,
herciniana y alpina.

A medida que se comprendían mejor
los Alpes, se convirtieron en el campo de
pruebas para nuevas teorías geológicas.
A lo largo del siglo XX, los geólogos
acabaron aceptando la deriva continental
y la tectónica de placas, debido en parte
a que ofrecían mejores explicaciones
para rasgos estudiados en los Alpes.

el Himalaya

No hay mayor expresión del poder de las fuerzas tectónicas que la cordillera más alta del mundo, la del Himalaya, que se extiende a lo largo de 2900 km en Asia Central. Hay al menos diez picos en el Himalaya que superan los 8000 m, una altura que no alcanza cumbre alguna de ninguna otra cordillera del mundo. Aquí, en el techo del mundo, se pueden encontrar fósiles de animales marinos antiguos. La misma cima del Everest está hecha de caliza marina; estos sedimentos del lecho marino no solo se elevaron 8848 m sobre el nivel del mar, sino que fueron desplazados 2000 km hacia el norte, Asia adentro.

Hace unos 200 millones de años, el antiguo continente Pangea comenzó a separarse. El subcontinente indio se desplazó rápidamente hacia el norte hasta chocar con Asia hace entre 60 y 40 millones de años. Los sedimentos costeros de las costas de ambos continentes, plegados y apilados, fueron formando el Himalaya a medida que la placa India se hundía por debajo de

La cordillera del Karakórum

El K2 es el pico más alto del Karakórum y el segundo más alto del mundo

la placa Euroasiática, comprimiendo y engrosando la corteza al norte y levantando la meseta del Tíbet. Esta limita al oeste con una extensión del Himalaya, la cordillera del Karakórum. La formación del Himalaya transformó el clima de la región, al provocar el ciclo anual de los monzones en el Sureste Asiático. Asimismo, varios grandes ríos, entre ellos el Ganges y el Brahmaputra, tienen su cabecera en la cordillera.

El Himalaya es una cordillera joven que continúa elevándose. Las mediciones de GPS indican que el Everest crece a un ritmo de 1 cm cada diez años, o unos 30 cm cada 300 años.

El macizo del Annapurna

Hay cuatro picos que llevan el nombre de Annapurna, todos ellos parte de un macizo que se extiende 55 km por el Himalaya central. El más alto es Annapurna I, con 8091 m sobre el nivel del mar. Sus escarpadas laderas, el clima impredecible y el riesgo de avalanchas hacen de ella una de las montañas más peligrosas para los alpinistas.

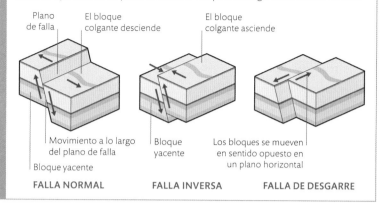

Plano de falla

El bloque colgante desciende

El bloque colgante asciende

Movimiento a lo largo del plano de falla

Bloque yacente

Bloque yacente

Los bloques se mueven en sentido opuesto en un plano horizontal

FALLA NORMAL   **FALLA INVERSA**   **FALLA DE DESGARRE**

líneas de fractura

Cuando bloques de roca en la corteza y el manto superior de la Tierra se fracturan y deslizan, la fractura se conoce como falla. Cuando el movimiento es repentino, genera ondas de choque —vibraciones que se propagan a través de las rocas de alrededor— que causan terremotos en la superficie. El movimiento relativo de bloques adyacentes de roca, o movimiento de falla, varía desde unos pocos milímetros a miles de kilómetros. El movimiento se da a lo largo de una superficie relativamente plana, llamada plano de falla (recuadro, arriba). Las masas de roca a ambos lados de este se conocen como bloques de falla.

Este bloque ha descendido en relación con el otro

Fallas de cabalgamiento

Estas areniscas rojas y verdes y calizas color crema, en las Tian Shan de China (dcha.), se han fracturado en fallas de cabalgamiento, al ser empujadas capas de roca más antigua sobre otras capas más recientes. Se trata de un tipo de falla inversa con movimiento en ángulo relativamente reducido, de 45 grados o menos.

Líneas de falla en arenisca

Estos coloridos lechos de arenisca, depositados en capas paralelas separadas por planos de estratificación, se han desplazado por una falla normal.

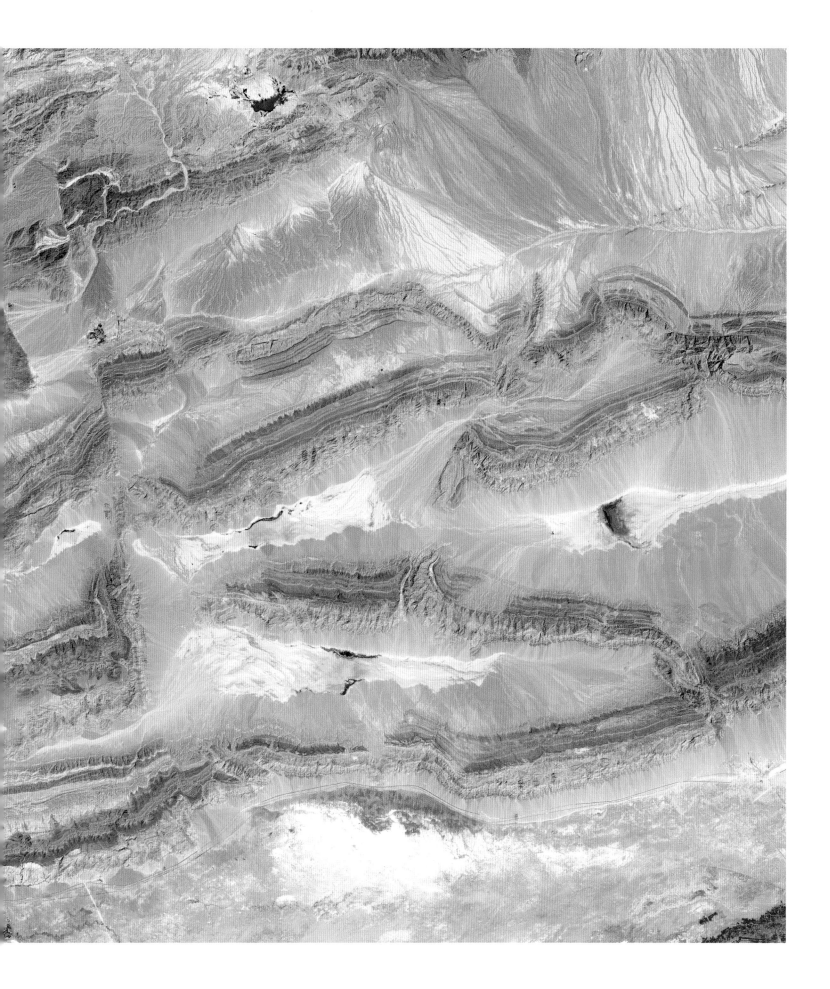

Corrimiento de tierra
Un intenso terremoto que afectó a la isla de
Hokkaido (Japón) el 6 de septiembre de 2018
desencadenó una serie de devastadores
corrimientos de tierra que sepultaron casas
y destruyeron el tendido eléctrico.

terremotos
y tsunamis

Los terremotos son temblores de tierra causados por una
súbita liberación de energía a gran profundidad bajo el suelo.
El movimiento en la superficie se da a lo largo de líneas de falla,
que suelen hallarse cerca de límites entre placas. La potencia y
el poder destructivo de un terremoto dependen de la cantidad
de energía liberada. Su magnitud, expresada en las escalas de
Richter o de magnitud de momento, es una medida de dicha
potencia. El movimiento subterráneo continúa tras el terremoto
inicial, generando temblores menores, llamados réplicas. Los
terremotos submarinos, apenas detectables en la superficie,
pueden generar tsunamis, olas que crecen hasta una altura
gigantesca al aproximarse a la costa.

QUÉ CAUSA LOS TERREMOTOS

El movimiento bajo tierra de rocas a lo largo de una falla libera energía en forma
de ondas sísmicas. Las rocas comienzan a fracturarse o desplazarse en un punto
subterráneo llamado foco; el punto en la superficie terrestre situado directamente
encima del foco se conoce como epicentro. Las ondas sísmicas irradian desde el
epicentro como ondas superficiales, causando a menudo corrimientos de tierra,
tsunamis y daños a edificios.

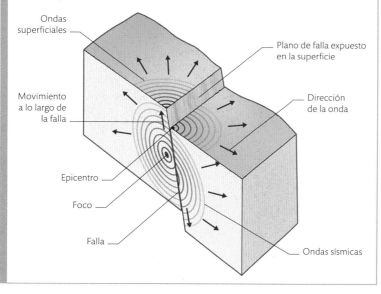

Ondas
superficiales

Plano de falla expuesto
en la superficie

Movimiento
a lo largo de
la falla

Dirección
de la onda

Epicentro

Foco

Falla

Ondas sísmicas

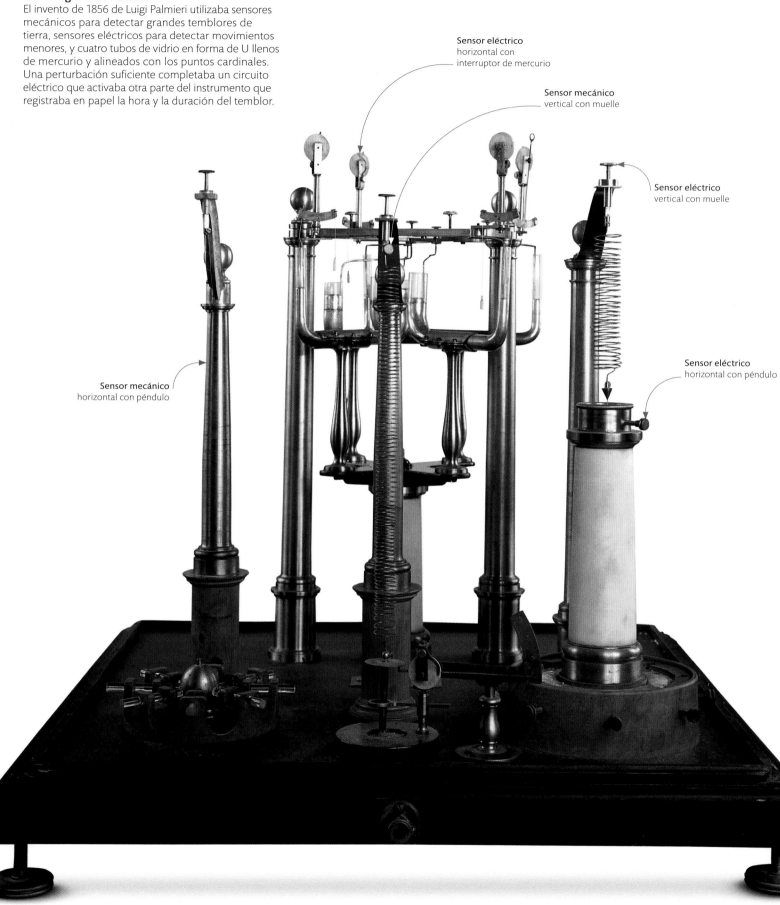

El sismógrafo de Palmieri
El invento de 1856 de Luigi Palmieri utilizaba sensores mecánicos para detectar grandes temblores de tierra, sensores eléctricos para detectar movimientos menores, y cuatro tubos de vidrio en forma de U llenos de mercurio y alineados con los puntos cardinales. Una perturbación suficiente completaba un circuito eléctrico que activaba otra parte del instrumento que registraba en papel la hora y la duración del temblor.

Sensor eléctrico
horizontal con
interruptor de mercurio

Sensor mecánico
vertical con muelle

Sensor eléctrico
vertical con muelle

Sensor eléctrico
horizontal con péndulo

Sensor mecánico
horizontal con péndulo

El terremoto de Tokio sobre papel

El registro proporcionado por un sismógrafo se llama sismograma. Este, producido en Oxford (Inglaterra), refleja la primera perturbación de un gran terremoto con epicentro cerca de Tokio (Japón) sobre las 3:00 del 1 de septiembre de 1923.

historia de la ciencia de la Tierra

medida de los terremotos

Las civilizaciones antiguas tenían explicaciones muy variadas para las causas de los terremotos, desde la actividad de criaturas subterráneas a la apertura de entradas al inframundo, o los efectos del viento bajo la superficie. No fue posible medir con precisión la magnitud y duración de los terremotos hasta la invención del sismógrafo.

Sismómetros en la Luna

Los sismómetros más precisos son casi demasiado sensibles para usarlos en la Tierra, debido al ruido sísmico constante del planeta. En 1969, los astronautas de la misión Apolo 11 instalaron algunos de estos en la Luna, donde detectaron pequeños lunamotos y el impacto de micrometeoros desde 1969 hasta 1977.

El primer instrumento conocido para medir la intensidad de los terremotos lo inventó el matemático chino Chang Heng en 132 d. C. Es probable que el invento de Heng usara un péndulo para detectar los temblores, como los instrumentos de los científicos europeos que los estudiaron en el siglo XVIII.

Los sismómetros antiguos usaban la inercia de una pesa, colgada de un péndulo o muelle, para indicar un punto de referencia fijo con respecto al cual medir el movimiento del suelo. Mientras la tierra y el armazón del aparato tiemblan, la pesa permanece relativamente inmóvil. La distancia variable entre armazón y pesa mide la intensidad del temblor.

Uno de los primeros aparatos capaces de producir un registro de acontecimientos sísmicos, o sismógrafo, fue construido por Luigi Palmieri en el Observatorio Vesubiano en 1856. Registró en un rollo de papel los terremotos que precedieron a las erupciones del Vesubio en 1861, 1868 y 1872.

El sismógrafo de Palmieri fue también el primero en usar el electromagnetismo para detectar movimiento. En lugar de un muelle o un péndulo, los sismómetros actuales usan la electrónica para aplicar una fuerza magnética o electrostática a la pesa y mantenerla inmóvil, y suelen ser lo bastante sensibles para detectar temblores pequeños y lejanos, explosiones nucleares subterráneas y hasta la fuerza de marea de la Luna sobre las rocas terrestres.

Con varios sismómetros alejados entre sí se puede triangular la localización de los fenómenos sísmicos. Desde la década de 1980, el análisis informático de los datos de una red global de sismómetros ofrece una imagen tridimensional del interior profundo de la Tierra, similar a las imágenes de la tomografía computarizada (TAC) en medicina.

> ❝ El sismógrafo [...] nos permite ver dentro de la Tierra y determinar su naturaleza. ❞
>
> RICHARD DIXON OLDHAM, GEÓLOGO IRLANDÉS (1906)

MEDIR Y REGISTRAR TERREMOTOS

Un sismograma es un registro de las ondas sísmicas de un terremoto, medidas por un instrumento llamado sismógrafo. Hay dos tipos de ondas sísmicas: las internas, que parten del foco del terremoto (el punto bajo tierra donde la roca comienza a fracturarse o desplazarse) y avanzan por el interior de la Tierra; y las de superficie, que parten del epicentro (el punto de la superficie terrestre situado encima del foco) y recorren la superficie. Las líneas en zigzag reflejan la cantidad de energía que liberan las ondas (amplitud).

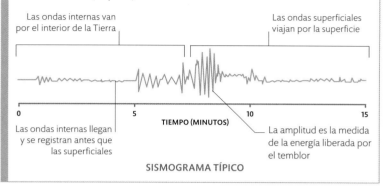

Las ondas internas van por el interior de la Tierra

Las ondas superficiales viajan por la superficie

Las ondas internas llegan y se registran antes que las superficiales

La amplitud es la medida de la energía liberada por el temblor

TIEMPO (MINUTOS)

SISMOGRAMA TÍPICO

suelo tembloroso

Los terremotos son temblores del suelo causados por una súbita liberación de energía en las rocas del subsuelo (pp. 128–129). Suelen durar de unos segundos a unos minutos, pero la gran cantidad de energía liberada puede dejar marcado un paisaje durante miles de años. La intensidad de un terremoto en un lugar determinado depende de la distancia respecto a la falla, su profundidad y el tipo de suelo. En todos los casos, la tierra tiembla, pero el daño puede producirse de muchas maneras: grandes áreas rocosas pueden desplazarse cientos o miles de kilómetros a lo largo de las fallas, las ondas sísmicas pueden desencadenar corrimientos de tierra y flujos de lodo, y el suelo puede llegar a licuarse.

Los patrones de arco iris indican deformación y movimiento del suelo

Suelo roto
Los terremotos pueden causar daños inmensos en el paisaje, en las infraestructuras y a las personas. Las ondas sísmicas superficiales son las más dañinas, y a menudo derriban puentes y edificios y causan destrozos en carreteras (aquí, en Alaska, EE. UU.).

Terremoto por satélite
En 2014, la región del valle de Napa, en California (EE. UU.), sufrió su mayor terremoto en 25 años. Los colores de la imagen representan señales de radar obtenidas por satélite durante el suceso.

Estructura en forma de cúpula rebajada por la erosión y la meteorización

Gran torre compuesta por columnas irregulares, de unos 30 m de alto y 3 m de ancho

Dique magmático
Este dique se formó al ascender magma líquido por las grietas de la roca sedimentaria del Nahal Ardon del *makhtesh* Ramon (Israel). El magma luego se enfrió y solidificó.

La intrusión atraviesa en vertical capas paralelas de roca preexistente

intrusiones ígneas

Cuando asciende magma fundido desde el manto terrestre a través de la corteza, llena las grietas de la roca preexistente, ensanchándolas y en ocasiones levantando la roca de la corteza que se encuentra por encima. Cuando el magma se enfría y solidifica bajo la superficie (en vez de salir como lava en una erupción por fisuras o volcanes), forma masas de roca ígnea, llamadas intrusiones. Si la roca sobre ella se erosiona, la intrusión queda expuesta en la superficie. Muchas cordilleras del mundo —como las Montañas Blancas en Nuevo Hampshire y el valle de Yosemite (pp. 68–69) en la Sierra Nevada de California (EE. UU.)— son intrusiones ígneas que han quedado expuestas al haberse erosionado la roca de la superficie.

La base de la intrusión es maciza e irregular

Torre del Diablo
Este imponente rasgo geológico (conocido también por su nombre lakota Mato Tipila, 'morada del oso') se alza entre pinos ponderosa en Wyoming (EE. UU.). La torre es una intrusión de magma enfriada en una cámara magmática. En el pasado se encontraba a más de 1,5 km bajo la superficie, pero con el tiempo quedó expuesta por la erosión que rebajó el paisaje a su alrededor. Hecha de una roca ígnea llamada fonolita porfirítica, es la mayor estructura de su clase en el mundo.

TIPOS DE INTRUSIÓN ÍGNEA
Hay varios tipos de intrusión ígnea. Los diques y las láminas son masas tabulares formadas entre capas de roca sedimentaria preexistente, llamada roca del país; los diques atraviesan las capas, mientras que las láminas se forman en paralelo a ellas. Las grandes intrusiones de forma irregular se llaman plutones; los mayores de estos, llamados batolitos, se extienden al menos 100 km² entre los estratos de roca. El calor liberado por las intrusiones ígneas puede someter a las rocas de alrededor a un proceso de cambio químico, denominado metamorfismo de contacto (pp. 90–91).

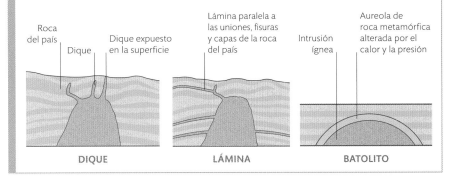

Roca del país

Dique

Dique expuesto en la superficie

Lámina paralela a las uniones, fisuras y capas de la roca del país

Intrusión ígnea

Aureola de roca metamórfica alterada por el calor y la presión

DIQUE   **LÁMINA**   **BATOLITO**

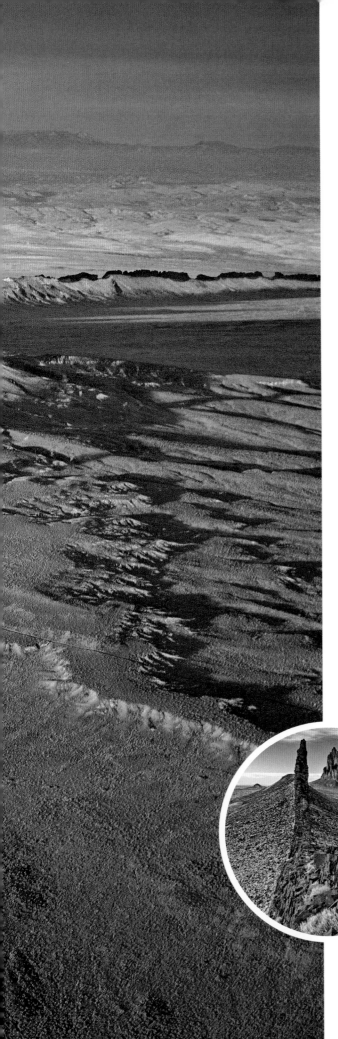

Como una nave de vela cuadrada surcando un mar seco, Shiprock se alza sobre el elevado desierto del noroeste de Nuevo México (EE. UU.), entre estelas de crestas bajas. Estas son diques volcánicos, finas paredes de roca resistente que irradian del dique central, que fue el cuello de un volcán extinto. La roca, fragmentada pero dura, es brecha volcánica, detritos de una serie de explosiones desencadenadas cuando el magma ascendió por

Shiprock destacado

fracturas de la corteza y entró en contacto con agua subterránea bajo la superficie. La datación indica que las rocas de la formación se solidificaron hace entre 30 y 25 millones de años. Desde entonces, la erosión ha retirado hasta 900 m de la arenisca y la lutita que cubrían el volcán, revelando su estructura interna.

La composición de la roca del dique indica que se formó a partir de magma que se fundió a gran profundidad. Hay rocas similares en intrusiones ígneas y flujos superficiales de otros lugares de Nuevo México y Arizona, entre ellas las distintivas formaciones rocosas del valle de los Monumentos. Estas intrusiones son el resultado de fuerzas tectónicas que levantaron la meseta del Colorado, que se extiende por gran parte de Utah, Nuevo México, Arizona y Colorado.

Con 482 m de altura sobre el llano circundante, Shiprock es tentador para los escaladores, pero la formación es sagrada para el pueblo navajo y está prohibido escalarla desde la década de 1970. Donde los colonos europeos veían una nave de vela, los navajo han visto siempre una roca alada, símbolo del gran ave legendaria que trajo a los navajo hasta su tierra.

Fragmentos de brecha a lo largo de uno de los diques

Vista desde el suelo

Vista aérea
Dos prominentes diques se unen al pico central de Shiprock, que es un tapón volcánico: una masa de roca que llenó el cráter de un volcán activo. Pueden rastrearse otros cinco diques menores en el área adyacente. En conjunto, estos revelan la estructura interna de un volcán hoy extinto.

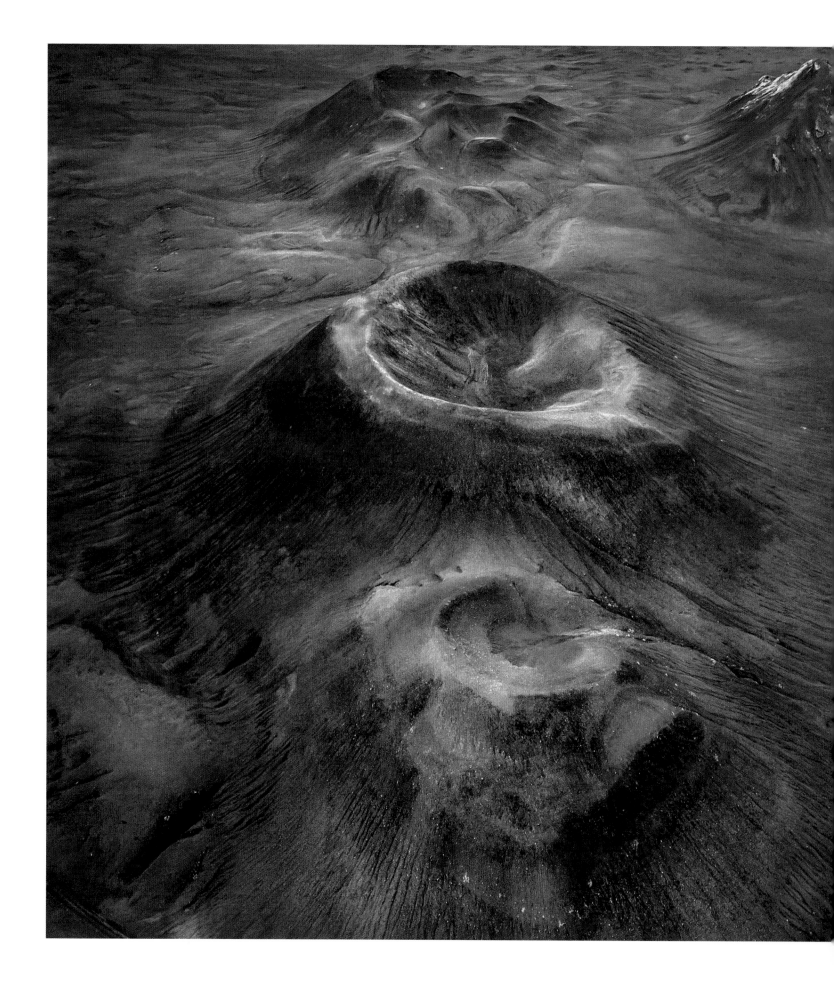

Lago formado dentro de la caldera del volcán

Maly Semiachik
Este estratovolcán (recuadro, dcha.) se encuentra al este de la península de Kamchatka (Rusia). Un lago de agua ácida y caliente se formó en el cráter Troitsky, formado en una erupción explosiva hace unos 400 años.

Conos y cráteres volcánicos
El basalto gris oscuro y el rojo del borde de los cráteres da un aspecto de otro mundo a estos conos volcánicos de Islandia. El color rojo de los depósitos en el borde de los cráteres lo produce la oxidación de minerales de hierro.

FORMAS DE VOLCANES

Hay varios tipos de volcán. Los domos de lava (o domos tapón) se forman cuando se acumula lava viscosa sobre y alrededor de la chimenea y se solidifica, formando un tapón que puede explotar violentamente. Los conos de escorias se forman principalmente a partir de fragmentos de magma cargado de gas, expulsado como lava por la chimenea, que se solidifica y cae en forma de escorias o ceniza. Los volcanes en escudo tienen laderas poco empinadas formadas por lava fluida que fluye sin una erupción explosiva. Los estratovolcanes tienen laderas empinadas, formadas por muchas capas de lava y otros fragmentos de roca expulsados en erupciones explosivas.

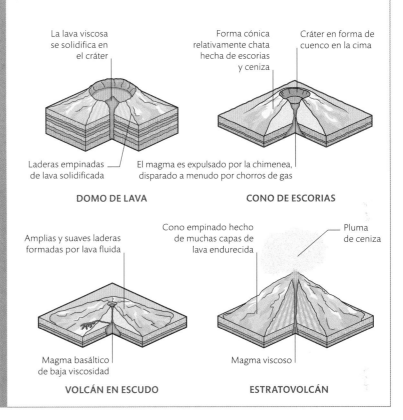

La lava viscosa se solidifica en el cráter

Laderas empinadas de lava solidificada

El magma es expulsado por la chimenea, disparado a menudo por chorros de gas

DOMO DE LAVA

Forma cónica relativamente chata hecha de escorias y ceniza

Cráter en forma de cuenco en la cima

CONO DE ESCORIAS

Amplias y suaves laderas formadas por lava fluida

Magma basáltico de baja viscosidad

VOLCÁN EN ESCUDO

Cono empinado hecho de muchas capas de lava endurecida

Pluma de ceniza

Magma viscoso

ESTRATOVOLCÁN

volcanes

Los volcanes son accidentes del terreno creados al surgir magma del interior de la Tierra por aberturas de la superficie. Suelen formarse en los límites entre placas tectónicas (pp. 110–111) o sobre plumas del manto —columnas de roca extremadamente caliente que ascienden por el manto y la corteza—, y se dan no solo en la superficie terrestre, sino también en el lecho oceánico y bajo casquetes de hielo. Cuando el magma surge como lava, se enfría y solidifica alrededor de un cráter. Los volcanes tienen dos componentes principales: el cono volcánico, montaña formada por la acumulación de magma alrededor de la chimenea por erupciones sucesivas; y el cráter, depresión en forma de cuenco con paredes empinadas que rodea la chimenea de la que surge el magma. Si las erupciones vacían todo el magma de la cámara magmática bajo del volcán, el cono puede colapsar y formar una depresión circular, o caldera. Las propiedades del magma y la clase de erupción (p. 141 y recuadro, arriba) determinan en gran medida las formas de los diversos tipos de volcán.

Volcán Tungurahua
El Tungurahua (dcha.), en Ecuador, es un estratovolcán (p. 139) que entra periódicamente en erupción de tipo vulcaniano o estromboliano (recuadro, abajo).

Erupción vulcaniana
Esta espectacular erupción vulcaniana tuvo lugar en el macizo Fuego-Acatenango, una cadena de volcanes en Guatemala. Una grande y densa pluma de ceniza se alza sobre el volcán, mientras un flujo piroclástico desciende por sus laderas.

Una **pluma** relativamente pequeña de ceniza y vapor surge del cráter

erupciones volcánicas

El magma que asciende del manto terrestre escapa a la superficie como lava en erupciones volcánicas. El acontecimiento puede ser muy destructivo o relativamente tranquilo, dependiendo de la química y el contenido en gases del magma. Cuando se trata de un magma viscoso con gas abundante, la erupción tiende a ser explosiva, con plumas de ceniza lanzadas a la atmósfera y flujos piroclásticos: avalanchas de ceniza, gases calientes y fragmentos de roca que descienden por la ladera del volcán. Los magmas líquidos pobres en gas tienden a manar en erupciones efusivas. Las erupciones explosivas suelen darse en volcanes de laderas empinadas, mientras que las efusivas se dan en formaciones de escasa altura (pp. 138–139).

TIPOS DE ERUPCIÓN VOLCÁNICA

Hay varios tipos de erupción volcánica; un mismo volcán puede tenerlas de distinto tipo, y las erupciones pueden incluir elementos de más de un tipo. Las erupciones estrombolianas se asocian a bombas de lava y nubes de ceniza menores o ausentes. En las fisurales, lava líquida mana de una grieta lineal, y al solidificar no forma apenas relieve. En las plinianas, una gran pluma de gas y ceniza asciende y se derrama sobre los flancos, acompañada de ruidosas explosiones. Las vulcanianas son sucesos breves, violentos e intermitentes, acompañados por densas nubes de ceniza y gas y, a menudo, por bombas volcánicas.

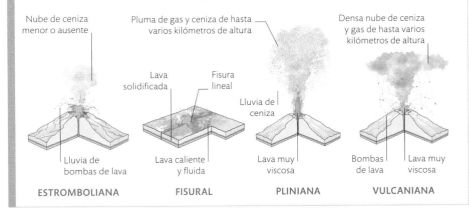

Nube de ceniza menor o ausente

Pluma de gas y ceniza de hasta varios kilómetros de altura

Densa nube de ceniza y gas de hasta varios kilómetros de altura

Lava solidificada

Fisura lineal

Lluvia de ceniza

Lluvia de bombas de lava

Lava caliente y fluida

Lava muy viscosa

Bombas de lava

Lava muy viscosa

ESTROMBOLIANA   **FISURAL**   **PLINIANA**   **VULCANIANA**

Volcán en un punto caliente
La Palma, una de las islas Canarias, es una isla
volcánica formada sobre un punto caliente.
En 2021 entró en erupción la Cumbre Vieja,
y el río de lava acabó llegando al océano.

puntos calientes

Cuando una columna de material caliente del manto, llamada
pluma, asciende hasta la base de la litosfera, crea un punto
caliente. Allí, el magma puede ser lo bastante caliente para fundir
la litosfera, abrirse paso hasta la superficie y formar un volcán.
Se conocen unos cien volcanes de punto caliente, la mayoría de
ellos localizados en placas tectónicas más que en los límites entre
placas adyacentes, pero algunos se hallan en dorsales oceánicas,
como los de Islandia. Algunos puntos calientes se encuentran en
áreas continentales, por ejemplo, bajo el Parque Nacional de
Yellowstone, en EE. UU.; otros se hallan bajo cuencas oceánicas, y
dan lugar a archipiélagos volcánicos como las Canarias y Hawái.

FORMACIÓN DE UNA CADENA DE ISLAS VOLCÁNICAS

Cuando hay un punto caliente bajo una placa oceánica, forma volcanes en el lecho
marino, y al ir desplazándose la placa sobre el punto caliente, se va formando una
cadena de volcanes extintos. Un buen ejemplo de ello es Hawái. Las erupciones
volcánicas solo se dan en la isla de Hawái, la más joven del archipiélago, con tres
volcanes activos. Las islas hacia el noroeste son los restos de antiguos volcanes.

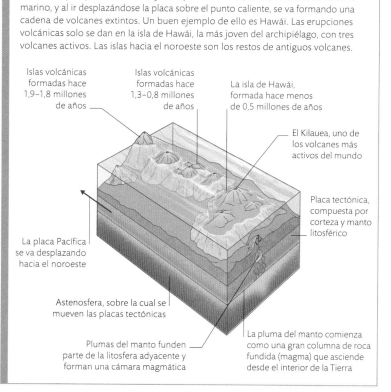

Islas volcánicas
formadas hace
1,9–1,8 millones
de años

Islas volcánicas
formadas hace
1,3–0,8 millones
de años

La isla de Hawái,
formada hace menos
de 0,5 millones de años

El Kilauea, uno de
los volcanes más
activos del mundo

Placa tectónica,
compuesta por
corteza y manto
litosférico

La placa Pacífica
se va desplazando
hacia el noroeste

Astenosfera, sobre la cual se
mueven las placas tectónicas

Plumas del manto funden
parte de la litosfera adyacente y
forman una cámara magmática

La pluma del manto comienza
como una gran columna de roca
fundida (magma) que asciende
desde el interior de la Tierra

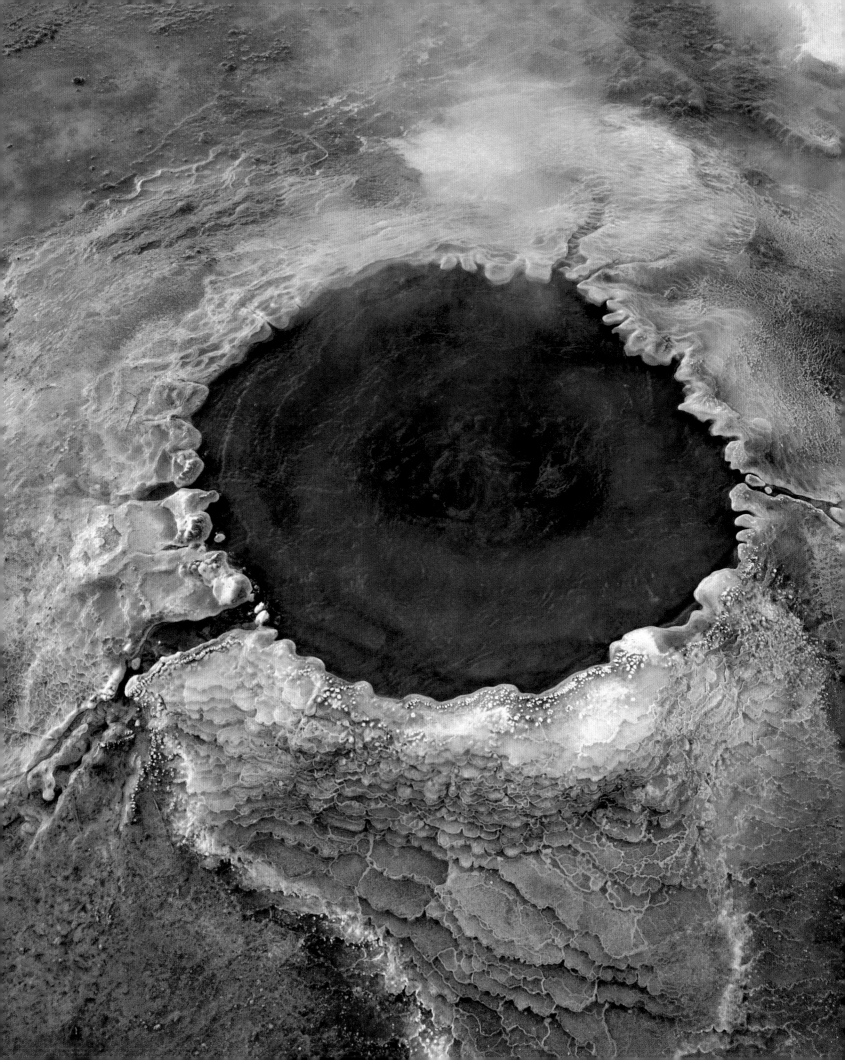

Depósitos coloridos
Algunas fuentes termales, como esta del Tatio, en Atacama (Chile), se forman cerca de volcanes activos. En la superficie, el agua caliente se evapora, dejando depósitos minerales.

fenómenos geotérmicos

La actividad geotérmica aporta algunas de las pruebas más impactantes de los procesos del planeta, muchos activados por su calor interno. La temperatura de la Tierra aumenta con la profundidad, desde la corteza a los más calientes manto y núcleo. Un aumento acusado de la temperatura a relativamente poca profundidad suele conllevar una actividad en la superficie que puede ser espectacular. Esto ocurre cuando agua subterránea se filtra a través de fracturas y se calienta por la cercanía de roca caliente o magma. Agua caliente y vapor ascienden hasta la superficie y dan lugar a fenómenos geotérmicos como géiseres (fuentes intermitentes de agua caliente), fuentes termales (manantiales de agua caliente) y fumarolas (columnas de gas caliente y vapor).

CÓMO SE PRODUCEN LOS FENÓMENOS GEOTÉRMICOS

El agua subterránea llega al subsuelo como parte del ciclo del agua. Volcanes o roca caliente próxima pueden supercalentarla a más de 180 °C. Las fuentes termales se forman cuando el agua regresa a la superficie y forma una poza. El agua y el vapor atrapados en huecos subterráneos se libera periódicamente al aumentar la presión, en erupciones llamadas géiseres. Si el agua caliente se convierte en vapor antes de llegar a la superficie, es expulsado con otros gases en fumarolas.

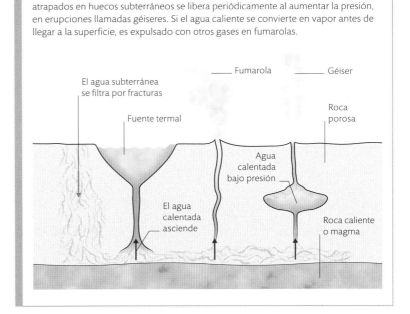

El agua subterránea se filtra por fracturas

Fuente termal

Fumarola

Géiser

Roca porosa

Agua calentada bajo presión

El agua calentada asciende

Roca caliente o magma

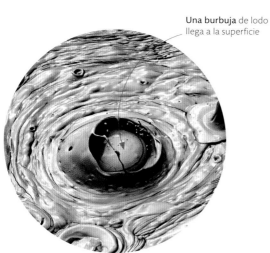

Una burbuja de lodo llega a la superficie

Piscina de lodo

Al ascender por la Tierra, el agua subterránea absorbe gases que la vuelven ácida. El ácido del agua descompone la roca, que se convierte en una piscina de lodo que burbujea en la superficie. Esta imagen (izda.) fue tomada en Wai-o-tapu, en Nueva Zelanda.

Géiser

El géiser Strokkur, en Islandia, entra en erupción cada pocos minutos y libera agua subterránea caliente y vapor en columnas de unos 30 m de altura. Depósitos minerales ricos en sílice llamados geiseritas han precipitado alrededor del borde de la fuente.

fuentes termales

El agua se mueve constantemente entre la superficie terrestre y el subsuelo, como parte del ciclo global del agua. El agua subterránea filtrada por grietas de la corteza puede supercalentarse (pp. 144–145) y volver a la superficie en forma de fuentes termales, que pueden manar lentamente o a más de 150 litros por segundo. Al ascender el agua calentada, puede disolver minerales en la roca circundante, que luego precipita en depósitos sólidos y a menudo coloridos al enfriarse el agua. El agua calentada también puede surgir en erupciones intermitentes de vapor y agua caliente en los llamados géiseres (recuadro, abajo), de los que hay un millar en el mundo. Las fuentes termales y géiseres suelen darse en los bordes de placas tectónicas (pp. 110–113) o cerca de volcanes.

LA ERUPCIÓN DE UN GÉISER

Los géiseres se dan allí donde fluye agua supercalentada por un sistema de conductos y cámaras en el subsuelo. La constricción en alguno de los conductos aumenta la presión, lo cual produce una erupción de agua caliente en la superficie; aquí, al caer la presión del agua, esta se convierte instantáneamente en vapor. Después de una erupción, se filtra agua subterránea por grietas hasta la cámara, rellenándola, y el proceso comienza de nuevo. Depósitos llamados geiseritas, dejados por el agua rica en minerales, recubren la cámara.

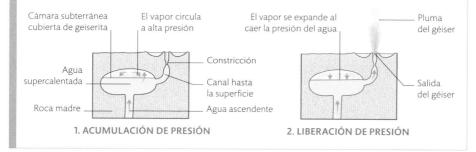

Cámara subterránea cubierta de geiserita

El vapor circula a alta presión

El vapor se expande al caer la presión del agua

Pluma del géiser

Agua supercalentada

Constricción

Canal hasta la superficie

Roca madre

Agua ascendente

Salida del géiser

1. ACUMULACIÓN DE PRESIÓN

2. LIBERACIÓN DE PRESIÓN

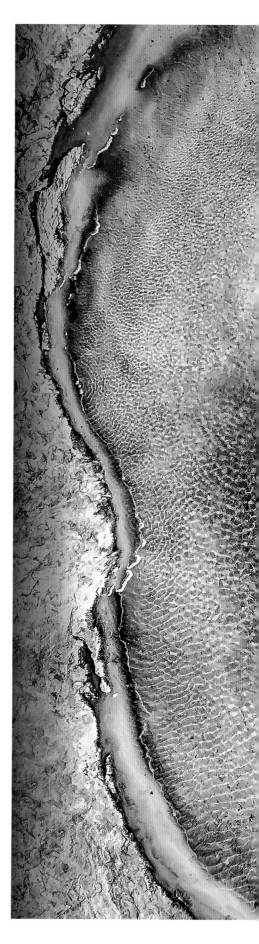

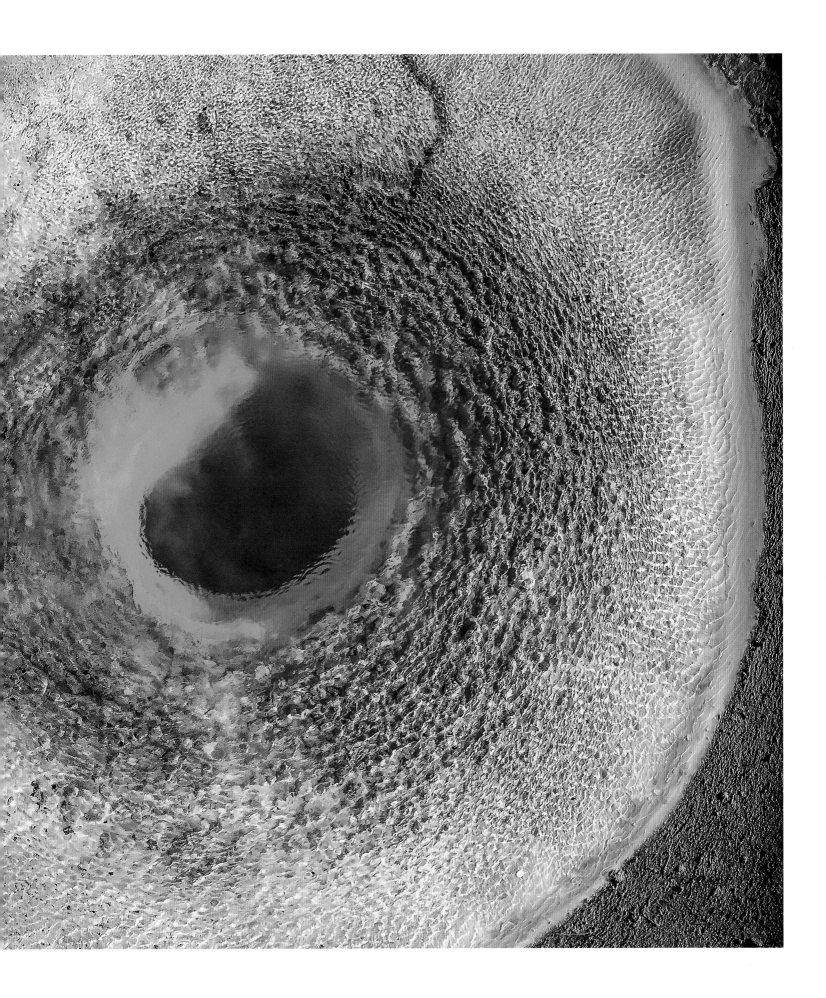

Marmitas en ríos

Las cavidades circulares o cilíndricas en un cauce fluvial, o marmitas, se forman cuando fragmentos de roca arrastrados por el río (en la imagen, el Blyde, en Sudáfrica) llegan a pequeñas depresiones en el lecho de roca. Los fragmentos circulan por estas, erosionándolas y ampliándolas.

Erosión por las olas

El impacto de las olas da forma a las costas. La erosión va desgastando los acantilados, habitualmente al nivel de la marea alta, como se ve en estas areniscas de Tasmania (Australia).

Marmita profunda, antes una pequeña depresión

erosión por el agua

El agua de océanos, mares y ríos da forma al paisaje. La acción repetida de las olas desgasta las costas, haciéndolas cada vez más rectas, y la erosión por las olas de acantilados proyectados hacia el mar puede formar cuevas, arcos y farallones. Al fluir por el curso de un río, el agua erosiona la roca sobre la que fluye, arrastrando sedimentos y rocas río abajo, que deposita donde la corriente pierde fuerza. Las aguas que fluyen rápido —como cerca de la desembocadura o durante las inundaciones— transportan un volumen mayor de sedimentos.

TRANSPORTE FLUVIAL

El material erosionado por el agua puede transportarse por varios mecanismos, dependiendo del tamaño de las partículas. Las de grano fino, como el limo y la arcilla, son lo bastante ligeras para permanecer en suspensión en el caudal, mientras que los materiales más pesados, como los guijarros, van rebotando a lo largo del lecho fluvial en un proceso conocido como saltación. Donde el agua fluye rápido, puede arrastrar rocas mayores, en un proceso denominado tracción.

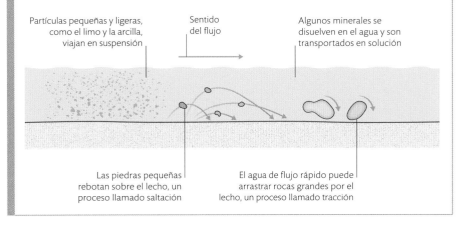

Partículas pequeñas y ligeras, como el limo y la arcilla, viajan en suspensión

Sentido del flujo

Algunos minerales se disuelven en el agua y son transportados en solución

Las piedras pequeñas rebotan sobre el lecho, un proceso llamado saltación

El agua de flujo rápido puede arrastrar rocas grandes por el lecho, un proceso llamado tracción

PAVIMENTOS DESÉRTICOS

La erosión eólica en condiciones secas puede conllevar la formación de una superficie dura y pedregosa, el llamado pavimento desértico. Este se forma al retirar el viento partículas de grano fino como la arena de la superficie, en un proceso conocido como deflación. A medida que el viento se va llevando la arena y el polvo, las partículas mayores que permanecen se van concentrando y adensando, y el nivel de la superficie queda rebajado.

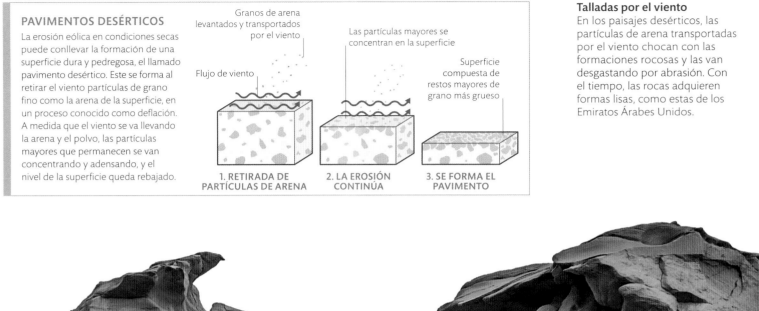

Granos de arena levantados y transportados por el viento

Las partículas mayores se concentran en la superficie

Flujo de viento

Superficie compuesta de restos mayores de grano más grueso

1. RETIRADA DE PARTÍCULAS DE ARENA

2. LA EROSIÓN CONTINÚA

3. SE FORMA EL PAVIMENTO

Talladas por el viento

En los paisajes desérticos, las partículas de arena transportadas por el viento chocan con las formaciones rocosas y las van desgastando por abrasión. Con el tiempo, las rocas adquieren formas lisas, como estas de los Emiratos Árabes Unidos.

Estructura en forma de torre retorcida por la abrasión eólica

Concavidad formada por la erosión de la arenisca

erosión por el viento

Por medio del proceso de retirar y transportar grandes cantidades de arena, suelo y partículas de polvo, el viento va esculpiendo la superficie de la Tierra, en particular en los entornos desérticos, cubiertos de material suelto, y en áreas con vegetación escasa, pues las plantas estabilizan el suelo y actúan como barrera ante el viento. En los desiertos, las rachas de viento retiran arena y polvo, que transportan por el aire y depositan formando dunas, mesetas de loess y —con el tiempo— rocas sedimentarias (pp. 74-77). Atrás quedan las rocas y partículas más gruesas. La erosión del viento (eólica) puede producirla un viento leve que arrastre partículas por el suelo o un viento fuerte que levante gran cantidad de pequeñas partículas hasta llegar a formar tormentas de polvo.

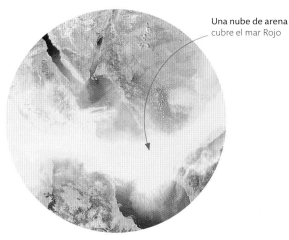

Una nube de arena cubre el mar Rojo

Imagen de satélite de una tormenta de arena
Durante las tormentas o ciclones, vientos fuertes levantan gran cantidad de arena y polvo de suelos expuestos y secos y los transportan a cientos o miles de kilómetros.

Las diferentes capas sedimentarias son visibles en la arenisca

Valle glaciar en forma de U
Glaciares, aún presentes en los picos, dieron forma de U a este valle (izda.) del Parque Nacional del Monte Rainier, en el estado de Washington (EE. UU.), y ríos modificaron luego la sección inferior.

Abrasión glaciar
Estas largas estriaciones fueron talladas por rocas arrastradas por el hielo glaciar sobre la roca ahora expuesta.

Los largos surcos paralelos indican la dirección en la que se movía el glaciar

erosión por el hielo

Los glaciares son grandes masas de hielo de movimiento lento. Al desplazarse —generalmente ladera o valle de montaña abajo— esculpen y modifican el paisaje. Hay dos procesos implicados en la erosión glaciar: el desprendimiento y transporte de grandes fragmentos de roca; y la abrasión, pues los fragmentos atrapados en el hielo raspan y pulen la roca subyacente. La erosión crea formaciones del terreno diversas, como los circos glaciares (depresiones cóncavas de paredes empinadas en una montaña), cuernos (picos angulares formados por la erosión de una montaña debida a varios glaciares que se mueven en distintas direcciones), aristas (crestas formadas por dos glaciares en laderas opuestas de una montaña) y *roches moutonnées* (recuadro, abajo).

ESTRIADAS Y REDONDEADAS

Las capas de hielo y los glaciares dejan huellas de su movimiento en forma de rocas estriadas y redondeadas. En la cara corriente arriba, los afloramientos rocosos quedan redondeados por la abrasión, mientras que en la cara corriente abajo, las grietas y roturas indican que algunas rocas han sido arrancadas. El resultado es un rasgo asimétrico, llamado *roche moutonnée*.

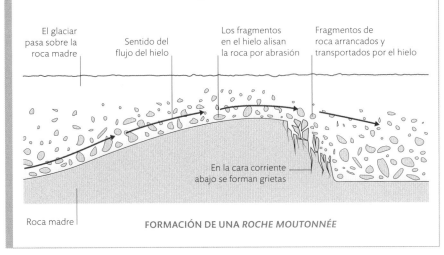

El glaciar pasa sobre la roca madre

Sentido del flujo del hielo

Los fragmentos en el hielo alisan la roca por abrasión

Fragmentos de roca arrancados y transportados por el hielo

En la cara corriente abajo se forman grietas

Roca madre

FORMACIÓN DE UNA *ROCHE MOUTONNÉE*

meteorización

La acción del agua, el viento y las temperaturas extremas va deteriorando progresivamente las rocas y los minerales, descomponiéndolos en fragmentos menores o disolviéndolos. Este proceso, denominado meteorización, a menudo actúa junto con la erosión: la meteorización desintegra o altera rocas cuyos fragmentos son luego transportados por la erosión. Hay dos tipos principales de meteorización: la mecánica o física, que descompone rocas sin alterar su composición química; y la química, que altera su estructura molecular. Por lo general, ambos tipos afectan a las formaciones rocosas simultáneamente.

Altos pináculos de caliza meteorizada

Bosque de Piedra
El agua subterránea y la lluvia han meteorizado químicamente este paisaje de la provincia china de Yunnan, dejando pilares tanto afilados como redondeados. Este tipo de meteorización es típico de los paisajes kársticos (pp. 166–167).

Picos afilados formados por gelifracción repetida

Roca rota por el hielo rodeada de derrubios, que suelen formar montones en pendiente

GELIFRACCIÓN

También denominada gelivación, la gelifracción es un tipo de meteorización mecánica que se da cuando entra agua en pequeñas grietas de las rocas. Al congelarse, el agua se expande casi una décima parte de su volumen, ejerce presión sobre la roca y ensancha las grietas, permitiendo que entre más agua en ellas. Si se establece un ciclo de congelación y descongelación, la roca acaba fragmentándose. Este tipo de meteorización es típico de entornos donde abunda el agua superficial y las temperaturas fluctúan repetidamente alrededor de los 0 °C.

La grieta se agranda, entra más agua que se congela, y la roca se parte

Entra agua en una grieta de la roca

El agua se expande al congelarse y ejerce presión

Castillo de los Vientos (Castell y Gwynt)

Esta formación rocos cercana a la cumbre de Glyder Fach, en el Parque Nacional de Snowdonia (Gales), está compuesta de roca volcánica del periodo Ordovícico (hace 450 millones de años). Los glaciares (pp. 152–153) de la última glaciación y la gelifracción (recuadro, p. anterior) han dado forma al paisaje y las rocas, dejando tors (afloramientos rocosos verticales) y derrubios (montones de rocas).

Paisaje montañoso
alisado por glaciares
en la última glaciación

deposición de sedimentos

El aire, el agua y el hielo en movimiento recogen y transportan partículas de sedimento. Cuando la energía del movimiento se reduce —por ejemplo, cuando el caudal de un río llega a un tramo más llano de su curso y fluye más lento—, el efecto de la gravedad hace que las partículas abandonen la corriente, empezando por las más densas. Los sedimentos suelen acumularse en capas en depresiones naturales como la cuenca de un lago. Si nada las perturba, pueden compactarse y cementarse formando roca sedimentaria, a menudo con las capas originales intactas. El agua, y en particular los ríos, tiene un papel importante en el transporte y la deposición de sedimentos (pp. 158–159), y los sedimentos que depositan forman rasgos como bancos de arena o grava, abanicos aluviales y deltas (pp. 162–163).

Guijarros y cantos
depositados por agua
de deshielo lodosa

Abanico aluvial
Este abanico aluvial se formó cuando un río que procedía de las montañas Kunlun y Altun inundó un llano en el desierto de Taklamakán, en China. Durante esta rara inundación, el río depositó sedimentos en el desierto. El área volvió a secarse pronto, quedando este intrincado patrón de vías fluviales y bancos de arena. El área mostrada en esta imagen de satélite es de unos 60 km de diámetro, y las zonas blancas, verdes y azules indican distintos grados de humedad.

Deposición por hielo
Las rocas y los sedimentos transportados por un glaciar y depositados al fundirse el hielo se llaman morrenas. Este material puede ser luego transportado y remodelado por corrientes originadas por el deshielo (pp. 174–175).

CORRIENTES FLUVIALES Y DEPOSICIÓN DE SEDIMENTOS

Hay varias causas por las que los ríos depositan sedimentos. Generalmente se debe a la pérdida de energía del agua, al ensancharse el curso y ralentizarse el flujo del agua. Las partículas mayores y más pesadas, como los guijarros y la arena, se precipitan y depositan primero, mientras que las más finas y ligeras, como el limo y la arcilla, lo hacen cuando la corriente es todavía más lenta. Los sedimentos finos pueden acumularse y formar un banco de arena o un abanico aluvial.

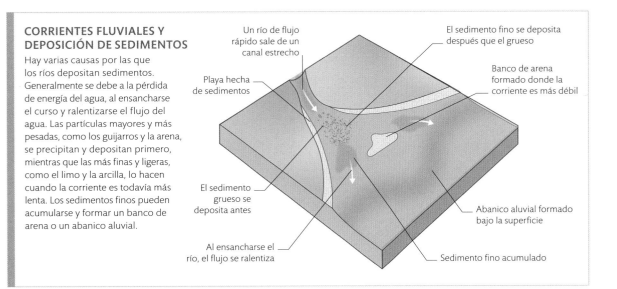

Un río de flujo rápido sale de un canal estrecho

El sedimento fino se deposita después que el grueso

Playa hecha de sedimentos

Banco de arena formado donde la corriente es más débil

El sedimento grueso se deposita antes

Abanico aluvial formado bajo la superficie

Al ensancharse el río, el flujo se ralentiza

Sedimento fino acumulado

El **agua** pierde profundidad, y quedan rocas expuestas en la superficie

Meandro de un río
Un río (dcha.) recibe el aporte de sus afluentes en su curso por Islandia. Donde el curso se desvía, una de las orillas se ha erosionado formando un acantilado, mientras que en la otra orilla se ha depositado grava (recuadro, abajo).

Agua de flujo rápido
Las caídas acusadas de la pendiente a lo largo del curso de un río pueden dar lugar a rápidos, tramos de flujo veloz y turbulento.

ríos

Un río es una gran corriente natural de agua dulce que nace en un terreno elevado, como una montaña o colina, y fluye pendiente abajo a lo largo de un curso definido hasta desembocar en una masa de agua mayor, generalmente un mar u océano, o un lago en algunos casos. El nacimiento del río es la fuente o cabecera. El agua puede proceder del deshielo de glaciares y nieve, de la lluvia, o ser agua subterránea que mana de una fuente. El final del curso del río es la desembocadura. Los ríos dan forma al paisaje al erosionar el lecho fluvial y al transportar y depositar sedimentos curso abajo, o en un área extensa de su valle durante una inundación (p. 149 y recuadro, abajo).

CÓMO SE FORMA UN MEANDRO

Al fluir sobre paisajes relativamente llanos, los ríos forman bucles o vueltas llamados meandros. Como la velocidad del agua es mayor en la orilla exterior de un meandro, esta sufre una mayor erosión. De esta parte se retira sedimento hasta formarse a veces un acantilado, y se deposita curso abajo, en la orilla convexa del meandro siguiente, en la zona llamada pendiente de deslizamiento. Con el tiempo, al ir acumulándose el sedimento erosionado y depositado, los meandros se vuelven más pronunciados; entonces se habla de meandros incisos.

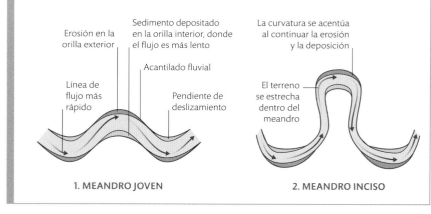

Erosión en la orilla exterior

Sedimento depositado en la orilla interior, donde el flujo es más lento

La curvatura se acentúa al continuar la erosión y la deposición

Acantilado fluvial

Línea de flujo más rápido

Pendiente de deslizamiento

El terreno se estrecha dentro del meandro

1. MEANDRO JOVEN

2. MEANDRO INCISO

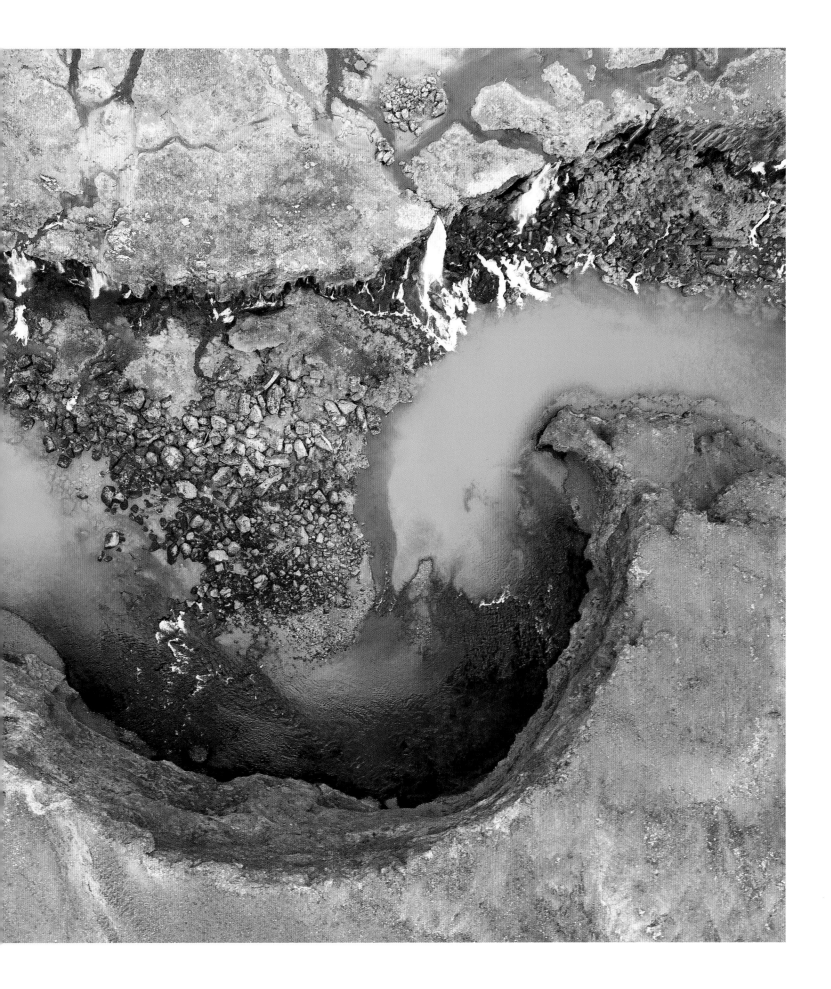

Cascada parcialmente helada
En invierno, parte del agua que cae por las cascadas puede helarse. Esta cascada de Islandia (dcha.) está parcialmente helada. En la poza bajo ella, el hielo y el agua coexisten y se mezclan.

Nieve y carámbanos
se acumulan junto al agua líquida

Catarata segmentada
En esta amplia catarata del este de Java (Indonesia) el agua cae desde una escarpada cresta rocosa en forma de anfiteatro. Varias colas espumosas de distinto tamaño se precipitan desde lo alto y convergen en la poza formada abajo. Las cascadas formadas por varias corrientes se llaman segmentadas.

cascadas

Las cascadas (llamadas cataratas cuando son muy grandes o caudalosas) se forman cuando un río u otra masa de agua fluye sobre un desnivel en la roca y cae a una poza formada en la base. Las cascadas pueden formarse de varias maneras, pero suelen ser el resultado de la erosión en el curso superior de un río, cuando el agua rápida que transporta sedimento pasa de fluir sobre roca dura a hacerlo sobre otra más blanda (recuadro, abajo). Las cascadas de este tipo suelen ir retrocediendo río arriba, formando a veces un barranco. Los cambios drásticos causados en el paisaje por terremotos, erupciones volcánicas o corrimientos de tierra también pueden formar cascadas. La forma de una cascada depende de la geología subyacente, así como del tamaño y la forma del río.

CÓMO SE FORMA UNA CASCADA

Una cascada se forma cuando un río pasa de fluir sobre una capa de roca dura (como el granito) a hacerlo sobre otra más blanda (como la caliza o la arenisca). Como el agua erosiona más rápidamente la roca blanda, la roca más dura forma una repisa. Con el tiempo, esta se desmorona al erosionarse la roca que la sostiene, y las rocas que se precipitan a la poza formada abajo, movidas por el agua, contribuyen a una erosión mayor de la roca blanda.

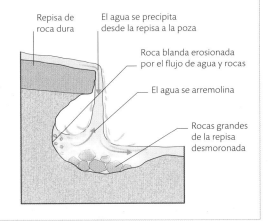

Repisa de roca dura

El agua se precipita desde la repisa a la poza

Roca blanda erosionada por el flujo de agua y rocas

El agua se arremolina

Rocas grandes de la repisa desmoronada

ZONAS DE UN ESTUARIO

Un estuario se divide en varias zonas, cada una con un grado diferente de influencia de las mareas y con distinta proporción de agua salada y dulce. En el extremo, donde el río se encuentra con el mar, predomina el agua salada. La parte media contiene una mezcla casi igual de agua salada y dulce. En la parte superior del estuario, el agua dulce empieza a mezclarse con el agua salada traída por las mareas.

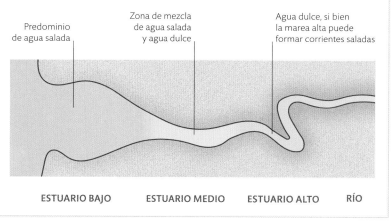

Predominio de agua salada

Zona de mezcla de agua salada y agua dulce

Agua dulce, si bien la marea alta puede formar corrientes saladas

ESTUARIO BAJO   ESTUARIO MEDIO   ESTUARIO ALTO   RÍO

Meandros del río a través de los humedales

Delta del Yukón

El río Yukón nace en la Columbia Británica de Canadá y fluye por el territorio del Yukón hasta Alaska, donde forma un delta en el mar de Bering. En esta imagen de satélite se aprecian los meandros de los muchos brazos que conforman el delta en forma de abanico. Se cree que el cambio climático ha incrementado la llegada de sedimentos al delta por el deshielo del permafrost de la cuenca, que libera el sedimento retenido.

Delta fluvial interior

El río Okavango fluye a lo largo de casi 1000 km, desde Angola, a través de Namibia, hasta una depresión en Botsuana. A diferencia de la mayoría de los ríos del mundo, el Okavango no desemboca en una masa de agua, sino en un llano del desierto del Kalahari, donde en último término se evapora o se filtra al subsuelo.

deltas y estuarios

Los deltas se forman allí donde los ríos vierten su caudal y sus sedimentos en una masa mayor de agua —generalmente el mar, pero en algunos casos un lago u otro río— o, muy raramente, en tierra (arriba). Como el caudal pierde energía y velocidad al llegar a la desembocadura, el sedimento tiende a depositarse en el lecho fluvial. Si se acumula gran cantidad de lodo, limo o arena, el río se divide en brazos estrechos y poco profundos, y el área de tierra emergida se extiende formando un delta. En ríos de flujo lento, que no transportan sedimento suficiente para formar un delta, puede entrar agua del mar en la desembocadura y formar un brazo de agua salobre, llamado estuario. En los estuarios, el nivel y la salinidad del agua se ven afectados por las mareas (recuadro, arriba).

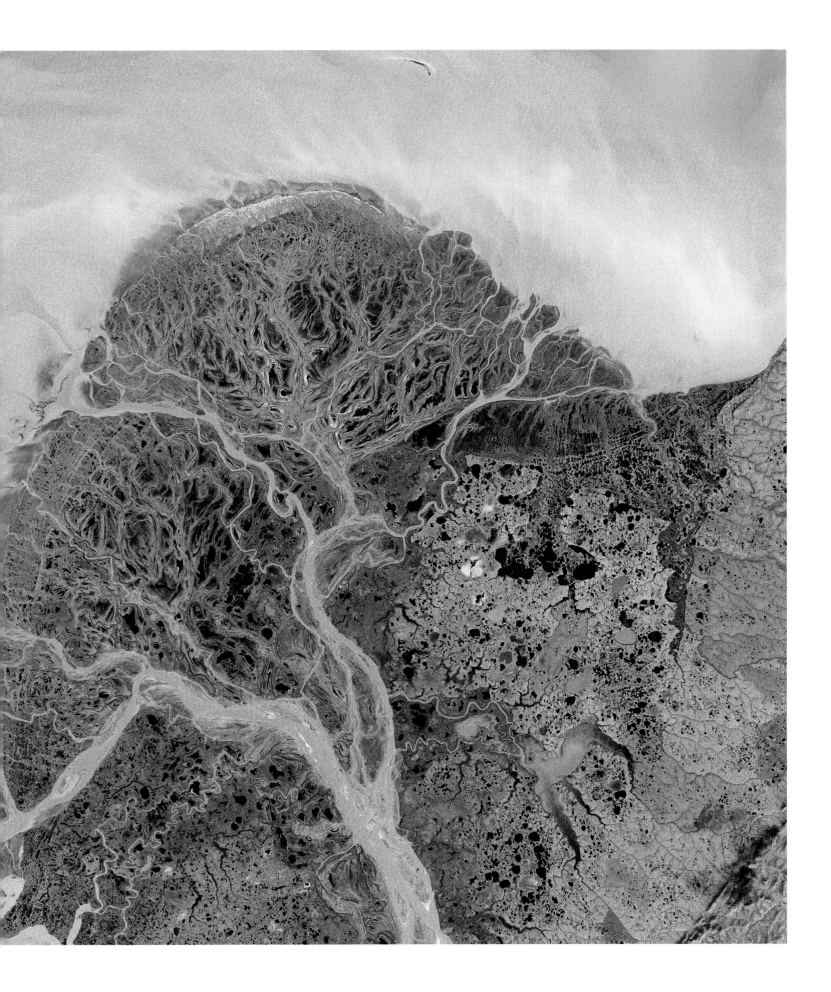

Lago Victoria

El lago Victoria (captado aquí en una imagen de satélite, abajo izda.), en el valle del Rift de África Oriental, es un lago tectónico formado por el adelgazamiento de la corteza cercana a un límite divergente (p. 116). Es el mayor lago de África, y se extiende en territorio de Tanzania, Uganda y Kenia. El lago verde alargado en la parte superior de la imagen es el Turkana, en Kenia.

Lago Superior

Las fuertes tormentas pueden generar altas olas en lagos grandes como el lago Superior, en la frontera entre EE. UU. y Canadá. Este es el mayor lago de agua dulce del mundo por superficie, y sus olas pueden llegar a alcanzar varios metros de altura.

Una gran ola levantada por el viento rompe en la orilla

lagos

Rodeados de tierra y aislados del mar salvo por ríos o arroyos, los lagos son depresiones o cuencas que recogen agua de lluvia, de deshielo, de ríos o agua subterránea. Las cuencas lacustres se forman de diversas maneras. Muchos de ellos son creados por glaciares, que dejan una depresión al retirarse. Los lagos tectónicos se forman cuando movimientos de la corteza terrestre —como los que se dan en los límites entre placas divergentes (pp. 116–117) o a lo largo de fallas (pp. 126–127)— crean una depresión. El agua de los lagos es relativamente tranquila comparada con la de los ríos, pero se ve afectada por las corrientes generadas por las olas, el viento, los cambios de temperatura y el aporte de agua fluvial. Existen también lagos completamente artificiales.

ESTRATIFICACIÓN DE LAGOS

En verano, muchos lagos presentan tres estratos de diferente temperatura: uno superior (epilimnio) relativamente cálido; otro más frío en el fondo (hipolimnio); y uno de transición entre ambos (termoclina o metalimnio), en el que la temperatura varía rápidamente. En otoño, los estratos se mezclan hasta igualarse la temperatura en todo el lago, y en invierno vuelven a distinguirse tres capas de diferente temperatura, pero invertidas: la más fría en la superficie helada y la más cálida en el lecho. En primavera vuelven a mezclarse las aguas, que circulan de arriba abajo; el agua cálida del fondo asciende a la superficie, que la radiación solar calienta aún más.

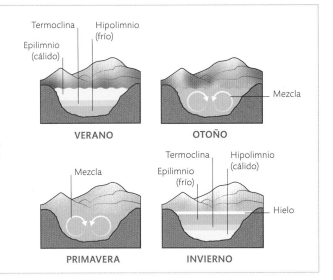

Torres formadas por agua
Este paisaje kárstico de China es el resultado de millones de años de erosión de rocas carbonáticas por el agua. El proceso dejó aquí una serie de altos pináculos, hoy cubiertos de exuberante vegetación.

paisajes kársticos

Desde pináculos gigantes a pavimentos rocosos agrietados, los paisajes kársticos presentan algunos de los rasgos geomorfológicos más espectaculares. La lluvia y las aguas subterráneas, ligeramente ácidas, disuelven lentamente rocas carbonáticas como la caliza o la dolomita. Primero aparecen grietas, que se ensanchan tanto en la superficie como bajo tierra, donde se forma un complejo sistema de cuevas y corrientes en el nivel freático (por debajo del cual la roca está saturada de agua). Agua subterránea rica en minerales se filtra a las cuevas y crea en el techo formaciones rocosas semejantes a carámbanos, las estalactitas, y otras de forma análoga en el suelo, las estalagmitas. Cuando el techo de una cueva se desploma, quedan al descubierto pináculos.

CÓMO SE DESARROLLAN LOS PAISAJES KÁRSTICOS

Cuando fluye agua sobre roca carbonática, la va erosionando lentamente y acaba abriendo fisuras y cavidades. Los bloques rodeados por fisuras se llaman tabiques. El agua que fluye entre las fisuras sigue disolviendo gradualmente la roca, hasta formar grandes cavidades subterráneas, o cavernas. Al fluir el agua por estas, las agranda, y el techo que las cubre puede volverse tan frágil que acabe desplomándose, quedando las paredes como torres en el paisaje. En la tierra que llena las fisuras acaba creciendo vegetación.

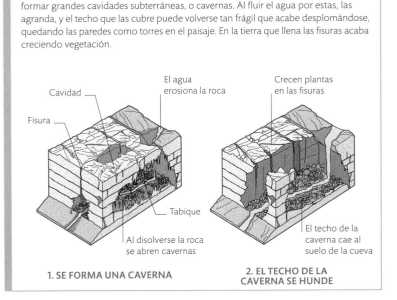

Cavidad

El agua erosiona la roca

Fisura

Crecen plantas en las fisuras

Tabique

Al disolverse la roca se abren cavernas

El techo de la caverna cae al suelo de la cueva

1. SE FORMA UNA CAVERNA

2. EL TECHO DE LA CAVERNA SE HUNDE

cuevas

Las cuevas son cavidades subterráneas que suelen formarse en paisajes kársticos (pp. 166–167). Con el tiempo, la lluvia y el agua subterránea ácidas entran por grietas en la caliza o la dolomita, y las agrandan hasta formar pasadizos subterráneos. Muchos sistemas de cuevas descienden abruptamente hasta el nivel freático y luego continúan en horizontal como pasajes inundados, cuyas aguas reemergen a veces a la superficie como fuentes. Si el nivel freático baja, las cuevas se secan y a veces el techo se hunde, formando dolinas. Las cuevas secas pueden seguir ampliándose si se sigue filtrando agua subterránea y de lluvia. Si el nivel freático sube, las cuevas secas pueden inundarse de nuevo.

Las estalactitas cuelgan del techo de la cueva

Las estalagmitas se forman en el suelo

Cueva subacuática
Un buceador explora un cenote, un sistema de cuevas subterráneas lleno de agua y con salida al exterior. Esta cueva, situada en Yucatán (México), estuvo seca durante el Último Máximo Glacial, hace unos 22 000 años, cuando las capas de hielo de las glaciaciones más recientes alcanzaron su máxima extensión y el nivel del mar era unos 120 m más bajo que el actual.

Formaciones en cuevas
Esta cueva (izda.) está cubierta de depósitos calizos precipitados por el agua que se filtra continuamente dentro de ella. Entre los depósitos hay estalactitas y estalagmitas (recuadro, abajo).

ESTALACTITAS Y ESTALAGMITAS

Las rocas formadas a partir de depósitos minerales en las cuevas se llaman espeleotemas. Dos de los tipos más comunes son las estalactitas y las estalagmitas. Al entrar agua saturada de minerales por el techo y gotear, se acumula un residuo que forma estalactitas. Al caer gotas en el suelo, los minerales que depositan acaban formando estalagmitas. A lo largo de mucho tiempo, ambas pueden unirse y formar una única columna del suelo al techo.

El agua entra en la cueva y gotea del techo

Una estalactita crece hacia abajo

La estalagmita va creciendo hacia arriba

La estalactita y la estalagmita se unen

1. SE FILTRA AGUA

2. SE FORMA UNA ESTALACTITA

3. SE FORMA UNA ESTALAGMITA

4. SE FORMA UNA COLUMNA

Confluencia de glaciares
El glaciar Grentz (dcha.) se une al glaciar
Gorner (izda.), de 12,4 km de longitud, en su
descenso por la ladera occidental del monte
Rosa, en los Alpes Peninos (Suiza), formando
el segundo mayor sistema glaciar de los Alpes.
La oscura franja de la morrena medial resulta
claramente visible.

glaciares

Los glaciares son masas de hielo en movimiento formadas por
la acumulación y compactación de nieve a lo largo de miles de
años. Muchos de ellos datan de la última glaciación, y se hallan en
muchas cordilleras, sobre todas en regiones frías. Al descender por
las laderas debido a la gravedad y a la presión de su propio peso,
los glaciares erosionan el paisaje y forman valles y, en el proceso,
crean depósitos de rocas y sedimentos. Su acción abrasiva deja
también huellas como las estriaciones, largos surcos sobre las
superficies rocosas (pp. 152–153).

EROSIÓN Y DEPOSICIÓN GLACIAR

Dos glaciares, con origen en depresiones semicirculares llamadas circos, pueden
unirse y formar un único glaciar que fluye hacia un valle preexistente. Al moverse, los
glaciares erosionan el suelo, ya sea arrancando fragmentos de roca o por abrasión
(pues los fragmentos de roca de la base del glaciar raspan el lecho de roca). Los
sedimentos acumulados a lo largo de su curso se llaman morrenas. Se distinguen
las morrenas terminales (depositadas en el extremo inferior del glaciar, o frente),
las laterales (depositadas en los lados) y las mediales (depositadas en el centro).

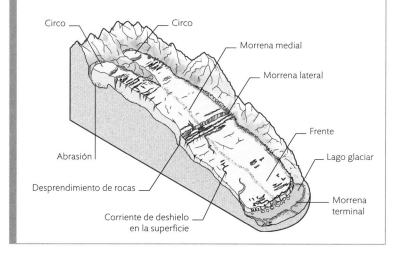

Circo — Circo
Morrena medial
Morrena lateral
Abrasión
Frente
Lago glaciar
Desprendimiento de rocas
Morrena terminal
Corriente de deshielo en la superficie

La Bahía de los Glaciares es un brazo del océano Pacífico que se interna en un paisaje espectacular en el sur de Alaska. La bahía mide 105 km de largo, y la rodean algunas de las montañas costeras más altas del mundo, alzadas por la colisión de las placas tectónicas Pacífica y Norteamericana. Al oeste, la cordillera Fairweather alcanza los 4600 m sobre el nivel del mar, cuyos picos desencadenan nevadas por el aire húmedo

Bahía de los Glaciares

que llega del golfo de Alaska, alimentando así los más de mil glaciares de la región.

Algunos de los glaciares desembocan directamente en el mar como glaciares de marea, mientras que otros terminan tierra adentro, en un valle. Johns Hopkins y Margerie son dos de los mayores glaciares de marea, con más de 1,5 km de ancho y con frentes de hasta 60 m de altura, de donde se van desprendiendo bloques que devienen icebergs. La mayoría de los glaciares de la región está en retirada por el calentamiento del clima, y el glaciar Grand Pacific ya no desciende hasta el océano.

La Bahía de los Glaciares no fue siempre una bahía. En 1680, durante la Pequeña Edad de Hielo, su mitad sur era un valle habitado por el pueblo tlingit. Un glaciar enorme avanzaba desde el norte, y hacia 1750 el valle entero estaba sepultado bajo cientos de metros de hielo. El avance no fue duradero, y hacia 1880 el hielo se había retirado 70 km hacia el interior, dejando abierta la Bahía de los Glaciares. Hoy, los glaciares afluentes se han retirado a mayor altura en sus valles, hoy fiordos llenos de agua.

El glaciar tiene casi 1,5 km de ancho, 30 km de longitud y 50 m de altura en su término

El glaciar Lamplugh

Glaciar Topeka
En la orilla occidental de la Bahía de los Glaciares, el Topeka ha excavado un valle empinado. Como el 95 % de los glaciares de Alaska, este glaciar está en retirada y ya no llega al mar. Se estima que la zona ha perdido el 11 % del hielo glaciar desde la década de 1950.

Cueva en un glaciar

El agua de deshielo bajo el hielo de un glaciar puede abrir un túnel o cueva entre el hielo y la roca madre. A diferencia de las cuevas de hielo, formadas en la roca madre y con hielo todo el año, las de los glaciares (como esta de los Alpes) son un rasgo estacional, y cada vez más escaso a causa del deshielo debido al cambio climático.

Agua superficial de deshielo

En esta vista aérea del glaciar Sawyer, en Alaska (EE. UU.), una corriente de agua de deshielo entra en un molino —un hoyo vertical en el glaciar— por el que llega hasta el lecho del mismo.

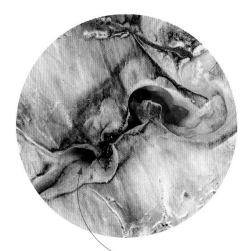

El agua de deshielo que fluye sobre el hielo cae en un molino

agua de deshielo

Al fundirse la nieve y el hielo de capas de hielo y glaciares, el agua de deshielo fluye desde el término del glaciar (el borde en forma de acantilado donde acaba) y deposita derrubios —incluidas rocas transportadas por el hielo— ladera abajo (p. 157). Puede formar también túneles de agua bajo un glaciar, donde deposita sedimento que puede acumularse en forma de cresta larga y sinuosa, llamada esker. El deshielo estacional afecta a los glaciares todos los años, pero hoy alcanza tasas sin precedentes en todo el mundo debido al cambio climático, contribuyendo a la subida del nivel del mar y al mayor riesgo de inundaciones.

LAGOS DE AGUA DE DESHIELO

El agua de deshielo de los glaciares forma a veces lagos entre el frente del glaciar y una morrena (cresta de sedimento depositado por el glaciar). El deshielo desprende masas de hielo, y estas pueden generar olas repentinas, llamadas seiches, en la superficie del lago. Las olas pueden desplazar agua más allá de la morrena y causar así una inundación. La intensificación del deshielo debida al calentamiento global ha dado como resultado un incremento en el número y el tamaño de los lagos de deshielo, también llamados lagos proglaciares.

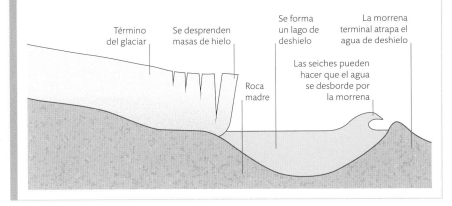

Término del glaciar

Se desprenden masas de hielo

Se forma un lago de deshielo

La morrena terminal atrapa el agua de deshielo

Roca madre

Las seiches pueden hacer que el agua se desborde por la morrena

océanos y atmósfera

Cuando se formó la Tierra, sus elementos más volátiles se expulsaron de la corteza como gas. Parte escapó al espacio, parte se condensó en océanos, y parte formó las capas exteriores gaseosas del planeta: su atmósfera. Estas partes fluidas de la Tierra están en movimiento e interacción constantes, y es el calor del Sol el que mantiene las corrientes oceánicas y los sistemas meteorológicos.

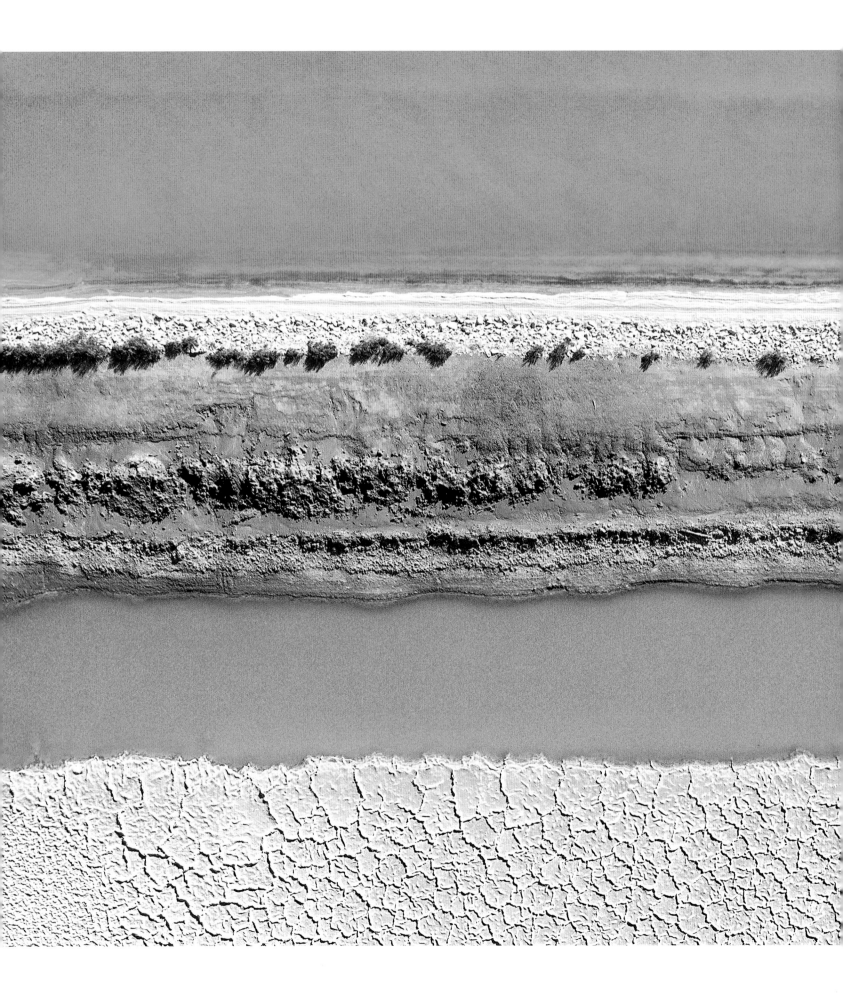

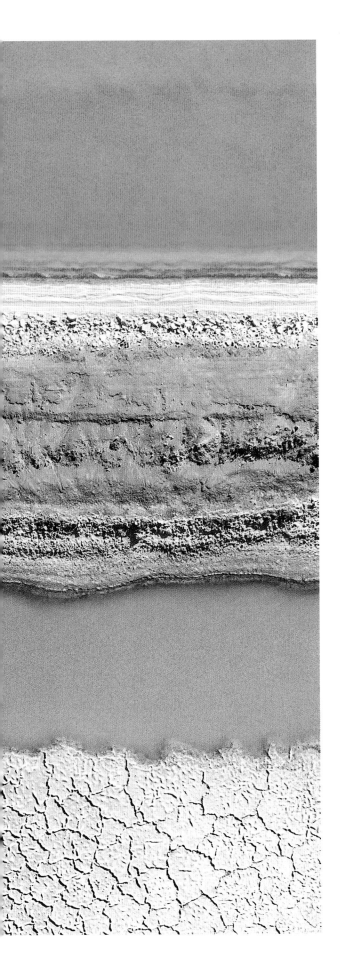

Vista aérea de salinas en Francia
Las salinas son estanques costeros someros explotados por su sal. El sol y el viento evaporan el agua y concentran las sales. En tales condiciones prosperan algas microscópicas de distinta especie según la salinidad, que colorean las salinas del verde claro al rojo vivo.

Cosecha de sal en Tailandia
Cuando la evaporación y la salinidad del agua llegan a determinado punto, la sal se cristaliza y forma costras que se pueden cosechar.

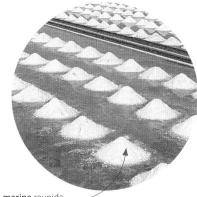

Sal marina reunida en montones, lista para recoger

química oceánica

El agua de mar es un cóctel químico de casi cien elementos distintos, incluidos los fundamentos de la vida —carbono, nitrógeno, fósforo, hidrógeno y oxígeno— e incluso oro. Además de agua (H_2O), el océano contiene 500 millones de billones de toneladas de sales disueltas, siendo las más comunes cloruro, sodio, sulfato, magnesio, calcio, potasio y bicarbonato. La concentración media de sales (salinidad) es del 3,5 %. Algunos mares marginales, como el Mediterráneo y el mar Rojo, son más salinos; otros, como el Báltico, lo son menos. El agua de mar es ligeramente alcalina (pH 7,5–8,4), y contiene 60 veces más dióxido de carbono disuelto que la atmósfera.

EL CICLO DE LA SAL

La química del océano está en flujo constante, pero un proceso equilibrador, el ciclo de la sal, mantiene la salinidad general. Ríos, volcanes y desiertos añaden unos 3000 millones de toneladas de sustancias químicas a los mares al año, y las dorsales oceánicas y la disolución de minerales del lecho marino, una cantidad similar. Los seres vivos y la deposición de sus restos en el lecho, junto con la subducción de sedimentos marinos en las fosas oceánicas, retiran una cantidad equivalente.

Polvo desértico llegado de tierra

Los ríos traen partículas de minerales y sustancias químicas disueltas

Las nubes absorben ceniza volcánica

Ceniza volcánica cae en el mar

La lluvia arrastra polvo volcánico y gases al mar

Deposición de conchas minerales de organismos

Sedimentos subducidos se agregan a la litosfera

Minerales disueltos del lecho marino

Los organismos marinos absorben sales

Minerales liberados en dorsales oceánicas

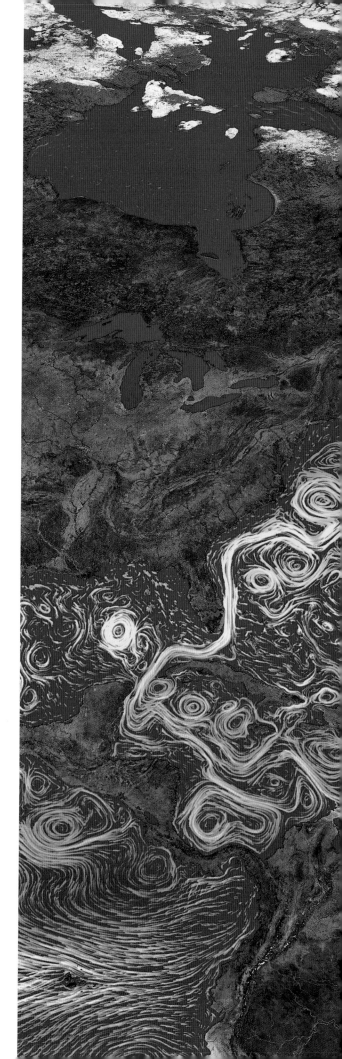

Remolinos atlánticos
Esta imagen basada en lecturas de satélite de las temperaturas oceánicas revela las corrientes que fluyen por el Atlántico. La del Golfo, en amarillo (cálida) y verde (fría), fluye desde Florida hasta el noroeste de Europa, alimentada a través del Caribe por la cálida corriente Ecuatorial (en naranja y rojo). Ambos sistemas fluyen en una serie de remolinos gigantes.

circulación oceánica

La constante agitación de los vientos atmosféricos, alimentada por la energía solar, mueve las grandes corrientes oceánicas. La circulación superficial consiste en una serie de giros (corrientes circulares) alrededor de cada gran océano al norte y al sur del ecuador (en la imagen, el del Atlántico Norte). El enorme volumen de agua en el núcleo de estos giros ejerce una gran presión, que junto con los efectos de la rotación terrestre (el efecto Coriolis), la situación de las masas terrestres emergidas y los estrechos pasos entre cuencas oceánicas, mantiene el agua en una circulación constante, moderando así el clima global.

CIRCULACIÓN DE VUELCO

Al tiempo que las corrientes superficiales fluyen hacia los polos, cambios de temperatura y salinidad difunden el agua del fondo lentamente hacia al ecuador (p. 185). Esta circulación mueve una cantidad enorme de calor, sustancias disueltas y sedimentos por los océanos del mundo; regula el clima de la Tierra y atrapa dióxido de carbono en los océanos.

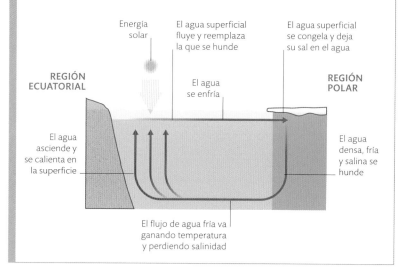

Energía solar

El agua superficial fluye y reemplaza la que se hunde

El agua superficial se congela y deja su sal en el agua

REGIÓN ECUATORIAL

El agua se enfría

REGIÓN POLAR

El agua asciende y se calienta en la superficie

El agua densa, fría y salina se hunde

El flujo de agua fría va ganando temperatura y perdiendo salinidad

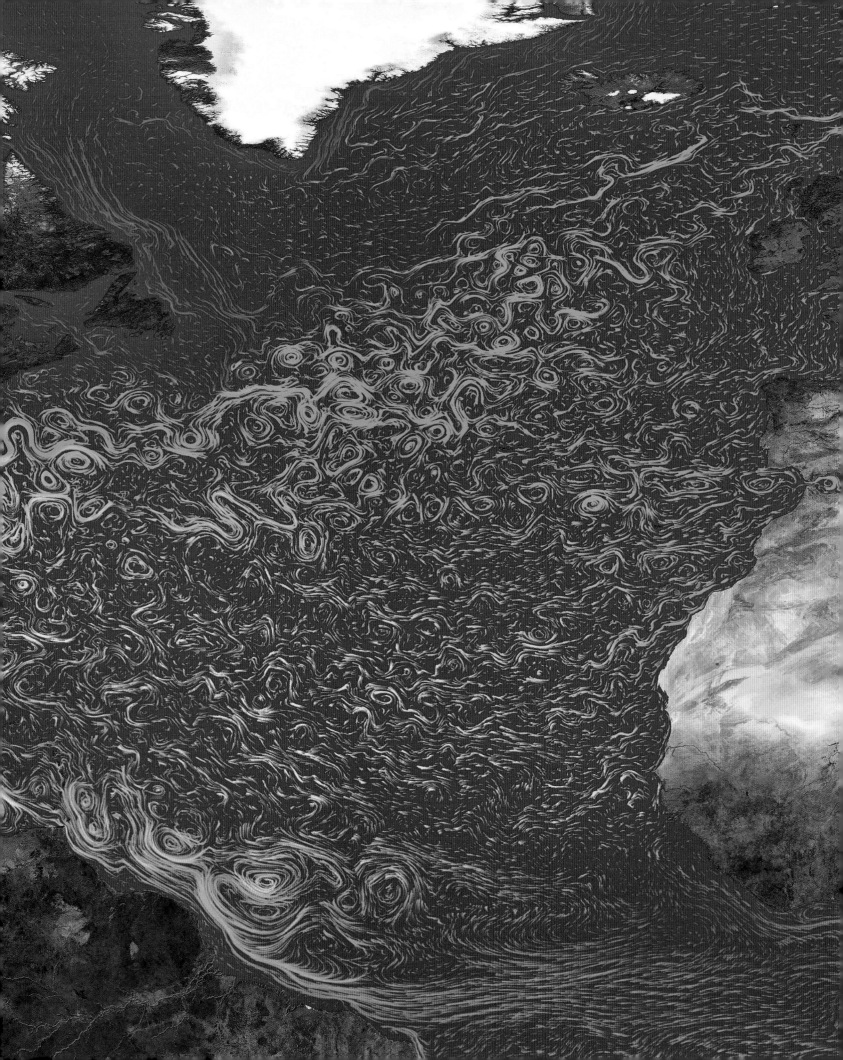

DIFUSIÓN VERTICAL

El afloramiento lento de agua desde varios cientos de metros bajo la superficie se conoce como surgencia. El agua asciende para ocupar el espacio dejado por el agua superficial que se aleja de la costa debido a una combinación de la dirección del viento, las corrientes predominantes y el efecto Coriolis de la rotación terrestre. Donde los vientos y corrientes van en sentido inverso, el agua superficial se mueve hacia la costa y allí es empujada hacia abajo (fenómeno llamado subsidencia).

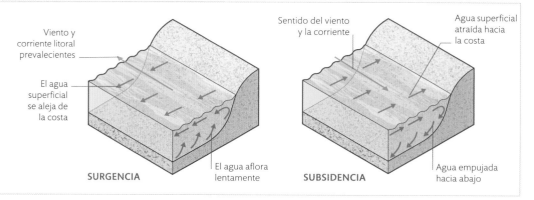

Viento y corriente litoral prevalecientes

El agua superficial se aleja de la costa

El agua aflora lentamente

SURGENCIA

Sentido del viento y la corriente

Agua superficial atraída hacia la costa

Agua empujada hacia abajo

SUBSIDENCIA

surgencias y proliferación de plancton

Las surgencias son corrientes ascendentes que traen agua rica en nutrientes químicos de las profundidades. En la superficie, los minúsculos organismos fotosintetizadores del fitoplancton se desarrollan a base de estos nutrientes y de la energía solar. El fitoplancton, que incluye algas y cianobacterias, es consumido por los animales a la deriva que constituyen el zooplancton. Juntos, ambos tipos de plancton son la base de la cadena trófica marina.

Proliferación de fitoplancton

En primavera y verano, las surgencias desencadenan explosiones en la población de fitoplancton. Esta imagen de satélite muestra, de color verde vivo, una proliferación de fitoplancton en el Báltico, atrapado en corrientes en remolino frente a la costa de Estonia. El remolino central mide unos 30 km de diámetro, y tales proliferaciones pueden extenderse cientos o miles de kilómetros.

Fitoplancton

Los organismos unicelulares a la deriva del fitoplancton tienen una vida breve en aguas superficiales soleadas. La mayoría, como casi todos los dinoflagelados, son microscópicos, mientras que otros, como las diatomeas, son del tamaño de un grano de arena. Muchas especies desarrollan complejos esqueletos de calcio o silicio, que obtienen del agua del mar.

Zooplancton

Donde prospera el fitoplancton, abunda el zooplancton, que incluye algunos de los menores animales marinos. El zooplancton vive a la deriva en mareas y corrientes, aunque algunos organismos tienen cierta capacidad natatoria. El holoplancton pasa toda su vida en la superficie; el meroplancton está compuesto por larvas de seres vivos que completan su ciclo vital a mayor profundidad.

El cuerpo es una caja triangular con una fina malla en la «tapa»

Simetría alrededor de un punto central

DIATOMEA CÉNTRICA
Triceratium favus

Los tentáculos detectan y atrapan plancton

DINOFLAGELADO
Noctiluca scintillans

Cuerpo alargado dividido longitudinalmente en dos mitades simétricas

DIATOMEA PENNADA
Pleurosigma angulatum

Los radios de las aletas tienen células bioluminiscentes

LARVA DE OFÍDIDO
Brotulotaenia nielseni

El manto (cuerpo) es transparente en la fase larvaria del pulpo

LARVA DE PULPO
Wunderpus photogenicus

Los grandes ojos reflectantes detectan presas

OSTRÁCODO
Gigantocypris muelleri

corrientes profundas

Incisos en los taludes continentales que bordean las cuencas oceánicas (p. 198) hay estrechos barrancos, gargantas profundas y canales con meandros, todos ellos completamente ocultos a la vista, salvo los de aguas someras (imagen principal). Algunos son más profundos que el Gran Cañón del Colorado; otros serpentean por el lecho marino a lo largo de más de 3000 km. Estas formaciones canalizan sedimentos de la tierra emergida al océano profundo en corrientes submarinas llamadas corrientes de turbidez, que tienen hasta medio kilómetro de anchura y alcanzan velocidades de hasta 100 km/h. En otras partes, el fondo oceánico está salpicado de cráteres producidos por la erupción de gas metano de sedimentos orgánicos enterrados, y de restos de enormes corrimientos de tierra submarinos que pudieron desencadenar tsunamis. Las corrientes profundas esculpen el lecho en forma de ondas, dunas y olas gigantes de sedimento que siguen la línea de la circulación termohalina (recuadro, p. siguiente) por el submundo marino.

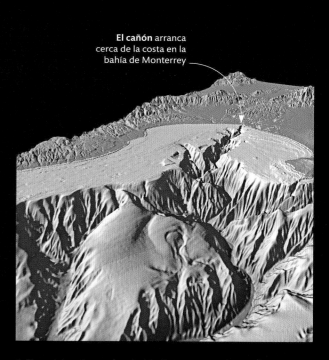

El cañón arranca cerca de la costa en la bahía de Monterrey

Relieve del suelo marino, bahía de Monterrey (EE. UU.)
El cañón de Monterrey abre una profunda sima en la plataforma continental antes de precipitarse por el talud. Se extiende 470 km hasta la llanura abisal, a una profundidad que supera los 4000 m.

Dunas de arena de coral y vegetación marina

Barrancos de decenas de metros de profundidad al borde del abismo

CIRCULACIÓN TERMOHALINA

Las corrientes oceánicas profundas son parte del sistema global de circulación termohalina. Movida por las diferencias en la densidad del agua (determinada por la temperatura y la salinidad), la circulación termohalina es como una gran cinta transportadora: el agua más fría, densa y salina se hunde en las regiones polares, y es remplazada por el agua superficial, más cálida y menos densa y salina, que fluye hacia los polos desde el ecuador. En los abismos más profundos, las corrientes pueden caer en silenciosas cataratas de 3 km de altura o arrasar el lecho como una marejada ciclónica.

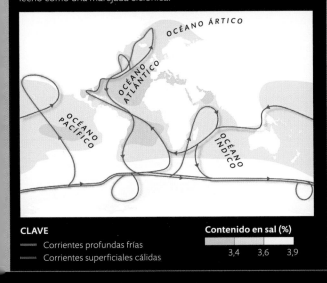

OCÉANO ÁRTICO

OCÉANO ÁTLANTICO

OCÉANO PACÍFICO

OCÉANO ÍNDICO

CLAVE

— Corrientes profundas frías

- - - Corrientes superficiales cálidas

Contenido en sal (%)

3,4   3,6   3,9

Al borde del abismo

A través de las aguas claras, esta imagen de satélite revela el borde del Gran Banco de las Bahamas, que desciende más de 2000 m en la negrura de la llamada Lengua del Océano. Las hermosas formas curvas del borde del banco son barrancos de hasta 2 km de anchura, esculpidos en el lecho por potentes corrientes.

Rocas de arenisca
del Carbonífero, de
unos 340 millones
de años

Surfeando el macareo en Alaska
El macareo tiene lugar cuando
una marea fuerte remonta un río o
estuario, formando olas contrarias a la
corriente. En Turnagain Arm (Alaska),
el fenómeno puede alcanzar los 3 m
de altura y una velocidad de 25 km/h.

Flowerpot Rocks, bahía de Fundy
La mayor carrera de marea (que supera
los 16 m) se da en la bahía de Fundy, en
Canadá. El mar cubre y erosiona la base
de estas rocas de arenisca dos veces al día.

mareas

La subida y bajada de las mareas se da desde que se formaron los océanos,
hace 4000 millones de años. Las mareas son olas de onda muy larga que
barren el planeta. La marea alta es el pico de la onda, y la marea baja, el
valle. El movimiento mareal es una realidad compleja y variable, debido
a las restricciones de la fricción y la topografía, la forma de las cuencas
oceánicas y, en época reciente, intervenciones humanas como el dragado
de ríos. La diferencia entre la marea alta y la baja es la carrera de marea,
que puede variar de cero hasta 12–16 m en bahías estrechas.

CICLO MENSUAL DE LA MAREA

El ciclo mensual de la marea se ve afectado por las fuerzas gravitatorias de los sistemas Tierra-Luna
y Tierra-Sol. Cuando el Sol y la Luna están alineados (durante la luna llena y la luna nueva), los dos
campos de fuerza actúan en la misma dirección, con el resultado de mareas vivas muy altas y bajas.
Cuando se encuentran en ángulo recto (durante el cuarto creciente y el cuarto menguante), actúan
en direcciones distintas, dando lugar a mareas muertas.

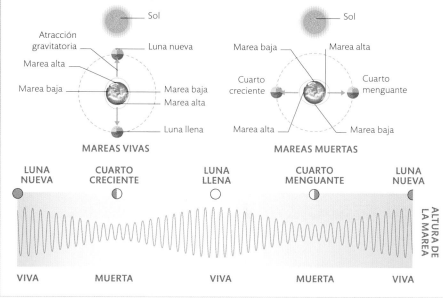

FORMACIÓN DE LAS OLAS

Cuando el viento sopla sobre una extensión de mar *(fetch)*, se forman olas. Pequeñas ondas, llamadas olas capilares, adquieren gradualmente una agitación caótica. Más allá del *fetch*, la interacción de las olas desarrolla un patrón regular distintivo, el oleaje. Cuando las olas llegan a aguas someras, se ralentizan por la fricción del fondo hasta desplomarse al romper.

Dirección del viento

Mar picado y caótico

Las olas empiezan a formar un patrón regular

Oleaje

Zona de rompiente

Extensión del *fetch*

Movimiento de las moléculas de agua

Ola rompiente

La longitud de onda se reduce y la altura aumenta hacia la costa

olas oceánicas

Tan variables como el color del mar, las olas rompen contra la costa y erosionan la tierra con su fuerza incesante. Casi todas las olas las causa la presión del viento sobre la superficie del mar. Cuanto mayor es esta, mayor es la ola, y más energía acumula y libera al romper. Una sola ola de tormenta produce una presión instantánea de hasta 30 t/m², suficiente para destruir acantilados, muelles y edificaciones costeras. Las tormentas en el mar generan un tren de olas: una serie característica de olas de longitud de onda similar que, si no se ven perturbadas, conservan el mismo patrón mientras recorren miles de kilómetros a través de un océano entero.

La nave gira para cabalgar una gran ola vagabunda de frente; la carga la mantendrá estable

Una ola vagabunda puede llegar a superar los 15 m de altura

El poder de una ola
Una ola de rebote choca contra una ola rompiente, batiendo la espuma en el cabo Disappointment (estado de Washington, EE. UU.). Al llegar a tierra el tren de olas (p. 195), la energía y el poder erosivo de las olas se concentran en puntas costeras como esta.

Olas vagabundas
Las condiciones del mar a veces hacen que varias olas se unan en una sola ola inusualmente grande, llamada vagabunda. En mar abierto, tales olas aparecen aisladas y son impredecibles, y peligrosas incluso para barcos grandes.

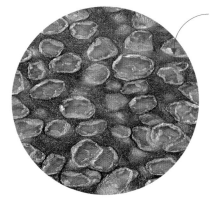

Bordes altos por las repetidas colisiones entre los discos

Hielo panqueque

Se llama hielo panqueque a discos de hielo de 0,3–3 m de diámetro. Estos se forman bajo condiciones de oleaje entre moderado y alto.

Témpanos

Este rompecabezas de témpanos frente a la costa de Höfn, en el sureste de Islandia, ofrece a una foca un lugar de descanso provisional y un emplazamiento idóneo para cazar. Los témpanos, cuyo grosor varía entre 0,5 y 5 m, se fusionan repetidamente en áreas mayores de hielo marino, y luego vuelven a romperse debido al mar agitado y la fusión parcial.

mar helado

Atrapados en el hielo, gélidos, inhóspitos: tal es la naturaleza de los mares polares. El Polo Norte consiste en un océano helado rodeado de tierra, y el Polo Sur es un continente cubierto de hielo en medio de un océano helado. En los oscuros inviernos polares, cuando las temperaturas caen por debajo de –30 °C, el mar se congela, y el hielo formado, menos denso que el agua, flota. Alrededor de un 7 % de la superficie oceánica —un área del tamaño de América del Norte— está siempre cubierto por hielo marino. Hay hielo fijo, anclado a la costa, y hielo a la deriva de las corrientes. Bajo la luz solar continua de los veranos polares, gran parte del hielo se funde de nuevo. Una parte permanece todo el año, pero el calentamiento global está reduciendo el área de hielo permanente.

CÓMO SE FORMA EL HIELO MARINO

En condiciones heladas se forman cristales de hielo cerca de la superficie del mar. Al soplar el viento, los cristales se fusionan en una capa de hielo graso que se endurece y engrosa al caer las temperaturas. El mar rompe esta capa en fragmentos de hielo, que luego se agregan en témpanos. Año tras año se forma hielo marino más grueso, sobre todo cerca de la costa.

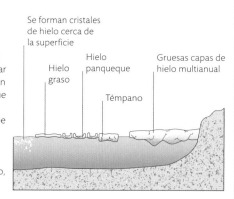

Se forman cristales de hielo cerca de la superficie

Hielo graso

Hielo panqueque

Témpano

Gruesas capas de hielo multianual

Aspecto engañoso
La balsa de hielo donde descansan estas morsas
(*Odobenus rosmarus*), en la bahía de Hudson
(Canadá), es la parte superior de un iceberg.
La mayor parte de un iceberg (alrededor de
un 90%) se halla bajo la superficie del agua.

Las morsas están
aisladas del frío por la
capa de grasa bajo su piel

Este iceberg flota de lado, con el eje
longitudinal paralelo a la superficie;
al ser solo ligeramente menos denso
que el agua, sobresale poco

plataformas de hielo e icebergs

Allí donde capas de hielo y glaciares alcanzan la costa, pueden extenderse sobre el mar como plataformas flotantes que se elevan sobre las olas. El hielo de las plataformas se ha ido acumulando nevada tras nevada durante miles de años, cada vez más compactado. Al ir expulsando las minúsculas burbujas de aire, el hielo adquiere un matiz azulado. Algas marinas congeladas en el hielo le dan un verde vivo, mientras que la harina de roca —partículas molidas por el hielo al moverse sobre la tierra— produce rojos, amarillos y marrones. Un iceberg es parte de una plataforma que se desprende y sale flotando al mar. Su tamaño varía de unos 15 m de longitud al de un país pequeño, como Luxemburgo.

Iceberg con pingüinos barbijos
Tras un largo invierno, pingüinos como los barbijos
(*Pygoscelis antarcticus*) visitan los icebergs en busca
de la pesca que trae la proliferación del plancton
(p. 182). Los propios icebergs al fundirse enriquecen
el plancton, al liberar nutrientes traídos desde tierra.

CÓMO SE FORMAN LOS ICEBERGS

Las plataformas flotantes y los glaciares sufren el embate de los vientos y el oleaje, pero la subida y la bajada de las mareas bajo el hielo los somete a una tensión aún mayor. Se abren grietas en el hielo y se agrandan las ya existentes. Con el tiempo se desprenden grandes masas que caen al mar y se alejan flotando como bloques de hielo de agua dulce, o icebergs.

Las nevadas van engrosando
la plataforma, que puede llegar
a tener más de 4 km de grosor

El movimiento
mareal agrieta el hielo

Sección flotante
de la plataforma

La capa de hielo
avanza hacia el mar

Se desprenden
icebergs

EROSIÓN COSTERA

En una costa de alta energía típica hay acantilados en rápida erosión, peñas y promontorios. Al alcanzar la costa un frente de olas, se refracta (curva) hacia el agua más somera junto a los promontorios, donde se concentra la energía. La erosión continua tiene un efecto sedimentario negativo, retirándose más material del que se añade, y excava cuevas, arcos y farallones. Entre promontorios, se forman playas en bahías resguardadas, donde hay más deposición que erosión.

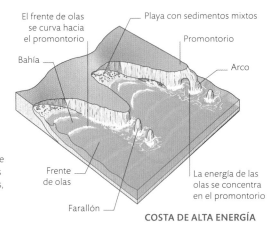

El frente de olas se curva hacia el promontorio

Playa con sedimentos mixtos

Promontorio

Bahía

Arco

Frente de olas

La energía de las olas se concentra en el promontorio

Farallón

COSTA DE ALTA ENERGÍA

el encuentro
de tierra y mar

En el dinámico encuentro entre la tierra y el mar que se da a lo largo de la costa, el agua oceánica esculpe y destruye: erosiona acantilados, moldea el litoral rocoso, redondea guijarros y muele arena formando extensas playas doradas. La línea de costa se mantiene por el aporte de unos 20 000 millones de toneladas anuales de sedimentos fluviales, más el polvo traído por el viento y la descarga de los glaciares. Las costas, tan variadas como imponentes, van desde intrincados fiordos y acantilados azotados por el mar hasta vastos deltas fangosos, manglares y blancas playas coralinas.

Costa de los Esqueletos (Namibia)

Cuatro de las playas más largas del mundo, cada una de más de 100 km de longitud, están en la costa de los Esqueletos, donde el desierto del Namib se encuentra con el Atlántico sur. El desierto tiene unos 60 millones de años, y sus dunas —algunas de hasta 300 m de altura— se extienden hasta la costa misma.

Delta del Ganges

Este vasto delta es en parte manglar silvestre y en parte campos de cultivo. Las inundaciones monzónicas llevan el limo al mar, formando un delta submarino gigante de 2500 km de longitud en la bahía de Bengala.

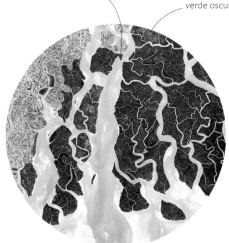

Diversos arroyos llevan el agua y el sedimento del Ganges a la bahía de Bengala

Los manglares aparecen de color verde oscuro

Playa de guijarros de 30 m de altura

Líneas de playa levantadas (Nueva Zelanda)

En áreas propensas a los terremotos, las fuerzas tectónicas pueden levantar o hundir la corteza terrestre. Esta vista de Turakirae Head (dcha.), en Nueva Zelanda, muestra tres antiguas crestas de playa por encima de la playa actual. Quedaron atrás hace entre 160 años (la más baja) y 5000 años (la más alta), y señalan la línea de costa antes de que los terremotos y la actividad tectónica las levantara por encima del nivel del mar.

Tierra rebotada

Las capas de hielo deprimen la corteza subyacente, que se eleva lentamente al fundirse el hielo. El proceso, llamado rebote isostático, formó esta playa de guijarros (izda.) en Loch Tarbert, en la isla de Jura (Escocia).

cambio del nivel del mar

El nivel del mar, la altura media de la superficie oceánica en relación con la tierra, ha ido variando a lo largo del tiempo debido a movimientos tectónicos y cambios climáticos. Cuando las temperaturas globales eran mucho más frías, había más agua atrapada en casquetes de hielo y glaciares, de modo que cuatro veces en el último millón de años el nivel del mar fue hasta 120 m más bajo. Extensas plataformas continentales devinieron tierra emergida. Mucho antes, la tasa de extensión oceánica y la formación de cordilleras causaron cambios aún mayores: el nivel del mar fue 250–350 m más alto y el océano cubrió el 82% del planeta. Hoy el calentamiento global funde las capas de hielo y expande el mar, cuyo nivel podría haber subido 30–50 cm al final de este siglo.

PRUEBAS DEL CAMBIO DEL NIVEL DEL MAR

El frontispicio de la novena edición de *Principios de geología* de Charles Lyell (1853) muestra el templo romano de Serapis en Pozzuoli, en el sur de Italia. Lyell argumentó que una franja de orificios claramente producidos por bivalvos *Lithophaga* en las columnas del templo indicaba que la piedra de la que estaban hechas estuvo sumergida en el mar y luego fue levantada, lo que apoyaba la idea del cambio del nivel del mar y la teoría geológica uniformista. Los estudios posteriores validaron sus conclusiones.

Franja de orificios dejados en las columnas de mármol por bivalvos

TEMPLO DE SERAPIS, POZZUOLI (ITALIA)

DE MAR SOMERO A OCÉANO PROFUNDO

Los continentes están rodeados de plataformas continentales de suave pendiente. Más allá hay abruptos taludes con cañones profundos y canales de drenaje. Vastos ríos submarinos llamados corrientes de turbidez y corrimientos de tierra masivos llevan sedimentos talud abajo. Depositados en el glacis continental, los sedimentos son arrastrados por potentes corrientes de contorno o se derraman en abanico sobre la cuenca oceánica profunda.

Continente
Línea de costa
Corrimiento de tierra
Deriva por corriente de contorno
Plataforma continental
Talud continental
Cuenca oceánica
Cañón submarino
RASGOS DEL LECHO MARINO
Glacis continental
Abanico submarino

mares someros

Los mares someros se extienden desde la costa hasta el borde de las plataformas continentales, a 100 m de profundidad. Bañados en luz solar y generalmente ricos en nutrientes, son idóneos para la fotosíntesis y el desarrollo de arrecifes de coral y bosques de kelp, y proporcionan un medio adecuado para organismos en fase juvenil y sustento para numerosas especies marinas. Los mares someros están conformados tanto por su actividad biogénica como por los efectos dinámicos de las olas, las mareas, las corrientes oceánicas y el levantamiento costero. Las ondas y dunas que cubren el lecho marino son muestra del transporte de sedimentos de tierra por la plataforma continental.

Los tentáculos segregan un irritante contra depredadores

Ingeniero del lecho marino
Los peinecillos *(Limaria hians)* transforman el lecho marino: construyen nidos de conchas y piedras que se unen para formar una densa estructura de arrecife que eleva y estabiliza el lecho marino, creando un hábitat que ofrece sustento a una rica comunidad de seres vivos.

Bosque de kelp en la costa de California
El kelp gigante *(Macrocystis pyrifera)* crece en las aguas templadas y ricas en nutrientes de plataformas continentales como la de California. Ancladas por rizoides y a flote por vesículas de aire, estas algas pueden crecer hasta 60 cm al día. Muchos animales marinos se refugian en los bosques que forman.

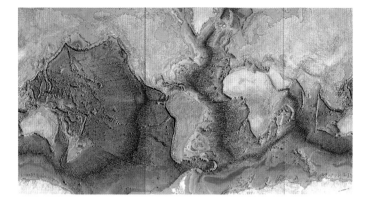

historia de la ciencia de la Tierra

cartografía del fondo marino

Marie Tharp trabajando
Retratada aquí en el Observatorio Geológico de Lamont, en Nueva York (EE. UU.), Marie Tharp transcribió minuciosamente lecturas de sonar para crear su mapa del lecho oceánico.

El mapa más importante del siglo XX fue probablemente una imagen nueva del lecho marino, minuciosamente elaborada entre 1957 y 1977 por los geólogos estadounidenses Marie Tharp y Bruce Heezen. Este avance cartográfico reveló por primera vez a los científicos y al público el lecho oceánico —un 71 % de la Tierra hasta entonces casi desconocido— y condujo a descubrimientos fundamentales sobre la naturaleza de nuestro planeta.

Los mapas Heezen-Tharp pusieron sobre papel la topografía del fondo marino. Revelaron las mayores cordilleras de la Tierra –las dorsales mediooceánicas, que se alzan hasta 3000 m sobre el lecho marino y se extienden 60 000 km alrededor del planeta– y oscuros abismos de más de 1 km de profundidad. Cañones profundos cortan las llanas plataformas continentales y sedimentos erosionados de la tierra engrosan gigantescos abanicos submarinos extendidos en las llanuras abisales. Los mapas mostraron incontables montes submarinos, además de volcanes activos que emergen a la superficie como islas de coral. Su trabajo aportó pruebas clave en favor de la teoría de la tectónica de placas, que no fue generalmente aceptada hasta la década de 1960.

Tharp y Heezen confeccionaron sus mapas a partir de lecturas de sonar del lecho marino. Su mapa del lecho oceánico global y la hermosa versión de 1977 pintada por Heinrich Berann fueron todo un hito.

Hoy se dispone de medios aún más sofisticados y precisos: las imágenes de satélite han refinado el mapa oceánico, y el sonar de alta precisión remolcado a gran profundidad ha aportado resolución a muchos rasgos del lecho, como ondas de sedimento, marcas de escape de gases, e incluso el desplazamiento de falla en la fosa de Sumatra, la causa del devastador tsunami de 2004.

El mapa que conmovió al mundo
El mapa de Tharp y Heezen, que reveló la dorsal Mesoatlántica (p. anterior), revolucionó la ciencia oceánica, pero al principio fue recibido con escepticismo. La subsiguiente exploración en un sumergible de Jacques Cousteau, que pretendía refutar sus hallazgos, confirmó la existencia del rift donde se expande el lecho oceánico.

“ Quedó claro que las explicaciones existentes de la formación de la superficie terrestre ya no servían. ”
HALI FELT, *SOUNDINGS: THE STORY OF THE REMARKABLE WOMAN WHO MAPPED THE OCEAN* (2012)

Cazadores de mar abierto
Los albatros son depredadores pelágicos que pasan muchos meses —a veces más de un año— en mar abierto antes de volver a islas remotas a criar. Estos albatros de ceja negra *(Thalassarche melanophrys)* buscan presas en las aguas turbulentas y ricas en nutrientes del océano Antártico.

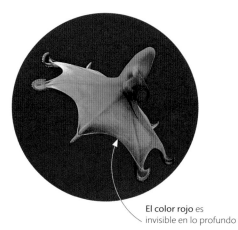

El color rojo es invisible en lo profundo

Morador de las profundidades
El océano profundo es un hábitat oscuro, frío y de alta presión. Los pulpos dumbo *(Grimpoteuthis* spp.) viven a hasta 4000 m de profundidad o más, y nadan sobre el lecho en busca de bivalvos, crustáceos y gusanos.

aguas del océano abierto

En el océano abierto —que ocupa dos tercios del planeta— la productividad primaria es baja y las aguas están escasamente pobladas. El océano está estratificado en capas de distinta temperatura, salinidad y luminosidad, y compartimentado por las corrientes. Cuando estas sutiles barreras son perturbadas por tormentas, surgencias locales o el encuentro de masas de agua, suben a la superficie nutrientes disueltos que favorecen la proliferación del plancton. Los planctívoros acuden a alimentarse, pero allí no hay donde ocultarse. Para evitar la depredación han desarrollado muchas estrategias, como cuerpos transparentes y contracoloración, migraciones masivas de zooplancton de la superficie a lo profundo, o la formación de cardúmenes.

TERMOCLINA OCEÁNICA

La termoclina marca la base de una capa superficial cálida, de 50 a 1000 m de grosor, en los océanos templados y tropicales. En los trópicos, el clima apacible la estabiliza, y al inhibir la mezcla, las aguas superficiales van perdiendo nutrientes gradualmente. Las tormentas en latitudes templadas medias agitan la termoclina y favorecen la mezcla, llegando así más nutrientes a la superficie, y las aguas ricas en fitoplancton se llenan de vida.

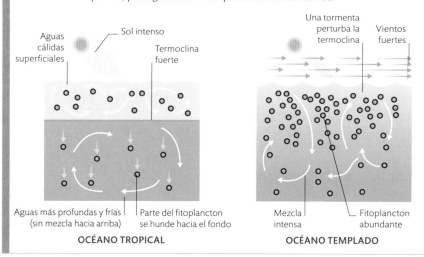

Aguas cálidas superficiales

Sol intenso

Termoclina fuerte

Aguas más profundas y frías (sin mezcla hacia arriba)

Parte del fitoplancton se hunde hacia el fondo

OCÉANO TROPICAL

Una tormenta perturba la termoclina

Vientos fuertes

Mezcla intensa

Fitoplancton abundante

OCÉANO TEMPLADO

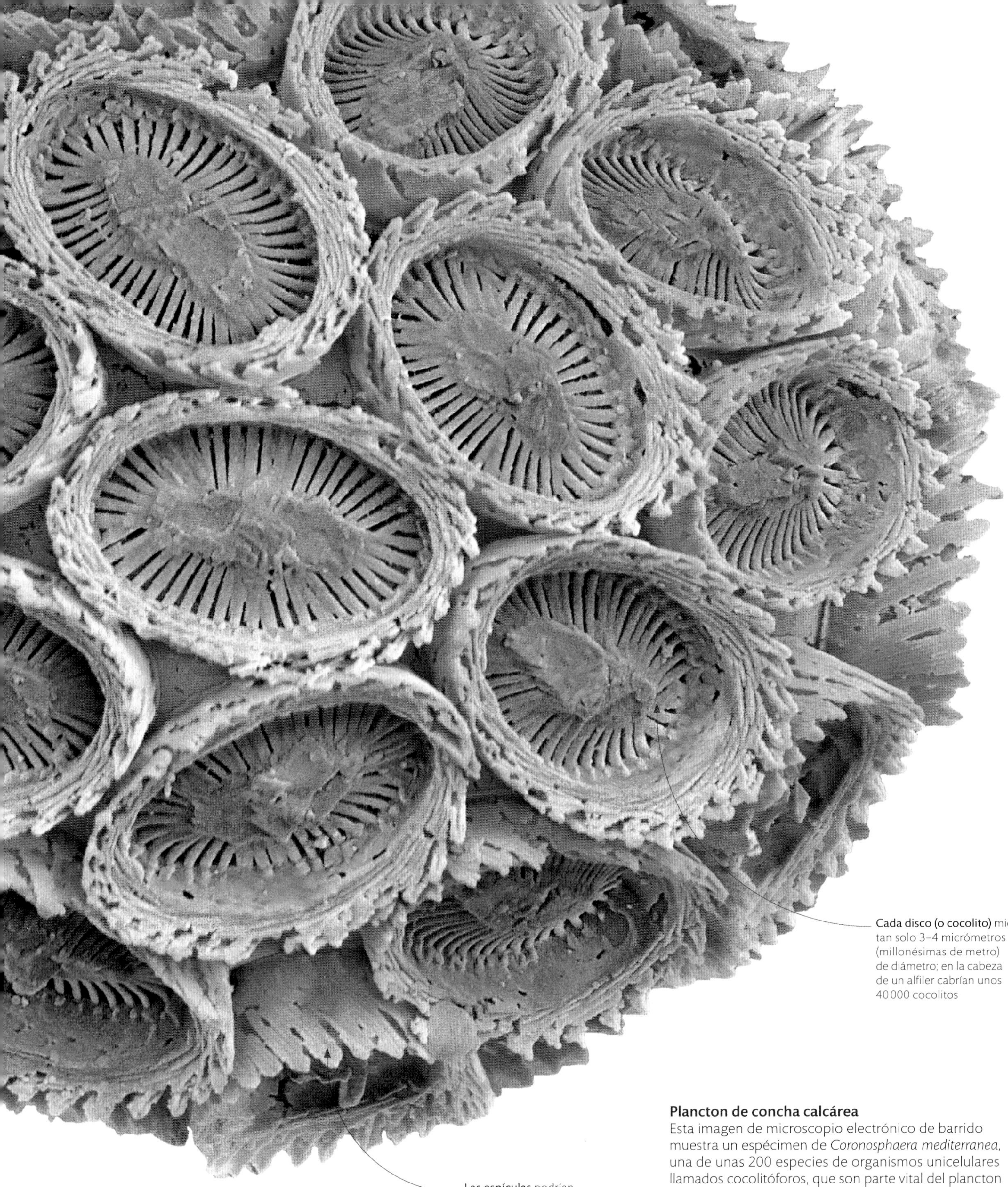

Cada disco (o cocolito) mide
tan solo 3–4 micrómetros
(millonésimas de metro)
de diámetro; en la cabeza
de un alfiler cabrían unos
40 000 cocolitos

Las espículas podrían
proteger al organismo de
depredadores o virus, pero
su función no está clara aún

Plancton de concha calcárea

Esta imagen de microscopio electrónico de barrido
muestra un espécimen de *Coronosphaera mediterranea*,
una de unas 200 especies de organismos unicelulares
llamados cocolitóforos, que son parte vital del plancton
fotosintetizador del océano. El organismo está cubierto
de unos delicados discos de carbonato cálcico, que se
hunden hasta el lecho cuando muere. Estos discos
contribuyen al sedimento biogénico calcáreo.

patrones en el lecho marino

El lecho marino está casi totalmente cubierto de sedimentos: en las laderas de las dorsales oceánicas, son una capa fina sobre la corteza oceánica, pero en los márgenes continentales y bajo los grandes deltas, su grosor puede superar los 16 km. Cada partícula de sedimento tiene una historia diferente de proceso, clima y medio. Algunas llegan desde tierra traídas por el viento, los ríos, glaciares y corrientes submarinas. Otras, las partículas biogénicas, son restos de organismos planctónicos como foraminíferos, cocolitóforos, radiolarios y diatomeas (p. 182). Los sedimentos pueden contener también depósitos minerales y metálicos precipitados de salmueras concentradas o de emisiones volcánicas, y hasta polvo espacial caído al lecho marino.

Microfósiles de foraminíferos
Del tamaño de granos de arena de medianos a gruesos, los foraminíferos son protozoos unicelulares, muchos de ellos con concha de carbonato cálcico. La mayoría de las 50 000 especies que se conocen vive en el lecho marino; otras forman parte importante del zooplancton.

Concha espiral acanalada

BENTÓNICO
(*Elphidium crispum*)

Los poros permiten la salida de pseudópodos para atrapar presas

PLANCTÓNICO
(*Orbulina universa*)

Concha dividida en varias cámaras

BENTÓNICO
(*Cribroelphidium poeyanum*)

Microfósiles de radiolarios
Como los foraminíferos, los radiolarios son zooplancton, o plancton animal. Estos protozoos depredadores del océano abierto, de entre 0,03 y 2 mm de diámetro, tienen una concha de sílice vítreo con poros, por los que salen unas proyecciones denominadas pseudópodos.

Muchos poros regulares

FORMA ESFÉRICA ABIERTA
(*Theocapsa* spp.)

Poros de tamaño diverso

FORMA REDONDEADA LISA
(*Tripospyris* spp.)

Espinas agudas en el borde

FORMA DE CASCO
(*Anthocyrtidium ligularia*)

SEDIMENTOS DEL LECHO MARINO

En torno a la tierra y cerca de los polos, sedimentos de glaciares y de otros agentes de la erosión en tierra cubren el lecho marino. Los sedimentos silíceos se dan en franjas en las que la surgencia favorece la proliferación de plancton rico en sílice; los calcáreos (de carbonato cálcico) también reflejan la lluvia de conchas microscópicas del plancton, pero solo se conservan por encima de los 4–5 km de profundidad. A mayor profundidad, el agua más ácida disuelve el carbonato cálcico, quedando solo una fina arcilla roja abisal.

CLAVE

Terrígenos (de tierra)

Glacígenos (de glaciares)

Silíceos (biogénicos: del plancton)

Calcáreos (biogénicos: del plancton)

Arcilla roja abisal

ORIGEN DE LOS SEDIMENTOS DEL LECHO MARINO

Roca almohadillada, de 0,5–1,5 m de diámetro

Lava almohadillada (Hawái)
La lava expulsada al agua fría por un volcán submarino se solidifica en masas con forma de almohadilla en el lecho marino.

Nubes oscuras de precipitados de metal formadas en contacto con el agua fría del mar

tectónica oceánica

Las dorsales mediooceánicas (p. 117) son hervideros de vulcanismo submarino. El magma basáltico ascendente separa las placas tectónicas del lecho marino y sale como lava, formando nueva corteza oceánica. Las dorsales mediooceánicas acogen unos 300 campos de fuentes hidrotermales, que inyectan en el océano agua supercalentada por el magma a 300–450 °C. Los minerales disueltos extraídos de las rocas de abajo por lixiviación precipitan en contacto con el agua fría, formando nubes negras de óxidos metálicos y altas chimeneas de sulfuros metálicos. Alrededor de las fuentes prosperan microbios, que obtienen la energía que necesitan para vivir de procesar sulfuro de hidrógeno de los chorros de fluido hidrotermal, y oxígeno del océano. Los microbios dan sustento a todo un ecosistema de organismos, todos ellos adaptados a la vida en estas extremas condiciones.

Fumarolas negras
Las densas y oscuras nubes de precipitados minerales como las de esta imagen se conocen como fumarolas negras. El cono rocoso y los respiraderos —ricos en hierro, manganeso, cobre, zinc, plomo y plata— son parte de una fuente hidrotermal a casi 3000 m de profundidad, en la dorsal Mesoatlántica.

Estas gambas especializadas tienen en la cabeza unos detectores de calor que las guían hasta las fuentes, donde encuentran alimento

FUENTES HIDROTERMALES

El agua fría que entra por grietas y fisuras del lecho marino recién formado penetra profundamente en la corteza oceánica, de donde extrae un cóctel de sustancias químicas. Cuando el agua alcanza magma caliente, es supercalentada y expulsada de nuevo a la superficie por una fuente termal. Los minerales disueltos precipitan como fumarolas negras, depositando sedimentos ricos en metales y formando un paisaje de chimeneas y respiraderos. Comunidades de almejas, mejillones, cirrípedos, anémonas, lapas, cangrejos, gambas y peces viven en torno a las fuentes, con el sustento único de microbios.

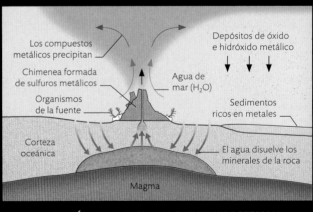

Los compuestos metálicos precipitan

Depósitos de óxido e hidróxido metálico

Chimenea formada de sulfuros metálicos

Agua de mar (H_2O)

Organismos de la fuente

Sedimentos ricos en metales

Corteza oceánica

El agua disuelve los minerales de la roca

Magma

DEPOSICIÓN MINERAL EN UNA FUENTE HIDROTERMAL

islas en el océano

Las islas son como oasis marinos, refugios para la vida terrestre y acuática, y hablan del pasado y el presente de los océanos. Los cientos de miles de islas repartidas por los océanos del mundo pueden clasificarse en cuatro tipos principales. Las islas volcánicas y los arrecifes de coral suelen ser pequeños y efímeros, sujetos a erosión, hundimiento y cambios bióticos. Las islas continentales, de tamaño variable, son fragmentos separados de su continente por la subida del nivel del mar o la separación tectónica. Las islas complejas son mayores y duraderas, formadas por una combinación de procesos; algunas, como Chipre, tienen un núcleo de corteza oceánica profunda, llamada ofiolita, que ha sido levantada a la superficie por la colisión entre placas tectónicas.

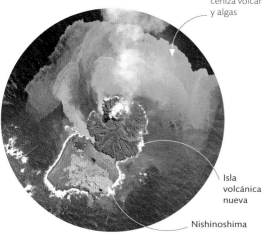

Agua de mar
decolorada por ceniza volcánica y algas

Isla volcánica nueva

Nishinoshima

Fusión de islas
A la isla volcánica de Nishinoshima, en Japón, se le fusionó otra isla, surgida tras las erupciones de 2013. Nishinoshima se halla sobre una zona de subducción (pp. 114–115), donde la placa Pacífica se desliza bajo la Filipina.

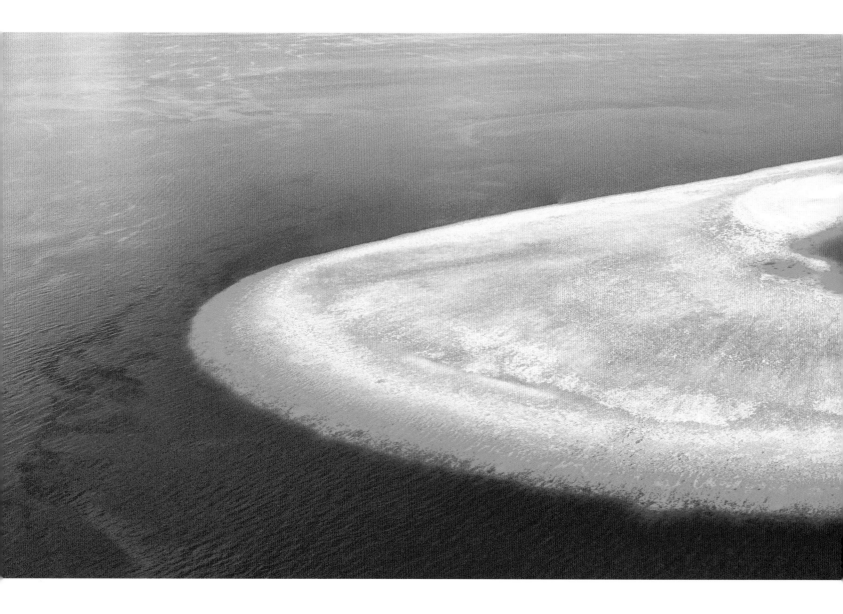

Atolón coralino (Indonesia)

La isla de Pulau Ndaa, en el mar de Banda, es un atolón: un arrecife de coral que encierra una laguna. Se encuentra sobre un volcán inactivo que se hundió y quedó como monte submarino. Si el arrecife de un atolón es capaz de crecer a la par de la subsidencia del volcán, permanece en la superficie; si no, se hunde con el volcán y desaparece bajo las olas.

EVOLUCIÓN DE LAS ISLAS VOLCÁNICAS

Algunos archipiélagos volcánicos, como Hawái y las Galápagos, se forman sobre plumas del manto (p. 139); otros, como Tonga y las Marianas, se forman sobre zonas de subducción (pp. 114–115). Nacidas de extrusiones de lava acumuladas sobre el lecho marino, las islas volcánicas se vuelven explosivas al emerger a la superficie.

Si resisten la erosión inicial, pueden formar un cono considerable, bordeado en aguas tropicales por arrecifes de coral. Cuando deja de fluir lava, la isla se hunde y deviene un monte submarino. Mientras la isla se hunde, los corales siguen creciendo hacia las aguas someras soleadas y forman un arrecife en forma de anillo, o atolón, en la superficie.

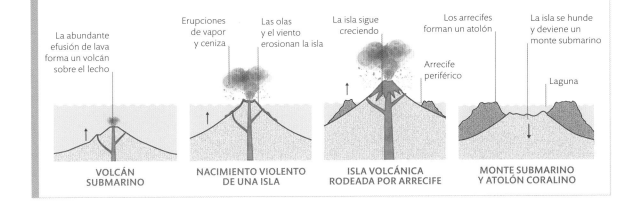

La abundante efusión de lava forma un volcán sobre el lecho

Erupciones de vapor y ceniza

Las olas y el viento erosionan la isla

La isla sigue creciendo

Los arrecifes forman un atolón

Arrecife periférico

La isla se hunde y deviene un monte submarino

Laguna

VOLCÁN SUBMARINO

NACIMIENTO VIOLENTO DE UNA ISLA

ISLA VOLCÁNICA RODEADA POR ARRECIFE

MONTE SUBMARINO Y ATOLÓN CORALINO

CAPAS DE LA ATMÓSFERA

La atmósfera tiene unas capas bien diferenciadas con características y fenómenos propios. La troposfera, la capa más baja, acoge gran parte de los sistemas climáticos y los vuelos comerciales; en la estratosfera se da la mayor concentración de ozono; y la mesosfera y la termosfera acogen impresionantes lluvias de meteoritos y auroras. La línea de Kármán marca el límite legal del espacio: el límite superior oficial del espacio aéreo de un país. Más allá, la termosfera y la exosfera son demasiado tenues para sostener el vuelo.

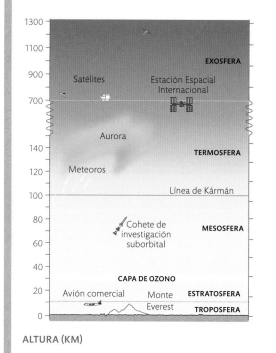

ALTURA (KM)

Las **Leónidas** son una lluvia de meteoros que se produce cada año y cuyo material procede del cometa Tempel-Tuttle

LLUVIAS DE METEOROS

Al entrar en la atmósfera meteoroides, pequeños objetos rocosos o metálicos del espacio exterior, se consumen produciendo estelas de luz llamadas meteoros. Se estima que cada día llegan a la Tierra 25 millones de meteoroides, polvo espacial y otros materiales.

EL LÍMITE DEL ESPACIO

Además de sus gases componentes clave, la capa más baja de la atmósfera (la troposfera) contiene vapor de agua y sistemas climáticos que alimenta el calor solar. La atmósfera va perdiendo densidad a medida que aumenta la distancia respecto a la Tierra, hasta volverse indistinguible del medio interplanetario, el espacio exterior.

la atmósfera terrestre

Formada en un principio por gases expulsados por volcanes de la Tierra primitiva (pp.28–29), la combinación océano-atmósfera de nuestro planeta es única en el sistema solar. Cada capa de la atmósfera contiene un 78% de nitrógeno, un 20,9% de oxígeno, un 0,9% de argón y trazas de otros 10–15 gases. En las capas inferiores, el ozono absorbe la radiación ultravioleta, que de otro modo dañaría el ADN vegetal y animal e impediría a las plantas realizar la fotosíntesis. Los gases de efecto invernadero, como el dióxido de carbono y el metano, mantienen el planeta a una temperatura habitable al atrapar la radiación infrarroja; pero la actividad humana ha hecho que su cantidad aumente en la atmósfera hasta niveles peligrosos, provocando el calentamiento global.

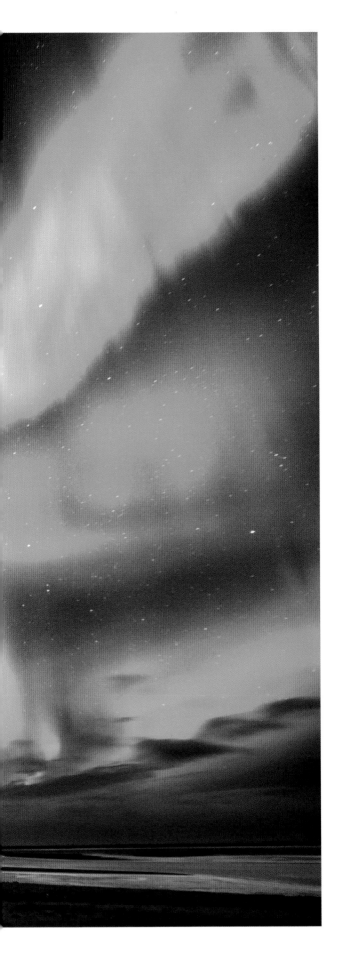

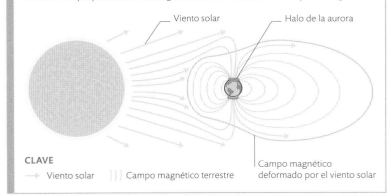

Viento solar — Halo de la aurora

CLAVE

→ Viento solar   ))) Campo magnético terrestre   Campo magnético deformado por el viento solar

auroras

La atmósfera de la Tierra experimenta el bombardeo constante del viento solar: una corriente de electrones y protones cargados procedente del Sol. El campo magnético del planeta desvía la mayor parte de dichas partículas, pero algunas penetran en la atmósfera cerca de los polos magnéticos. Al chocar estas partículas con átomos de nitrógeno y oxígeno, se libera energía en forma de luz, con el resultado de un espectáculo de luces impresionante en el cielo. Este fenómeno se conoce como aurora boreal en el hemisferio norte, y como aurora austral en el hemisferio sur.

Aurora boreal
Los colores emitidos por una aurora dependen del tipo de átomo impactado por las partículas del viento solar y de la altitud a la que esto ocurre. Los tonos más comunes son los verdes y los rojos (como los de esta aurora sobre Islandia), pero también se dan los amarillos, morados, azules y rosas.

Halo polar
La mayoría de las auroras, como esta alrededor de la Antártida, se dan en una franja (halo) de 3–6° de anchura entre los 10–20° desde el Polo Norte o Sur.

Aurora austral en torno al Polo Sur vista desde el espacio

viento

Sea en brisas ligeras o en huracanes, el aire en la troposfera (pp. 210–211) se mueve constantemente alrededor de la Tierra debido a las diferencias de presión y temperatura. Al calentar el sol diferentes partes del planeta, el aire de esas partes también se calienta. El aire cálido asciende y deja un área de baja presión en su lugar; el aire frío, que es más denso, se hunde y llena ese espacio. Esta circulación constante de aire entre regiones de alta y baja presión es lo que produce el viento. Estos vientos de la atmósfera baja, llamados planetarios o preponderantes, forman parte de tres grandes células que dominan cada hemisferio (dcha.). Los vientos locales, que se dan en un área y durante un periodo de tiempo mucho menores, son el resultado de ciclos de brisas marinas y terrestres en áreas costeras.

Vientos incesantes
Los vientos preponderantes del oeste conocidos como Rugientes Cuarenta limitan y dan forma al crecimiento de estos árboles en Slope Point, en el extremo sur de Nueva Zelanda. Estos potentes vientos soplan en el hemisferio sur entre las latitudes 40° y 50°, relativamente libres del impedimento de masas de tierra emergida que pudieran reducir su velocidad. El bombardeo constante del aire en una sola dirección seca y mata las yemas de un lado de los árboles, mientras que en el otro el crecimiento es normal, lo cual produce la ilusión de que el viento los tumba.

CIRCULACIÓN ATMOSFÉRICA

En el ecuador, la intensa radiación solar calienta el aire, que asciende. Entonces acude aire de ambos márgenes del ecuador que reemplaza al que asciende, generando los vientos llamados alisios en los trópicos. El aire ascendente se dirige a los polos, se enfría rápidamente y se hunde. Esta circulación constante genera una célula de aire, llamada de Hadley, a ambos lados del ecuador. Hay otros pares de células en las latitudes medias y en las regiones polares, que causan los vientos del oeste y los vientos polares del este.

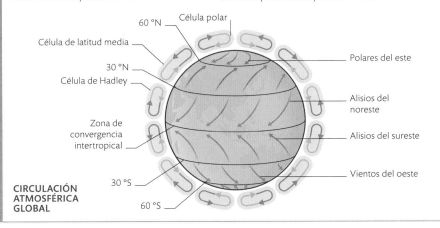

Célula polar
Polares del este
60 °N
Célula de latitud media
30 °N
Alisios del noreste
Célula de Hadley
Zona de convergencia intertropical
Alisios del sureste
30 °S
Vientos del oeste
60 °S

CIRCULACIÓN ATMOSFÉRICA GLOBAL

El muro de polvo puede alcanzar 3 km de altura

Haboob

El *haboob*, como este que se aproxima a Jartum (Sudán), es un viento intenso de tormenta común en regiones áridas del mundo. Puede llegar con poco o ningún aviso, levantando un muro de arena y polvo de hasta 100 km de anchura.

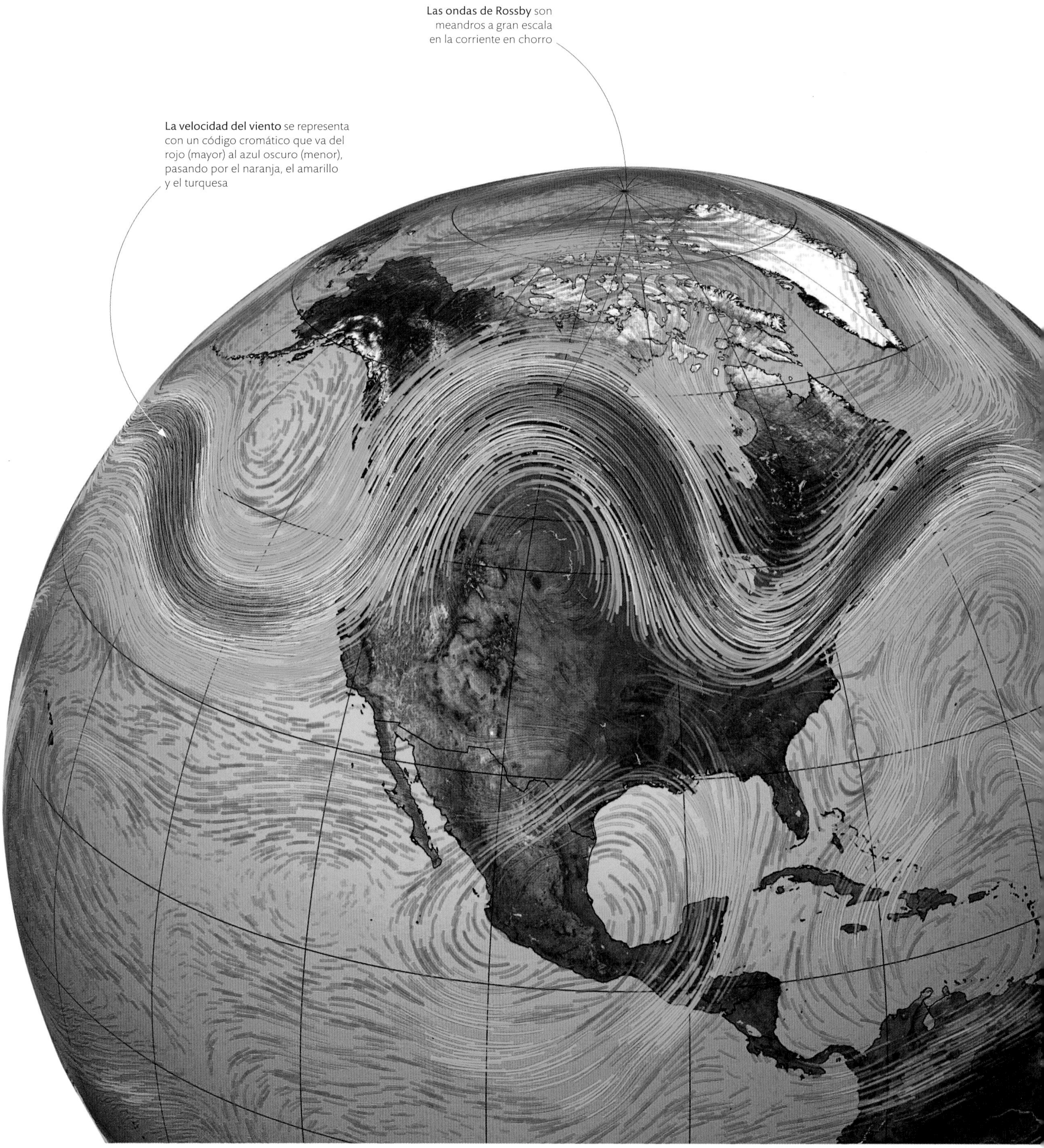

Las ondas de Rossby son
meandros a gran escala
en la corriente en chorro

La velocidad del viento se representa
con un código cromático que va del
rojo (mayor) al azul oscuro (menor),
pasando por el naranja, el amarillo
y el turquesa

El agujero del ozono

Estos mapas de satélite coloreados (dcha.) muestran la caída de los niveles del ozono en la atmósfera sobre la Antártida. El color azul oscuro indica el área de mayor pérdida, conocida como agujero de la capa de ozono. El agujero siguió creciendo desde 1987 hasta alcanzar los 28 millones de km² en 2000, pero luego se estabilizó y redujo.

Descubrimiento inicial de dos agujeros pequeños

Agujero en la capa de ozono ampliado hasta los 26 millones de km²

1979

1987

historia de la ciencia de la Tierra

escaneo de la atmósfera

Desde la década de 1960, los satélites en órbita con instrumentos para monitorizar la atmósfera han permitido observar simultáneamente grandes regiones del mundo, así como partes específicas durante más tiempo. Las imágenes de satélite permitieron identificar agujeros en la capa de ozono, lo que llevó a tomar medidas para resolver el problema, y han ayudado a comprender los cambios atmosféricos que afectan a la vida en la Tierra.

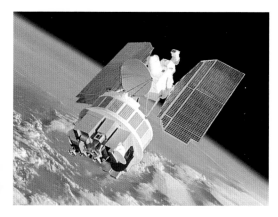

Ojos en el espacio

Los sensores del histórico satélite Nimbus-7 detectaron concentraciones anormalmente bajas de ozono sobre la Antártida en 1979–1980, lo que ayudó a identificar el agujero de la capa de ozono.

Corriente en chorro

Esta representación de la corriente en chorro polar del hemisferio norte se basa en observaciones de satélite de los niveles de vapor de agua sobre América del Norte. Una corriente en chorro es un cinturón de vientos de alta velocidad en la troposfera superior. La posición de la corriente influye mucho en el clima bajo ella, causando tormentas frecuentes y otros fenómenos asociados a las bajas presiones.

Los satélites, de uso habitual para los estudios oceánicos y atmosféricos, se han vuelto esenciales para observar y predecir el tiempo y advertir de fenómenos extremos. La observación a largo plazo registra los efectos de la contaminación atmosférica de volcanes, incendios forestales y tráfico urbano, y ayuda a comprender los efectos de oscilaciones naturales del clima como El Niño (p. 243).

Para monitorizar el clima, los satélites se sitúan en órbitas geoestacionarias altas, de casi 36 000 km de altura. La mayoría de los demás sensores remotos científicos operan desde alturas de 160-2000 km, órbitas terrestres bajas: con diversas inclinaciones con respecto al plano ecuatorial, dan la vuelta a la Tierra cada 90-120 minutos, y cubren una franja distinta en cada órbita; así, pueden observar el globo entero en unas 12 horas.

Desde la década de 1970, los satélites han observado la atmósfera con instrumentos sensibles al infrarrojo, al espectro visible y las microondas. Algunos obtienen una perspectiva oblicua de la atmósfera superior y miden variaciones verticales de gases, temperatura y presión. Otros miden vientos de gran altitud percibiendo el efecto Doppler.

Para analizar la composición de la atmósfera, la espectrometría de masas identifica gases por el modo como absorben o emiten ciertas longitudes de onda de radiación. Tales datos de satélites como Nimbus-7 fueron vitales para identificar el agujero de la capa de ozono, y llevaron a la firma del Protocolo de Montreal en 1987 para estabilizarlo y reducirlo. Otra aportación esencial de las imágenes de satélite es la medida de los gases de efecto invernadero para ayudar a controlar el efecto de los esfuerzos por combatir el cambio climático.

> ❝ Las imágenes de satélite […] han revolucionado nuestro conocimiento del océano-atmósfera. ❞

PROFESOR IAN ROBINSON, CENTRO NACIONAL DE OCEANOGRAFÍA DE SOUTHAMPTON (RU)

sistemas climáticos

Soleado o nuboso, lluvia o nieve, viento fuerte o calma chicha, las cambiantes condiciones locales se deben a la interacción de la energía solar con los océanos, la atmósfera y la tierra. Al calentar unas partes de la Tierra más que otras, el sol genera diferencias de presión atmosférica y vientos (pp. 214–215), e impulsa el ciclo del agua (pp. 224–225). En las distintas partes del globo hay distintos sistemas climáticos: tropical, monzónico, templado y polar. Las regiones templadas están sometidas a depresiones de latitud media (ciclones) que se desarrollan y disipan en unos días, viajando de oeste a este uno tras otro. Son áreas de bajas presiones generadas por las ondas de Rossby, meandros gigantes de la corriente en chorro de vientos de gran altitud que genera la rotación terrestre (pp. 216–217).

Ciclogénesis explosiva
Esta imagen de satélite de la costa este de EE. UU. muestra la imponente espiral de nubes de la ciclogénesis explosiva, debida a una caída drástica de la presión del exterior al interior de un sistema climático por el choque de masas de aire frío continental y aire cálido oceánico.

Ciclón de latitud media

Impulsado por los vientos preponderantes del oeste, el aire frío polar se precipita bajo el aire cálido tropical, de movimiento más lento, que al ascender genera un área de baja presión. El aire entrante gira en sentido contrario a las agujas del reloj en el hemisferio norte (en la imagen), y a la inversa en el hemisferio sur.

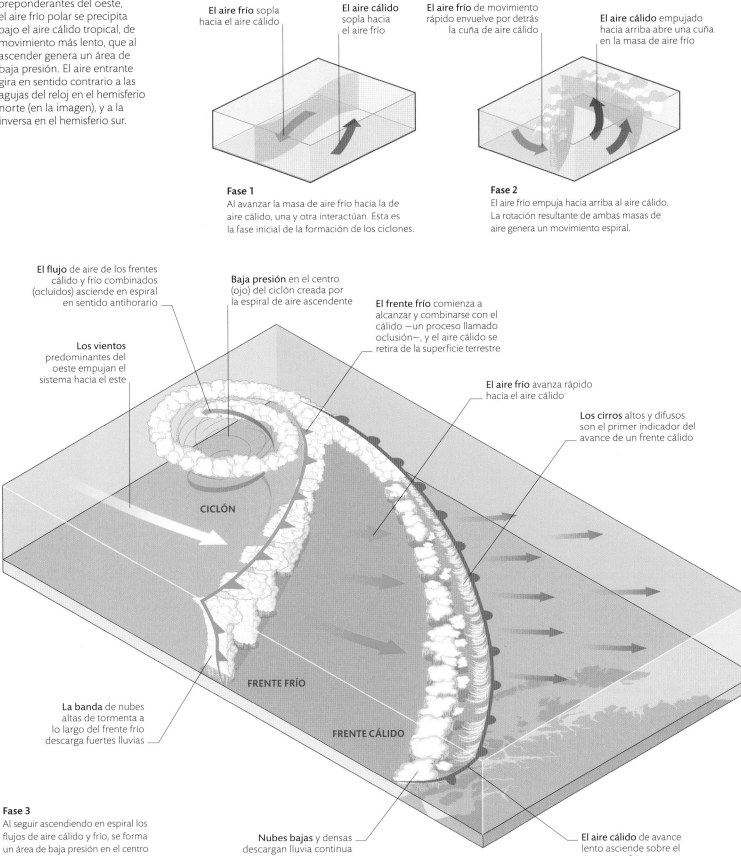

El aire frío sopla hacia el aire cálido

El aire cálido sopla hacia el aire frío

El aire frío de movimiento rápido envuelve por detrás la cuña de aire cálido

El aire cálido empujado hacia arriba abre una cuña en la masa de aire frío

Fase 1
Al avanzar la masa de aire frío hacia la de aire cálido, una y otra interactúan. Esta es la fase inicial de la formación de los ciclones.

Fase 2
El aire frío empuja hacia arriba al aire cálido. La rotación resultante de ambas masas de aire genera un movimiento espiral.

El flujo de aire de los frentes cálido y frío combinados (ocluidos) asciende en espiral en sentido antihorario

Baja presión en el centro (ojo) del ciclón creada por la espiral de aire ascendente

El frente frío comienza a alcanzar y combinarse con el cálido —un proceso llamado oclusión—, y el aire cálido se retira de la superficie terrestre

Los vientos predominantes del oeste empujan el sistema hacia el este

El aire frío avanza rápido hacia el aire cálido

Los cirros altos y difusos son el primer indicador del avance de un frente cálido

CICLÓN

FRENTE FRÍO

La banda de nubes altas de tormenta a lo largo del frente frío descarga fuertes lluvias

FRENTE CÁLIDO

Fase 3
Al seguir ascendiendo en espiral los flujos de aire cálido y frío, se forma un área de baja presión en el centro del ciclón.

Nubes bajas y densas descargan lluvia continua tras el frente cálido

El aire cálido de avance lento asciende sobre el denso aire frío

El ojo de la tormenta

Mientras en el centro de una tormenta hay un área en calma de aire frío descendente —llamada el ojo, visto aquí en el huracán Florence de 2018—, los vientos más fuertes de un ciclón tropical ascienden en espiral por la pared del ojo. Las nubes de tormenta más altas, tormentas potentes y rayos rodean el ojo.

El ojo en calma suele medir unos 32–64 km de diámetro

ciclones tropicales

Los ciclones tropicales son las tormentas mayores y más violentas de la Tierra, con vientos de una velocidad sostenida de 120–250 km/h y rachas récord de más de 400 km/h. Los originados en el Atlántico Norte y el noreste del Pacífico se conocen como huracanes; los del noroeste del Pacífico se llaman tifones; y los formados en el sur del Pacífico y en el Índico se denominan simplemente ciclones. La energía que libera un ciclón tropical equivale a la de unas 10 000 bombas nucleares. Aunque se forman sobre mares tropicales cálidos, cuando estas violentas tormentas giratorias alcanzan la costa y recorren el interior, pueden devastar extensas áreas: la combinación de vientos altos y precipitación excesiva destruye casas y árboles, y causa marejadas ciclónicas catastróficas.

FORMACIÓN DE UN CICLÓN TROPICAL

Los ciclones tropicales se forman allí donde la temperatura de la superficie del mar sobrepasa los 27 °C. El agua se evapora, asciende y se condensa formando cumulonimbos tormentosos que crecen hasta lo alto de la troposfera (pp. 210–211), de 12–16 km de altura. El aire frío se precipita a llenar el vacío dejado por el aire húmedo ascendente, y la rotación terrestre hace girar los vientos de tormenta, en sentido antihorario en el hemisferio norte y en sentido horario en el hemisferio sur. El aire frío y seco se hunde por el ojo despejado, región en calma en el centro del ciclón.

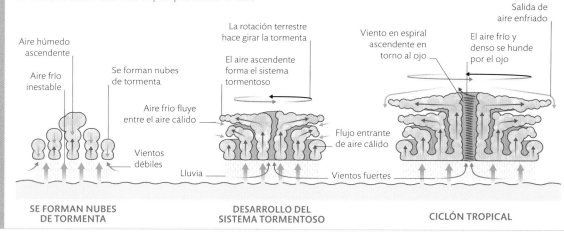

Aire húmedo ascendente

Aire frío inestable

Se forman nubes de tormenta

Aire frío fluye entre el aire cálido

Vientos débiles

Lluvia

SE FORMAN NUBES DE TORMENTA

La rotación terrestre hace girar la tormenta

El aire ascendente forma el sistema tormentoso

Flujo entrante de aire cálido

Vientos fuertes

DESARROLLO DEL SISTEMA TORMENTOSO

Viento en espiral ascendente en torno al ojo

Salida de aire enfriado

El aire frío y denso se hunde por el ojo

CICLÓN TROPICAL

Huracanes atlánticos
En verano, las temperaturas de la superficie del mar suben en el Atlántico Norte tropical y el Caribe, dando lugar a una temporada de huracanes de seis meses, de junio a noviembre. Como muchos otros huracanes que azotan la zona, el huracán Joaquín (en la imagen) causó numerosos daños a su paso por el Caribe en octubre de 2015.

Nubes altas y de altura extrema

Mientras que algunos tipos de nubes, como las noctilucentes y las nacaradas, se encuentran en la mesosfera y la estratosfera (p. 210), la mayoría se forman en la troposfera. En esta, las nubes de mayor altitud se dan a 7000–12 000 m de la superficie. Suelen ser nubes pequeñas y difusas o redondeadas formadas enteramente por cristales de hielo. Los cumulonimbos de múltiples niveles (pp. 232–233) pueden abarcar la altura entera de la troposfera.

Nubes de velos y bandas visibles durante el crepúsculo, formadas en la mesosfera

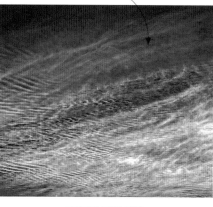

NOCTILUCENTES

Nubes estratosféricas muy altas, visibles de noche, nombradas en alusión a su aspecto de madreperla

NACARADAS

Nubes de nivel medio

Situadas entre 2000 y 7000 m sobre la superficie terrestre, las nubes de nivel medio más comunes son los altostratos, de forma plana, y los altocúmulos, que forman rollos y ondas. Menos comunes son los impactantes altocúmulos lenticulares, así como las formas globulares distintivas que sobresalen en un patrón celular de la base de las nubes, conocidas como mammatus.

Formas horizontales y haces a una altura relativamente elevada

ALTOSTRATOS

Formas dispersas y bulbosas, a veces dispuestas en largas bandas paralelas

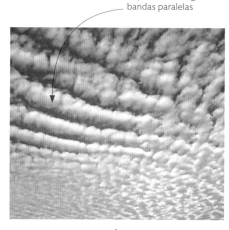

ALTOCÚMULOS

Nubes de nivel bajo

En días nublados, toda la troposfera por debajo de los 2000 m puede aparecer llena de estratos bajos aplanados, cúmulos esponjosos o estratocúmulos de formas mixtas, así como de las bases de altos nimboestratos y cumulonimbos de lluvia. A estas alturas, las nubes están cargadas de microgotas de agua. Se dan también otras nubes lenticulares, tubulares y dispersas. La niebla y la neblina son nubes estratiformes sobre la superficie terrestre.

Raras nubes estratiformes de base ondulada, añadidas al Atlas Internacional de las Nubes recientemente, en 2017

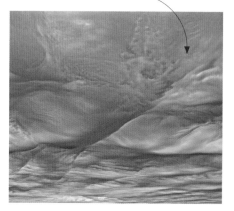

ASPERITAS

Nubes redondeadas y bulbosas, a veces dispuestas en bandas paralelas

ESTRATOCÚMULOS

tipos de nubes

Desde nubes difusas iridiscentes hasta masas bulbosas, la forma, el color y el tamaño de las nubes son sumamente diversos. Las nubes se forman cuando asciende aire húmedo, calentado por el suelo o que pasa sobre terreno elevado. Al enfriarse el aire, se reduce su capacidad para retener humedad. A la temperatura conocida como punto de rocío, el aire se satura y el vapor de agua se condensa alrededor de partículas (núcleos de condensación) como polvo, polen o esporas. La condensación forma microgotas o minúsculos cristales de hielo que constituyen la base de las nubes. Al condensarse, el agua libera calor latente, que permite al aire seguir ascendiendo y desarrollar la nube en altura. El tipo de nube formada depende de la temperatura, la humedad y la estabilidad del aire.

Nubes finas y difusas asociadas al buen tiempo, si bien pueden anunciar tormenta

CIRROS

Nube en forma de lenteja, a menudo muy lisa y bulbosa por arriba

ALTOCÚMULO LENTICULAR

Formación inusual de masas globulares en la parte inferior de una nube

MAMMATUS

Nubes de aspecto algodonoso, a menudo en filas o en grupos

CÚMULOS

Nubes bajas horizontales que pueden extenderse por el cielo entero

ESTRATOS

Nube tubular que se forma al borde de formaciones de cumulonimbos de tormenta

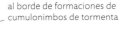

NUBE ARCO

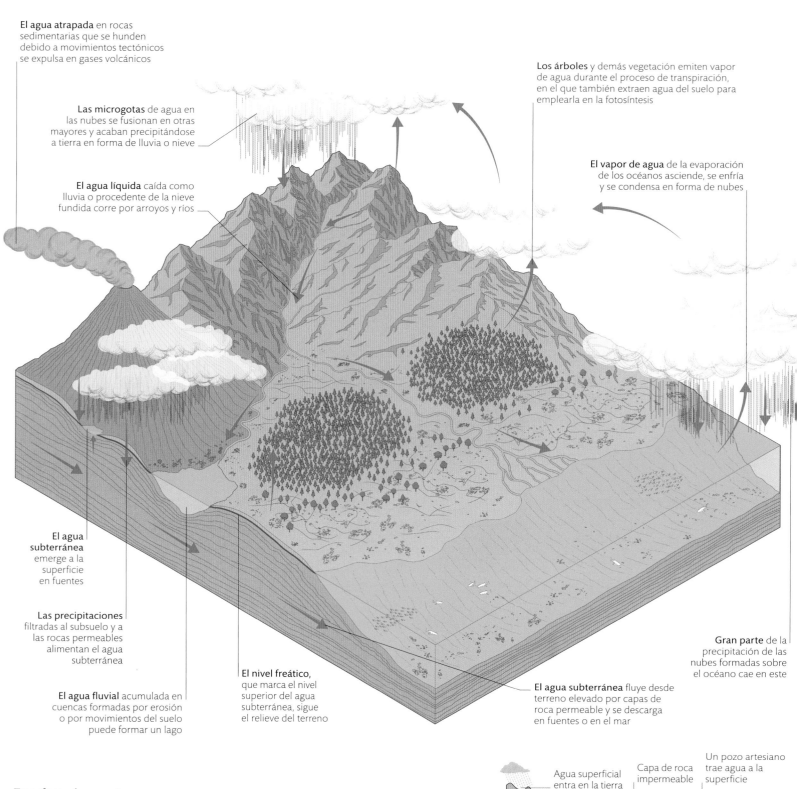

El agua atrapada en rocas sedimentarias que se hunden debido a movimientos tectónicos se expulsa en gases volcánicos

Las microgotas de agua en las nubes se fusionan en otras mayores y acaban precipitándose a tierra en forma de lluvia o nieve

El agua líquida caída como lluvia o procedente de la nieve fundida corre por arroyos y ríos

Los árboles y demás vegetación emiten vapor de agua durante el proceso de transpiración, en el que también extraen agua del suelo para emplearla en la fotosíntesis

El vapor de agua de la evaporación de los océanos asciende, se enfría y se condensa en forma de nubes

El agua subterránea emerge a la superficie en fuentes

Las precipitaciones filtradas al subsuelo y a las rocas permeables alimentan el agua subterránea

El agua fluvial acumulada en cuencas formadas por erosión o por movimientos del suelo puede formar un lago

El nivel freático, que marca el nivel superior del agua subterránea, sigue el relieve del terreno

El agua subterránea fluye desde terreno elevado por capas de roca permeable y se descarga en fuentes o en el mar

Gran parte de la precipitación de las nubes formadas sobre el océano cae en este

Transferencia perpetua

El calor solar causa la evaporación del agua de los océanos y la tierra, y por el proceso de transpiración, de las plantas. El vapor asciende, se enfría y forma nubes, y el agua de la atmósfera vuelve a la superficie en forma de precipitación. El agua de deshielo, la escorrentía de los ríos y el agua filtrada al suelo transfieren agua líquida de tierra de vuelta a los océanos.

Agua subterránea atrapada

El agua de las precipitaciones se filtra por rocas permeables a capas más profundas, donde puede quedar atrapada por capas de roca impermeable. La presión del agua en la roca permeable puede expulsar agua a la superficie en una fuente natural. En algunos casos, se puede acceder al agua atrapada mediante un pozo artesiano.

Agua superficial entra en la tierra

Capa de roca impermeable

Un pozo artesiano trae agua a la superficie

Roca permeable que contiene agua, o acuífero

El agua subterránea llena el acuífero

el ciclo del agua

El ciclo global del agua o ciclo hidrológico, uno de los sistemas más importantes que moldean la superficie terrestre y regulan la atmósfera, es impulsado en último término por la energía solar. Es vital para la vida vegetal y animal, determina el clima y transfiere energía a través de los océanos, la atmósfera y la tierra. El agua lubrica además el movimiento de las placas tectónicas, y puede desencadenar terremotos. El volumen total de agua en la Tierra, distribuida sobre y bajo la superficie, es de unos 1400 millones de km³. Los océanos contienen casi el 96%; los glaciares y capas de hielo, un 3%, y el agua subterránea, un 1%. Todos los ríos y lagos del mundo, la atmósfera y la biosfera juntos contienen una fracción inferior al 1%. Una molécula de agua pasa solo unos días en la atmósfera o unas semanas en un río, pero puede permanecer un millón de años atrapada en una capa de hielo.

El ciclo estacional del agua
El deshielo veraniego en el este de Groenlandia alimenta un torrente de agua y sedimento del glaciar Syltoppene que desciende por un rocoso delta en abanico hasta el fiordo del Rey Oscar, 2700 m más bajo. Las fuertes nevadas invernales renuevan el ciclo.

GOTAS DE LLUVIA

La forma de las gotas de lluvia depende de su tamaño, pero no tienen la forma de lágrima o pera que a menudo se les atribuye en la imaginación popular. Las gotas de hasta 1 mm de diámetro son más o menos esféricas. Aplanadas por la resistencia del aire al caer, las gotas mayores son ovoides. Cuando pasan de 4,5 mm, empiezan a dividirse hasta formar dos gotas menores, de nuevo esféricas.

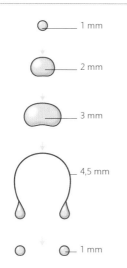

1 mm

2 mm

3 mm

4,5 mm

1 mm

EVOLUCIÓN DE UNA GOTA DE LLUVIA

Diluvio

Una nave huye de la tromba de un gran *cumulus congestus* sobre el mar Negro. La cortina aparentemente impenetrable bajo la nube es el aguacero que cae sobre la superficie del agua. Donde las corrientes de aire ascendente son muy fuertes, o las altas temperaturas causan la evaporación, la lluvia puede no llegar a tocar la superficie de la Tierra.

lluvia

Cuando el vapor de agua se condensa en la atmósfera alrededor de partículas minúsculas, o núcleos de condensación (pp. 222–223), las microgotas formadas se reúnen en nubes. El movimiento de estas hace que se agreguen y crezcan hasta que su peso las precipita a la superficie. Como principal fuente de agua dulce, la lluvia es vital para la vida en la Tierra, y un volumen inimaginable —más de 500 billones de metros cúbicos— cae sobre el planeta cada año. Además de una fuente de agua fundamental, el agua de lluvia contribuye a reducir la acumulación de gases de efecto invernadero, al disolverse el dióxido de carbono de la atmósfera en el agua.

PRECIPITACIÓN INVERNAL

A temperaturas bajas, generalmente en invierno, el aire frío hace que se forme nieve en lugar de lluvia en las nubes, pero el tipo de precipitación que llega al suelo depende de las masas de aire frío y cálido que atraviese en el camino, como se muestra abajo. La cuña roja representa una masa de aire cálido atravesando aire frío.

Nieve
La nieve atraviesa aire frío en todo el camino hasta el suelo.

Aguanieve
La nieve se funde parcialmente en aire cálido y se recongela antes de tocar tierra.

Lluvia gélida
La nieve se funde en el aire cálido y se recongela en contacto con el suelo.

Lluvia
La nieve se funde en el aire cálido, sin poder recongelarse antes de tocar tierra.

Millones de turistas ávidos de sol y surfistas acuden al archipiélago tropical de Hawái (EE. UU.) cada año. Estas islas alojan uno de los lugares más húmedos del planeta: la cima del monte Wai'ale'ale, en la isla de Kauai. Este volcán en escudo extinto tiene 1569 m de altura, y su profundo cráter alberga una verde pluvisilva y tierras pantanosas, debido a las abundantes precipitaciones que recibe. El monte Wai'ale'ale (cuyo nombre

destacado monte Wai'ale'ale

significa 'agua ondulada' o 'agua desbordante') es uno de los lugares más lluviosos de la Tierra, con precipitaciones de 9,5 a 11,4 m anuales (en 1982 fueron 17,3 m). Allí llueve entre 335 y 360 días al año.

Como la más septentrional de las islas, Kauai está rodeada por el océano y expuesta a los húmedos alisios que traen la lluvia del noreste. Ayudado por la forma cónica de la montaña, el aire húmedo entrante se ve empujado rápidamente por las empinadas laderas orientales del Wai'ale'ale, ascendiendo hasta 900 m a lo largo de una distancia de tan solo 800 m. Al ascender y enfriarse, se condensa en forma de nubes. Quizá el factor más importante que hace del Wai'ale'ale uno de los lugares más húmedos del mundo es su altura. La cima de la montaña queda justo por debajo de la capa de inversión de los alisios, el nivel a partir del cual no pueden ya ascender, y por tanto, las nubes cargadas de agua se ven comprimidas en un espacio reducido y obligadas a liberar gran parte del agua en un solo lugar: el pico del Wai'ale'ale.

La forma compacta y los densos verticilos de hojas de esta rara planta endémica del monte Wai'ale'ale la ayudan a prosperar en el clima húmedo de la montaña

Dubautia waialealae

Pared Llorona
Las abundantes precipitaciones del monte Wai'ale'ale alimentan muchas cascadas, como estas que se derraman por una empinada ladera del cráter volcánico. Una de las vistas más famosas de la montaña es esta exuberante pared verde, conocida como la Pared Llorona o Pared de las Lágrimas.

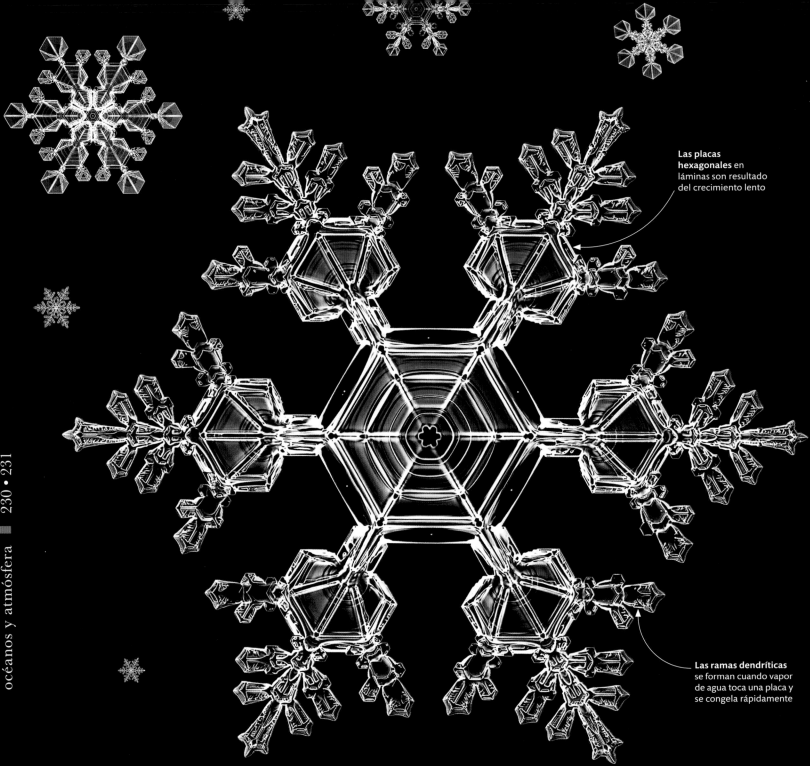

Las placas hexagonales en láminas son resultado del crecimiento lento

Las ramas dendríticas se forman cuando vapor de agua toca una placa y se congela rápidamente

nieve

En condiciones frías, el vapor de agua condensado sobre el polvo y otras partículas va formando cristales minúsculos de hielo. Los copos de nieve crecen a medida que se congelan microgotas sobre los cristales primarios, desarrollando formas únicas y a menudo complejas, habitualmente de entre 2 y 10 mm de diámetro. Los copos de nieve son siempre hexagonales, debido a la estructura interna de los cristales primarios a partir de los cuales se forman. Al moverse por el aire turbulento, chocan y se unen entre sí, formando gradualmente los esponjosos copos agregados que caen al suelo.

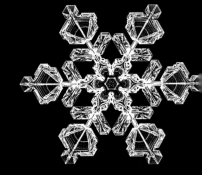

La forma casi enteramente dendrítica indica que el crecimiento del copo fue rápido

MORFOLOGÍA DE LOS COPOS DE NIEVE

La forma que adquieren los copos de nieve depende en parte de la temperatura y la humedad del aire. Con poca humedad se forman placas macizas y prismas, y una humedad mayor produce formas dendríticas y aciculares más complejas. Los mayores copos y las mayores nevadas se dan entre 0 °C y -5 °C, cuando el aire tiene un grado mayor de humedad. A temperaturas mucho más frías el aire es más seco, y el resultado es menos nieve y copos más pequeños.

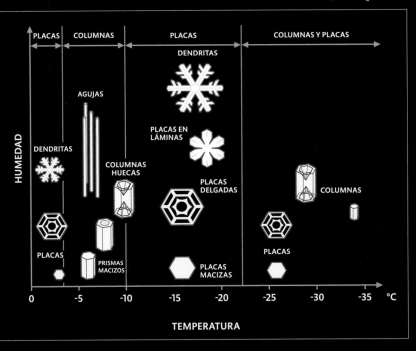

Copos de nieve

Hasta el más común de los copos de nieve exhibe una magnífica obra de tracería, como muestran estas micrografías de luz. El crecimiento lento de un copo de nieve produce placas hexagonales y divididas en láminas, y un crecimiento más rápido e inestable produce ramas dendríticas más finas. La exposición a condiciones diversas da como resultado copos de distintas formas.

Una placa hexagonal simple forma el centro de este copo

Prisma hexagonal muy fino

Placa con brazos anchos y crestas

PLACA HEXAGONAL **PLACA EN LÁMINAS**

Fino cristal acicular

Extremos huecos

AGUJA **COLUMNA HUECA**

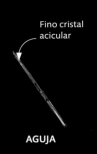

Crecen placas sobre una columna

Varias columnas que crecen juntas

COLUMNA CON TAPA **ROSETA DE BALAS**

Formas de copos de nieve

La forma final de los copos de nieve, cristales de hielo simétricos y hexagonales, depende de las condiciones en las que se forman. Las formas dendríticas son las más comunes, pero pueden formarse también placas, agujas, columnas o rosetas.

Supercélula

A veces, las corrientes ascendentes y descendentes en un cumulonimbo se separan y rotan una alrededor de la otra y forman una tormenta más extensa, o supercélula. La de esta imagen, en Nebraska (EE. UU.), muestra rayos bifurcados, un tornado espiral y precipitación abundante.

Granizo

Las bolas de hielo macizo del granizo se forman en las fuertes corrientes ascendentes de los cumulonimbos por congelación y acreción (acumulación de capas) de agua superenfriada.

El granizo húmedo se forma al chocar y pegarse cristales de hielo

tormentas

Generadas en cumulonimbos de gran altura, las tormentas tienen una base oscura y amenazadora que se halla a solo unos cientos de metros del suelo, y plumas de múltiples niveles que pueden llegar a lo alto de la troposfera (la capa más baja de la atmósfera terrestre), a 12 km de altura. Estas nubes de tormenta traen breves y repentinos aguaceros, granizadas o nevadas, acompañados de aparato eléctrico, truenos e incluso tornados. Pueden almacenar tanta energía como diez bombas atómicas de Hiroshima y causar daños considerables cuando se desencadenan. Las tormentas son más frecuentes en la zona ecuatorial, pero se dan en todas las latitudes menos en los polos.

FORMACIÓN DE UNA TORMENTA

Cuando el aire cálido y húmedo asciende, se condensa en microgotas de agua. En masas de aire muy inestables, el ascenso (convección) puede ser rápido y formar cumulonimbos. La convección rápida genera calor, que causa más corrientes ascendentes de aire cálido que pueden alcanzar los 160 km/h, y corrientes descendentes asociadas de aire frío. Si la nube sobrepasa la tropopausa, adquiere forma de yunque. A veces, las corrientes ascendentes de alta velocidad rebasan la superficie y forman una protuberancia en lo alto.

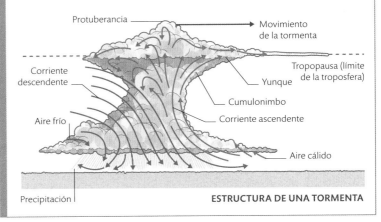

ESTRUCTURA DE UNA TORMENTA

Las Grandes Llanuras de América del Norte abren una amplia franja desde Texas (EE. UU.) hasta Canadá. Esta tierra de extremos climáticos acoge la región llamada Tornado Alley, famosa por su elevado número de tornados, mayor que en ninguna otra parte del mundo, si bien los tornados más intensos, peligrosos y prolongados devastan a menudo regiones al sur y el este de las Grandes Llanuras.

Tornado Alley

Un tornado se forma cerca de lo alto de un cumulonimbo, donde el aire cálido ascendente comienza a rotar lentamente, creando un embudo en el centro. Corrientes descendentes de aire frío pueden empujar este embudo hacia abajo, de modo que sobresale de la base de la nube. Al decrecer el radio del embudo, va aumentando la velocidad de rotación, y al tocar el suelo, se convierte en tornado. Los tornados pueden durar unos segundos o más de una hora. Los meteorólogos usan la escala Fujita mejorada (EF) para medir su intensidad, de EF0 a EF5. Los vientos más rápidos de un tornado EF5 registrados alcanzaron los 480 km/h. Un tornado puede medir más de 7 km de ancho, y su recorrido superar los 300 km.

En el área de Tornado Alley, que se extiende desde Texas al sur hasta Dakota del Sur al norte, se registran unos mil tornados al año. La región constituye un espacio ideal para el desarrollo de tormentas severas generadoras de tornados, ya que la confluencia del aire cálido y húmedo que se desplaza hacia el norte desde el golfo de México con el aire frío de Canadá y las Montañas Rocosas produce unas condiciones atmosféricas inestables.

Los residentes de Tornado Alley se exponen cada año al riesgo de una completa devastación

Senda de destrucción

Aire violento
En el hemisferio norte, los tornados suelen girar en sentido antihorario debido a la rotación terrestre. Los tornados de sentido horario, o anticiclónicos, son raros. Este tornado anticiclónico, cerca de Simla (Colorado, EE. UU.), ha barrido muchas toneladas de polvo y detritos de las llanuras, y está a punto de destruir un rancho.

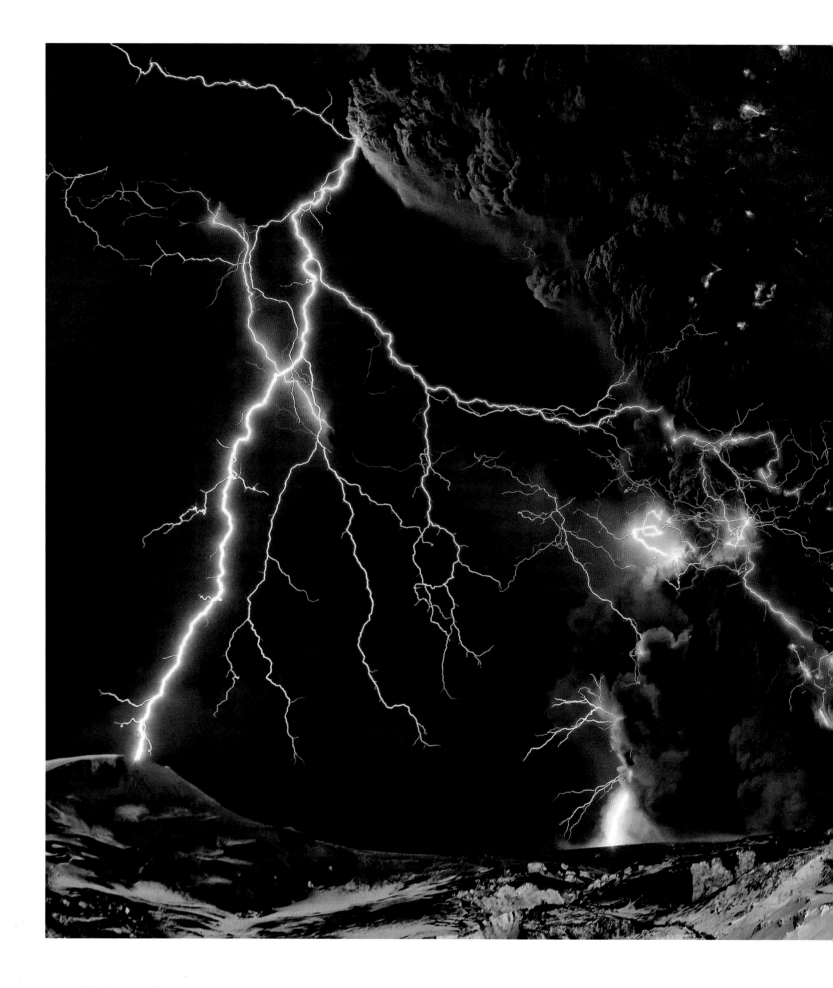

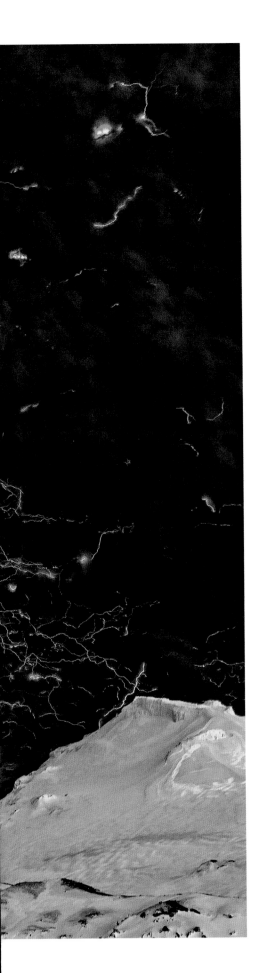

El color azul se debe a
la dispersión de la luz de
muchas esférulas minúsculas

Parte del suelo
se ha fundido por
el intenso calor

Vidrio natural de origen eléctrico
Las fulguritas son un tipo de vidrio
natural formado por la fusión de arena
y limo bajo calor intenso, a veces por
el impacto de un rayo. Esta fulgurita
azul se formó al canalizar un árbol
caído electricidad de líneas de alta
tensión al suelo durante varias horas,
calentándolo hasta formar vidrio.

electricidad en el aire

Cada día descargan en el mundo una media de tres millones de rayos, un
70 % de los cuales se dan sobre los trópicos. Los rayos son el resultado de
una descarga repentina de electricidad estática en las nubes de tormenta.
Cuando la carga estática acumula un potencial eléctrico de varios cientos
de millones de voltios, la atmósfera de alrededor ya no puede impedir que
escape, y el resultado son rayos que van de nube a nube o desde una nube
hasta el suelo. Habitualmente de dos dedos de ancho y 2–3 km de largo, los
rayos emiten una luz deslumbrante, causada por el aire supercalentado a
30 000 °C en menos de un segundo. Este calor hace que el aire se expanda
rápidamente y produzca una onda de choque sónica, o trueno.

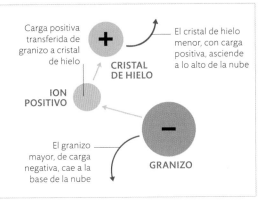

Rayos volcánicos
Las grandes erupciones —como esta del volcán
Eyjafjallajökull de Islandia— lanzan ceniza, agua
y gases a lo alto de la atmósfera. El movimiento
turbulento de estas partículas puede acumular
electricidad estática en la nube de ceniza y
causar rayos, como en las nubes de tormenta.

CÓMO SE FORMAN LOS RAYOS
Cuando las corrientes de aire de una nube
de tormenta hacen subir y bajar partículas
de lluvia, nieve, hielo y granizo fino, estas
chocan entre sí. De ellas se desprenden
iones positivos, que se transfieren a otras
partículas menores ascendentes, como
cristales de hielo, e iones negativos, que
se transfieren al granizo fino, más pesado,
que se acumula cerca de la base de la
nube. La acumulación de cargas opuestas
acaba generando rayos dentro de las
nubes, entre ellas y hacia el suelo.

Carga positiva
transferida de
granizo a cristal
de hielo

El cristal de hielo
menor, con carga
positiva, asciende
a lo alto de la nube

CRISTAL
DE HIELO

ION
POSITIVO

El granizo
mayor, de carga
negativa, cae a la
base de la nube

GRANIZO

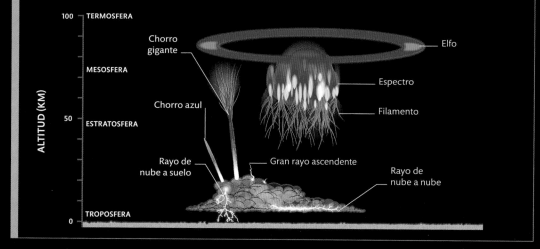

Los chorros gigantes pueden alcanzar una altura de 90 km sobre el suelo

Espectros rojos

Más difusos, rápidos y bastante mayores que los rayos, los espectros rojos son fenómenos ópticos que se dan a gran altura sobre tormentas activas. El color rojo se debe a la luz emitida por el nitrógeno ionizado. Sus filamentos descendentes se vuelven verde-azulados al descender. Los de esta imagen fueron captados por el Observatorio McDonald de Texas (EE. UU.).

Chorro gigante

Chorros gigantes se elevan de nubes de tormenta altamente cargadas, vistos desde el Observatorio Gemini de Hawái (EE. UU.). El color blanco y azul del estallido inicial de un chorro gigante acaba en una fuente roja cerca de la termosfera (p. 210).

espectros, chorros y elfos

Los relatos de pilotos testigos de estos fenómenos luminosos no explicados fueron desdeñados al principio por los meteorólogos, hasta que se captaron en video por primera vez, en 1989. Parte de una familia de descargas eléctricas a gran escala que se dan a gran altura sobre grandes tormentas, llamadas efectos luminosos transitorios (ELT), espectros rojos, chorros y elfos iluminan la atmósfera como fuegos artificiales. Se producen varios millones de ellos al año, pero rara vez se ven desde tierra, al ocurrir a altitudes de 40–100 km y durar la mayoría tan solo un milisegundo. Los espectros, que emiten filamentos por debajo de un halo, son los más comunes.

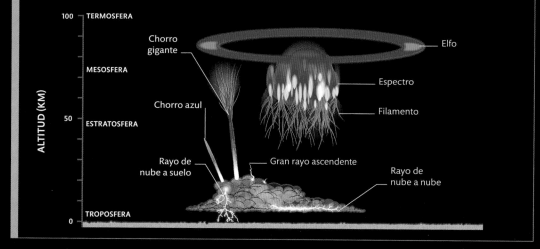

EFECTOS LUMINOSOS TRANSITORIOS

Los ELT se desencadenan por descargas normales de rayos al suelo a través de la troposfera (p. 210), pero se dan sobre todo en la estratosfera y la mesosfera como formas eléctricamente inducidas de plasma luminoso (partículas cargadas). Los espectros descienden desde la mesosfera superior, y el expansivo resplandor rojo de los elfos se da aún más arriba. Los chorros (descargas eléctricas nube-aire similares a los rayos) se extienden decenas de kilómetros hacia lo alto. Otros ELT, llamados trols, duendes, fantasmas y gnomos, no se comprenden bien aún.

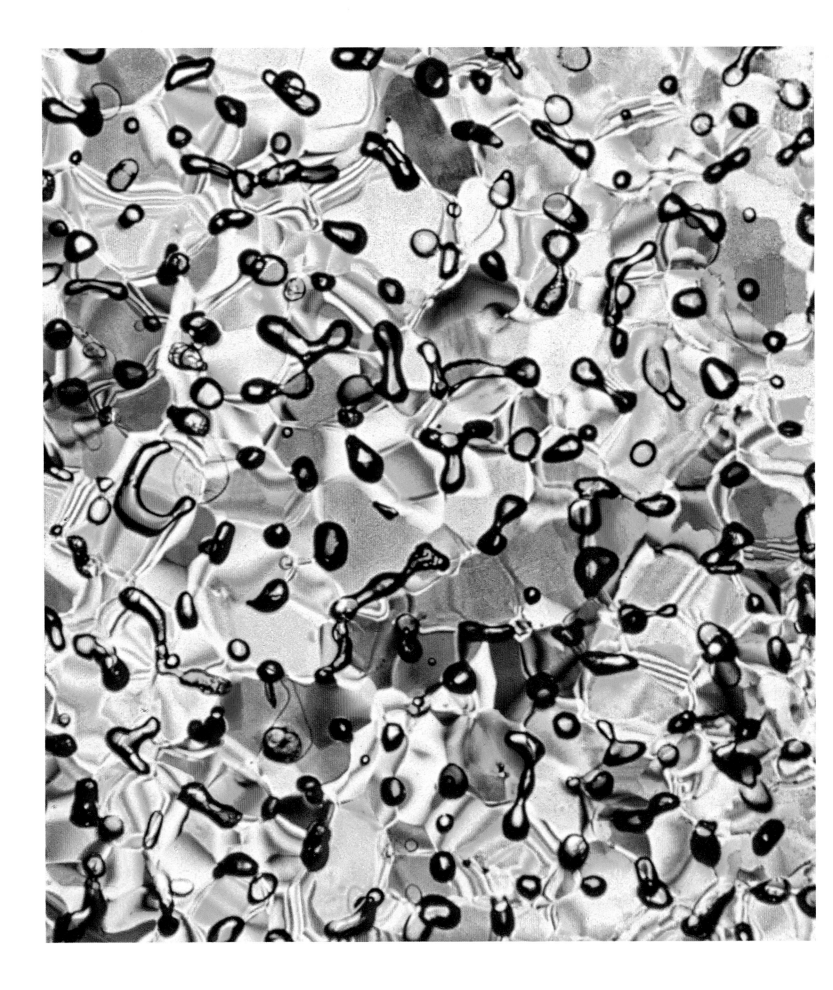

Núcleos de hielo de Groenlandia

Con taladros giratorios o térmicos que funden el hielo se extraen estrechos cilindros de hielo, que se almacenan en grandes congeladores para su examen y para obtener muestras. Aquí se muestran tres núcleos extraídos a distinta profundidad del indlandsis de Groenlandia.

El hielo compactado —a unos 53 m de profundidad y de más de 170 años— revela los patrones de nevadas «recientes»

CAPA DE HIELO SUPERIOR

Las bandas claras y oscuras de esta sección de hace 16 300 años registran nevadas estacionales

CAPA DE HIELO MEDIA

CAPA DE HIELO INFERIOR

Este hielo marrón contiene sedimentos y ceniza volcánica de más de 111 000 años de antigüedad

historia de la ciencia de la Tierra

análisis de núcleos de hielo

Los núcleos de hielo contienen minúsculas burbujas de gases atmosféricos del pasado remoto, que quedaron atrapadas en el hielo y sepultadas bajo glaciares y capas de hielo, y ofrecen un registro climático de hasta 800 000 años atrás. Algunos contienen hielo de hace más de 2 millones de años. Los núcleos antárticos más profundos (de más de 3000 m bajo el suelo) contienen pruebas claras del vínculo entre los niveles de gases de efecto invernadero y el cambio climático.

Estudio de la capa de hielo de Groenlandia

El glaciólogo alemán Ernst Sorge (1899–1946) aparece retratado aquí durante una expedición a Groenlandia en 1930–1931. En esta misión excavó un pozo de 15 m de profundidad y obtuvo los primeros registros de la densidad y la temperatura del hielo enterrado.

La curiosidad científica por descubrir los secretos bajo las gruesas capas de hielo glaciar y de las regiones polares es antigua. Louis Agassiz (1807-1873), estadounidense de origen suizo y pionero de las teorías sobre las glaciaciones, perforó los glaciares alpinos con varas de hierro. A comienzos del siglo XX se estudió el hielo antártico mediante catas, pozos y zanjas. Ernst Sorge (izda.) usó métodos similares en su estudio de la capa de hielo de Groenlandia en la década de 1930.

Los primeros núcleos o testigos de hielo de lo profundo de las capas de hielo se extrajeron en Groenlandia y la Antártida en la década de 1950, y desde entonces se han obtenido muchos otros para la investigación. En ellos los científicos estudian los niveles de elementos clave para datar las muestras con precisión. En el hielo formado durante y entre los periodos glaciales se dan formas distintas de oxígeno, lo cual resulta útil para obtener un registro preciso de los climas del pasado, incluidos datos como la acumulación de nieve, los cambios de temperatura, la retirada de glaciares y la variación en la composición del océano y la atmósfera. El material de los núcleos también contiene pruebas de erupciones volcánicas e incendios.

El análisis de núcleos de hielo de glaciares de todo el mundo se emplea asimismo para conocer mejor la variación natural del clima.

Burbujas de aire del pasado

Esta lámina ultrafina de hielo antártico muestra cientos de minúsculas burbujas atrapadas entre cristales de hielo. Las burbujas contienen nitrógeno, oxígeno, argón, dióxido de carbono y metano, y proporcionan datos clave sobre la composición de la atmósfera cuando quedaron atrapadas. Los colores se deben a la luz polarizada.

> 66 La era de frío intenso que precedió a la actual [...] fue solo una oscilación temporal de la temperatura de la Tierra. 99

LOUIS AGASSIZ (1837)

La glaciación actual

Durante las glaciaciones, la Tierra experimenta ciclos de periodos más fríos (glaciales), con casquetes polares extensos, y más cálidos (interglaciales), con menos hielo y un nivel del mar más alto. Hoy vivimos en un periodo interglacial. El hielo ha retrocedido desde el último periodo glacial, que culminó hace 22 000 años. Con todo, la capa de hielo de la Antártida tiene 2100 m de grosor: cubre montañas dejando a la vista solo sus picos, llamados *nunataks*.

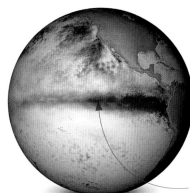

El Niño

Cada pocos años, una oscilación natural periódica del sistema océano-atmósfera calienta considerablemente la superficie del Pacífico. Conocido como El Niño, este fenómeno afecta profundamente al clima de la Tierra, y puede calentar el planeta unos 0,7 °C.

El agua superficial del Pacífico oriental se sobrecalienta (rojo), produciendo un tiempo más seco y caluroso en toda América del Norte

cambio climático natural

Hace unos 100 millones de años, palmeras y cocodrilos prosperaban cerca del Polo Norte, región hoy cubierta por hielo grueso. El clima de la Tierra pasa por ciclos entre dos estados: invernadero y glaciación. Las glaciaciones se caracterizan por temperaturas bajas, capas de hielo continentales y casquetes en las regiones polares, mientras que en los periodos de invernadero aumentan las temperaturas y el hielo retrocede. Estos cambios naturales del clima del planeta obedecen a variaciones de la radiación solar, la posición de los continentes y océanos, y los gases de efecto invernadero.

CICLOS DE MILANKOVIĆ

Las fluctuaciones en la órbita de la Tierra alrededor del Sol y en la rotación sobre su eje producen otros cambios climáticos cíclicos. Nombrados en honor del matemático serbio Milutin Milanković, quien describió sus efectos, estos ciclos causan la alternancia de condiciones glaciales e interglaciales de la glaciación actual, también conocida como glaciación cuaternaria, iniciada hace unos 2,5 millones de años.

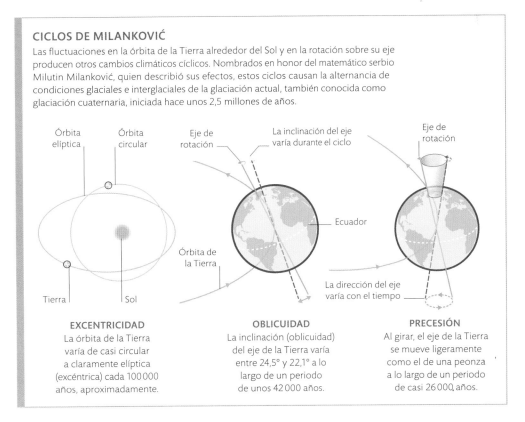

EXCENTRICIDAD
La órbita de la Tierra varía de casi circular a claramente elíptica (excéntrica) cada 100 000 años, aproximadamente.

OBLICUIDAD
La inclinación (oblicuidad) del eje de la Tierra varía entre 24,5° y 22,1° a lo largo de un periodo de unos 42 000 años.

PRECESIÓN
Al girar, el eje de la Tierra se mueve ligeramente como el de una peonza a lo largo de un periodo de casi 26 000 años.

planeta
vivo

La parte viva de la Tierra, o biosfera, forma una delgada película sobre su superficie de menos de dos milésimas del diámetro del planeta, que sin embargo ha tenido una profunda influencia en el desarrollo de la Tierra a lo largo de los últimos 4000 millones de años. Los procesos biológicos han transformado la atmósfera terrestre, y los seres vivos han dejado un registro fósil que nos permite rastrear el curso de la evolución y reconstruir la historia geológica con detalle.

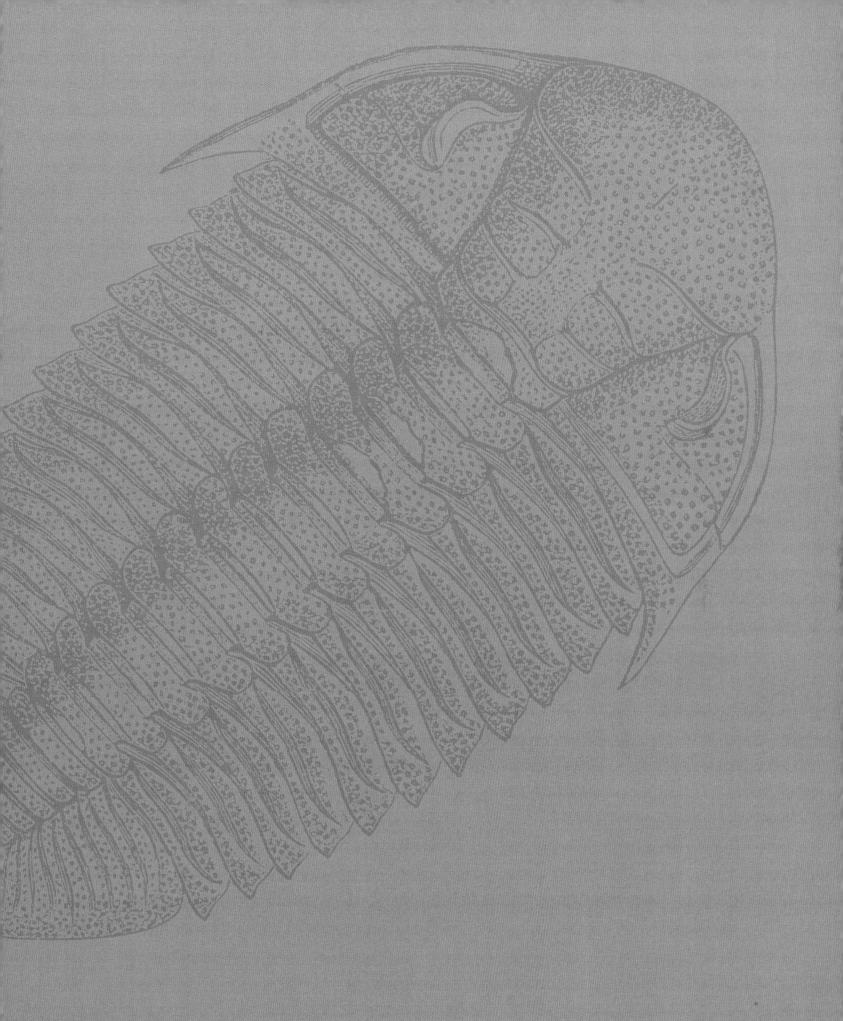

la biosfera

Las partes de la Tierra habitables para la vida se limitan a su superficie: la capa de roca, agua y aire llamada biosfera, de grosor inferior al 0,2 % del diámetro del planeta. Esta extraordinaria capa viviente es el único ejemplo de su clase conocido en el universo. Alcanza su mayor profundidad en las fosas oceánicas que se hunden en la corteza tanto como se elevan las montañas más altas. En tales extremos, la vida es escasa y adaptada a condiciones hostiles, pero más cerca del nivel del mar —en tierra y en los océanos—, los bosques, desiertos, ríos, lagos y el vasto ámbito marino están repletos de vida, casi toda ella alimentada por la luz solar, pues plantas y algas nutren a complejas cadenas tróficas.

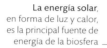

La energía solar, en forma de luz y calor, es la principal fuente de energía de la biosfera

La biosfera oceánica se concentra en las capas superiores iluminadas por el sol (0–200 m), donde la cadena trófica se basa en algas unicelulares

Vida alimentada por minerales
En partes del lecho oceánico profundo, la vida prospera sin energía solar: fuentes hidrotermales volcánicas emanan agua marina caliente rica en minerales. Las bacterias obtienen energía de estos minerales para producir alimento; estas aportan sustento a invertebrados, que a su vez alimentan a depredadores como los peces.

PROFUNDIDAD
KM
NIVEL DEL MAR
1
2
3
4
5
6
7
8
9
10
11

Carroñeros y bacterias descomponen la materia orgánica muerta, tanto desechos como cuerpos, mientras se hunde

Cuando la descomposición termina se liberan minerales inorgánicos como los nitratos: esta materia ya ha abandonado la biosfera

PROCESOS OCEÁNICOS

Las conchas se disuelven o se incorporan al sedimento marino, convirtiéndose en creta o caliza

Los minerales inorgánicos regresan a la biosfera cuando las algas los toman del agua y los emplean para construir tejidos orgánicos

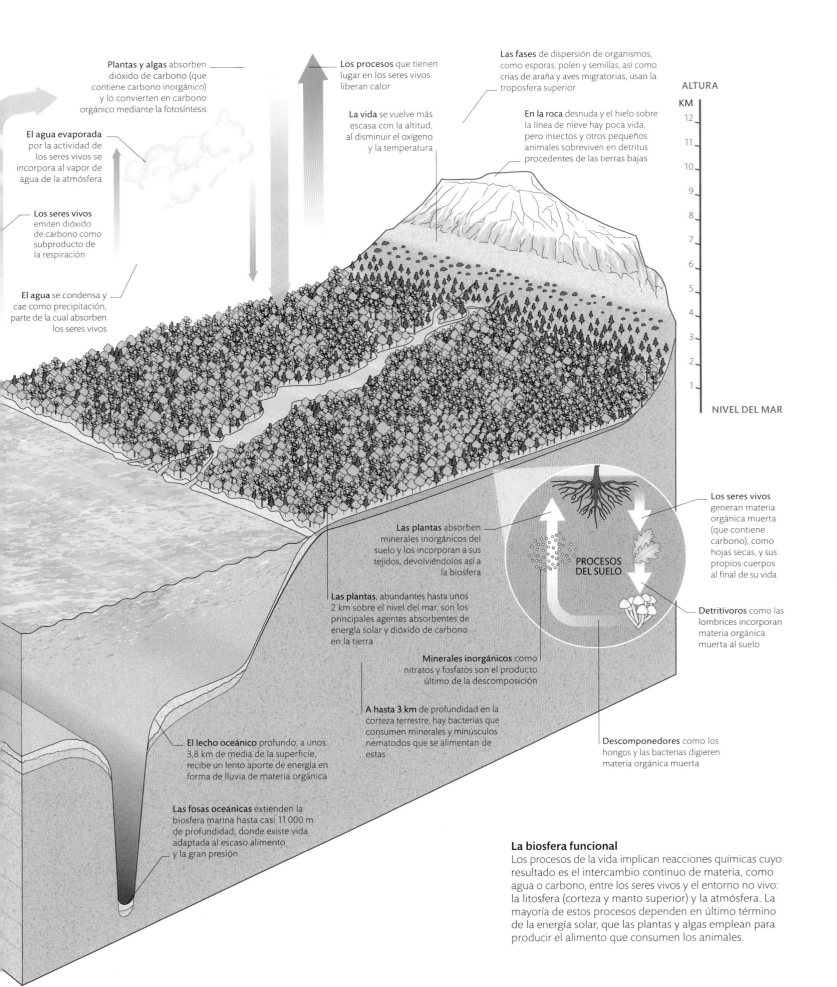

Plantas y algas absorben dióxido de carbono (que contiene carbono inorgánico) y lo convierten en carbono orgánico mediante la fotosíntesis

El agua evaporada por la actividad de los seres vivos se incorpora al vapor de agua de la atmósfera

Los seres vivos emiten dióxido de carbono como subproducto de la respiración

El agua se condensa y cae como precipitación, parte de la cual absorben los seres vivos

Los procesos que tienen lugar en los seres vivos liberan calor

La vida se vuelve más escasa con la altitud, al disminuir el oxígeno y la temperatura

Las fases de dispersión de organismos, como esporas, polen y semillas, así como crías de araña y aves migratorias, usan la troposfera superior

En la roca desnuda y el hielo sobre la línea de nieve hay poca vida, pero insectos y otros pequeños animales sobreviven en detritus procedentes de las tierras bajas

ALTURA

KM

12

11

10

9

8

7

6

5

4

3

2

1

NIVEL DEL MAR

Las plantas absorben minerales inorgánicos del suelo y los incorporan a sus tejidos, devolviéndolos así a la biosfera

Las plantas, abundantes hasta unos 2 km sobre el nivel del mar, son los principales agentes absorbentes de energía solar y dióxido de carbono en la tierra

Minerales inorgánicos como nitratos y fosfatos son el producto último de la descomposición

A hasta 3 km de profundidad en la corteza terrestre, hay bacterias que consumen minerales y minúsculos nematodos que se alimentan de estas

El lecho oceánico profundo, a unos 3,8 km de media de la superficie, recibe un lento aporte de energía en forma de lluvia de materia orgánica

Las fosas oceánicas extienden la biosfera marina hasta casi 11 000 m de profundidad, donde existe vida adaptada al escaso alimento y la gran presión

PROCESOS DEL SUELO

Los seres vivos generan materia orgánica muerta (que contiene carbono), como hojas secas, y sus propios cuerpos al final de su vida

Detritívoros como las lombrices incorporan materia orgánica muerta al suelo

Descomponedores como los hongos y las bacterias digieren materia orgánica muerta

La biosfera funcional

Los procesos de la vida implican reacciones químicas cuyo resultado es el intercambio continuo de materia, como agua o carbono, entre los seres vivos y el entorno no vivo: la litosfera (corteza y manto superior) y la atmósfera. La mayoría de estos procesos dependen en último término de la energía solar, que las plantas y algas emplean para producir el alimento que consumen los animales.

millones de especies

La Tierra es el único planeta conocido donde hay vida, y de una gran variedad por su color, forma y movimiento en su biosfera (pp. 246-247). Cada especie ha desarrollado un modo propio de sobrevivir y reproducirse, y todas descienden por evolución de un único antepasado, una simple célula, hace 4000 millones de años. Hoy, la diversidad de microbios, plantas y animales es más rica en los bosques antiguos y los arrecifes de coral soleados, pero hay seres vivos dondequiera que puedan alimentarse y obtener oxígeno —y hayan hallado el modo de hacerlo—, desde las montañas más altas hasta las fosas oceánicas más profundas.

Socios polinizadores

Los insectos y las plantas con flores son los grupos más ricos en especies de la biodiversidad terrestre. Estos ejemplares de medioluto norteña (*Melanargia galathea*), al tomar néctar de la centaurea mayor (*Centaurea scabiosa*) y transportar su polen, continúan una sociedad de insectos y plantas con flores que evolucionó hace millones de años y condujo a la asombrosa diversidad de ambos en el planeta.

Diversidad prehistórica

Este fragmento de roca de 420 millones de años de antigüedad es una instantánea de la biodiversidad primigenia: hay fósiles de una comunidad de arrecife, antepasados de animales marinos modernos.

El coral rugoso es un pariente del coral pétreo actual (p. 259)

Fragmento de una colonia en forma de abanico de *Fenestella*, pequeños animales filtradores llamados briozoos

EVOLUCIÓN DE LAS ESPECIES POR SEPARACIÓN GEOGRÁFICA

A lo largo de millones de años, la vida en la Tierra cambia por un proceso de evolución. En este proceso, las poblaciones se separan, y sus rasgos pueden divergir tanto que devienen especies distintas. La diversidad de las especies en un momento dado es fruto de un equilibrio entre las especies nuevas generadas y las que se extinguen al no sobrevivir sus poblaciones.

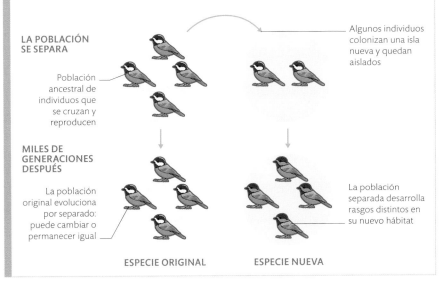

LA POBLACIÓN SE SEPARA

Población ancestral de individuos que se cruzan y reproducen

Algunos individuos colonizan una isla nueva y quedan aislados

MILES DE GENERACIONES DESPUÉS

La población original evoluciona por separado: puede cambiar o permanecer igual

La población separada desarrolla rasgos distintos en su nuevo hábitat

ESPECIE ORIGINAL

ESPECIE NUEVA

vida primigenia

Durante los primeros mil millones de años de su existencia, la Tierra carecía de vida. Pero en tan vasto lapso temporal, las raras reacciones químicas posibles en su superficie rica en minerales devinieron probables, si no inevitables. Estas reacciones formaron la primera materia orgánica compleja y, con el tiempo, moléculas autorreplicantes con membranas oleosas dieron lugar a las primeras células vivas. No se sabe exactamente dónde surgió la vida, aunque una teoría sólida apunta a las fisuras volcánicas del lecho oceánico. Hace no menos de 3400 millones de años, la vida había colonizado ya los mares someros, dejando unos extraños montículos fosilizados llamados estromatolitos.

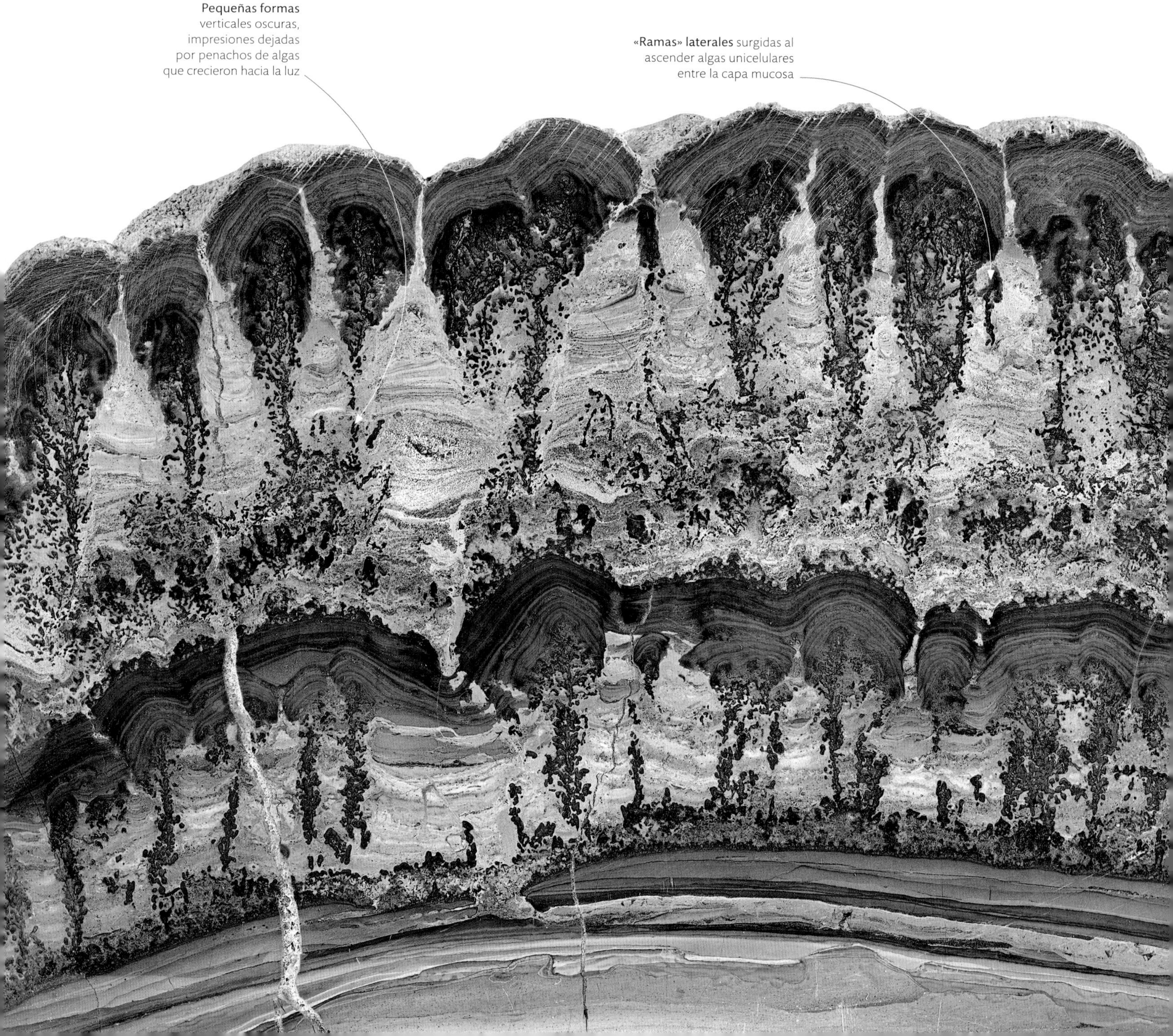

Pequeñas formas verticales oscuras, impresiones dejadas por penachos de algas que crecieron hacia la luz

«Ramas» laterales surgidas al ascender algas unicelulares entre la capa mucosa

Estromatolito vivo
Aún hoy crecen estromatolitos, como estos de Shark Bay (Australia Occidental). Se limitan a lugares inhóspitos para los animales que se alimentan de los microbios que los forman, como áreas donde el agua es demasiado salada.

En la capa superficial quedan microbios activos

Sección inferior hecha de restos de comunidades microbianas superficiales antiguas

Capas en forma de cúpula formadas sobre restos de algas

Capas inferiores formadas a partir de algas que murieron al crecer otras sobre ellas, bloqueando la luz

DE BIOPELÍCULA A ESTROMATOLITO

Aún hoy, muchos tipos de microbios, entre ellos bacterias y algas, producen una mucosa que mantiene sus células unidas en colonias (biopelículas o películas microbianas). Las cianobacterias, microbios fotosintetizadores que necesitan luz, migran continuamente hacia arriba, dejando capas muertas de la biopelícula debajo. La mucosa cohesiona el sedimento, que se acumula a lo largo de miles de años en capas que se cementan y forman estromatolitos.

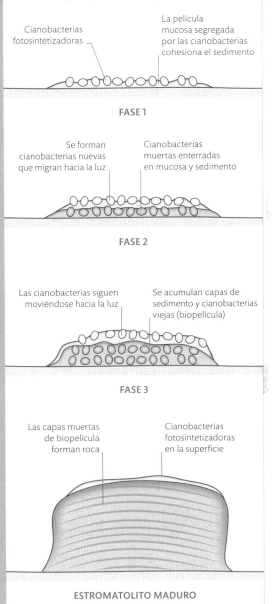

Cianobacterias fotosintetizadoras

La película mucosa segregada por las cianobacterias cohesiona el sedimento

FASE 1

Se forman cianobacterias nuevas que migran hacia la luz

Cianobacterias muertas enterradas en mucosa y sedimento

FASE 2

Las cianobacterias siguen moviéndose hacia la luz

Se acumulan capas de sedimento y cianobacterias viejas (biopelícula)

FASE 3

Las capas muertas de biopelícula forman roca

Cianobacterias fotosintetizadoras en la superficie

ESTROMATOLITO MADURO

De microbios a mármol
Esta losa de mármol de Cothan, de los albores de la era de los dinosaurios —miles de millones de años posterior a los primeros estromatolitos—, muestra cómo microbios simples fueron esculpiendo rocas a lo largo de la vida de la Tierra. Las formas frondosas oscuras fueron penachos de algas vivas que rodeaban montículos de barro; a lo largo de miles de años, se solidificaron como caliza y luego cristalizaron como mármol.

Formación de hierro bandeado

El mineral de hierro se forma a partir de óxidos de
hierro, producto de la reacción de sales solubles
de hierro con oxígeno. La alternancia de abundancia
y escasez de microbios emisores de oxígeno dejó en
rocas sedimentarias del lecho marino unas bandas
que reflejan los cambios estacionales en la actividad
microbiana. Movimientos de la corteza terrestre
trajeron a la superficie rocas como esta del área
minera de Australia Occidental.

CÓMO LA VIDA PREHISTÓRICA OXIGENÓ EL MUNDO

Los primeros organismos fotosintetizadores fueron microbios
que formaron montículos llamados estromatolitos (pp. 250–251)
en mares someros bien iluminados. Sales de hierro surgidas del
océano profundo reaccionaron con el oxígeno y depositaron
bandas de óxido de hierro sólido. Al disminuir las sales de hierro
en el agua, el oxígeno de la fotosíntesis escapó a la atmósfera,
hasta alcanzar el nivel actual del 21 %.

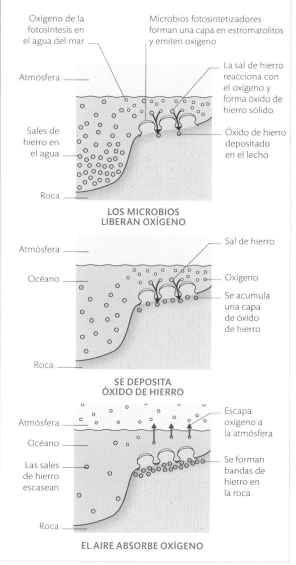

Oxígeno de la
fotosíntesis en
el agua del mar

Microbios fotosintetizadores
forman una capa en estromatolitos
y emiten oxígeno

Atmósfera

La sal de hierro
reacciona con
el oxígeno y
forma óxido de
hierro sólido

Sales de
hierro en
el agua

Óxido de hierro
depositado
en el lecho

Roca

**LOS MICROBIOS
LIBERAN OXÍGENO**

Atmósfera

Sal de hierro

Océano

Oxígeno

Se acumula
una capa
de óxido
de hierro

Roca

**SE DEPOSITA
ÓXIDO DE HIERRO**

Atmósfera

Escapa
oxígeno a
la atmósfera

Océano

Las sales
de hierro
escasean

Se forman
bandas de
hierro en
la roca

Roca

EL AIRE ABSORBE OXÍGENO

Las bandas claras se
componen principalmente
de granos de calcedonia,
mineral silicatado con
óxido de hierro

Las minúsculas células de *Nostoc* forman cadenas unidas por estructuras ramificadas

Las bandas más oscuras, compuestas de los minerales de óxido de hierro magnetita y hematita, tienen la mayor concentración de hierro

Burbujas de oxígeno

Colonias subacuáticas de bacterias modernas, llamadas *Nostoc*, producen burbujas de oxígeno. Junto con algas y plantas más complejas, estos fotosintetizadores mantienen los niveles de oxígeno del aire y el agua.

Bandas doradas, llamadas *ojo de tigre,* con una cantidad intermedia de hierro

la vida transforma la Tierra

Hace más de 2000 millones de años, los primeros microbios verdes fotosintetizadores emitieron oxígeno, produciendo algunos de los patrones rocosos más llamativos y afectando al curso de la evolución para siempre. Algunas de las concentraciones más ricas de mineral de hierro de la Tierra son resultado de ese suceso en los albores de la vida. El oxígeno reaccionó con partículas de hierro disueltas en el agua marina, formando minerales depositados bajo los océanos prehistóricos como un sólido rojo. Al agotarse el hierro soluble de los océanos, el oxígeno emitido por los microbios escapó al aire, creando la atmósfera respirable de la que depende la vida hasta hoy.

la vida se ramifica

Al evolucionar los primeros organismos unicelulares hacia formas multicelulares mayores, la vida comenzó a tener un mayor impacto físico sobre el entorno. La fuerza y la velocidad de las reacciones y los movimientos de animales con nervios y músculos removían el agua y los sedimentos del lecho oceánico en su búsqueda de nutrientes. Allí prosperaron los primeros animales simples hace unos 600 millones de años, durante el periodo Ediacárico, nombrado por los montes de Ediacara de Australia Meridional, donde sus fósiles son particularmente abundantes.

Cabeza ancha con órganos sensoriales concentrados en la dirección del movimiento del animal

Movimiento hacia delante
Spriggina, de tan solo 3–5 cm de longitud, era un animal complejo con extremos corporales bien diferenciados. Se movía en una sola dirección, con la cabeza por delante.

CÓMO LOS SERES VIVOS CAMBIARON EL LECHO MARINO

Los movimientos de los primeros animales musculados cambiaron las condiciones más allá del lecho marino, volviendo más habitables otras partes del océano. Algunos animales rastrillaban la superficie, otros la excavaban, y juntos removían el sedimento, contribuyendo de esta forma a oxigenar el barro y aportar nutrientes al agua.

SECCIÓN TRANSVERSAL DEL LECHO MARINO

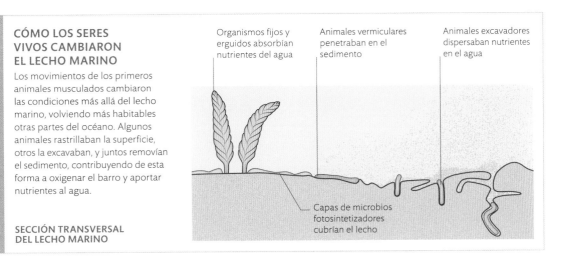

Organismos fijos y erguidos absorbían nutrientes del agua

Animales vermiculares penetraban en el sedimento

Animales excavadores dispersaban nutrientes en el agua

Capas de microbios fotosintetizadores cubrían el lecho

La vida en el lecho marino

Las impresiones en forma de hoja estriada de estos fósiles de *Dickinsonia* indican que vivían sobre el lecho marino. Las prominentes estrías apuntan a que sus cuerpos estaban cubiertos de un material córneo duro. Los icnofósiles en la roca podrían ser rastros que dejaron al desplazarse de un lugar a otro.

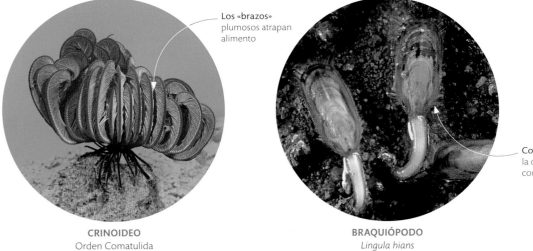

Los «brazos» plumosos atrapan alimento

CRINOIDEO
Orden Comatulida

BRAQUIÓPODO
Lingula hians

Concha doble como la de moluscos bivalvos como los mejillones

Orígenes cámbricos

La explosión del Cámbrico fue un periodo de evolución intensiva en que surgieron muchos patrones corporales animales. Los crinoideos actuales —parientes de las estrellas de mar— son semejantes a los de entonces. Algunos animales, como los braquiópodos, han cambiado tan poco en 500 millones de años que se les llama *fósiles vivientes*.

la explosión del Cámbrico

Cuando los primeros animales removían el lodo y usaban minerales del océano para construir sus conchas, la vida empezó a afectar a los ciclos de sedimentación y a las rocas más allá de la biosfera. Animales formadores de conchas y arrecifes acumularon calcio y sílice en sus cuerpos, y muchos de ellos emplearon la fuerza de sus músculos para ascender nadando por la columna de agua. A principios del Cámbrico, hace entre 539 y 520 millones de años, una explosión en el desarrollo de estos animales de concha dura llenó los mares prehistóricos de los antepasados remotos de animales marinos hoy vivos, entre ellos artrópodos semejantes a las gambas, caracoles y erizos de mar.

Fauna con concha

Los exoesqueletos y las conchas se conservan mejor que un cuerpo blando, y el predominio de la fauna con concha en el Cámbrico explica la rica diversidad de su registro fósil. Esta imagen muestra los tubos cónicos de *Archotuba* (centro) —que pudieron contener una anémona blanda con tentáculos— y un artrópodo de miembros articulados (arriba) llamado trilobites (pp. 278–279).

DIVERSIDAD OCEÁNICA DEL CÁMBRICO

Los fósiles de los animales marinos del Cámbrico revelan partes corporales, como las piezas bucales y las extremidades, que aportan pistas importantes no solo acerca de sus hábitos alimentarios, sino también de su forma de moverse. Su diversidad apunta a una comunidad de nadadores y reptadores, carroñeros y depredadores, todos vinculados en las primeras cadenas tróficas complejas. Al dispersarse hacia arriba desde el lecho oceánico, hábitat de los primeros animales, colonizaron las aguas abiertas, a la deriva en las corrientes como plancton o nadando contra ellas. Así, la vida animal expandió la biosfera a las tres dimensiones del océano.

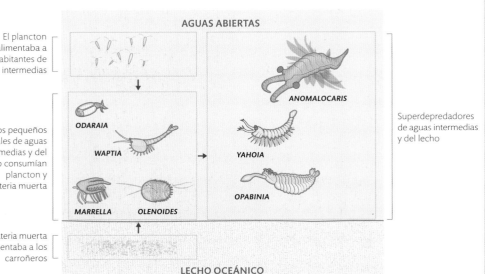

AGUAS ABIERTAS

El plancton alimentaba a los habitantes de aguas intermedias

ODARAIA

WAPTIA

MARRELLA   **OLENOIDES**

Los pequeños animales de aguas intermedias y del lecho consumían plancton y materia muerta

ANOMALOCARIS

YAHOIA

OPABINIA

Superdepredadores de aguas intermedias y del lecho

La materia muerta alimentaba a los carroñeros

LECHO OCEÁNICO

LA CADENA TRÓFICA OCEÁNICA CÁMBRICA

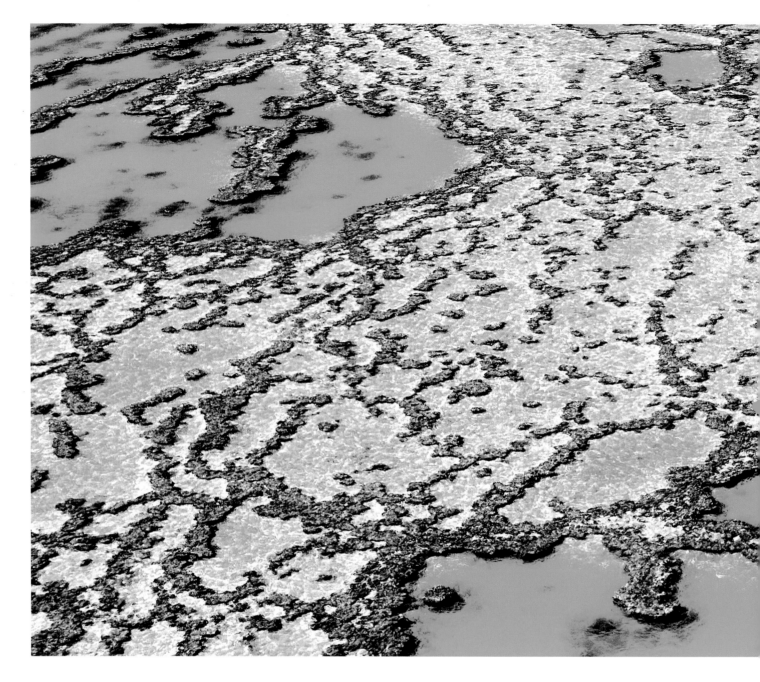

formación de arrecifes

Los arrecifes oceánicos son las mayores estructuras obra de seres vivos, y pueden verse desde el espacio. Son construidos por organismos que depositan roca sedimentaria a lo largo de milenios. Hoy los forman pólipos de coral con minerales extraídos del agua del mar. Estos animales coloniales son primos de las anémonas y las medusas, un grupo cuya progenie se remonta 500 millones de años atrás. Pero la historia de los arrecifes prehistóricos es mucho más rica: cuando los estromatolitos (pp. 250–251) fueron pasto de animales hasta casi desaparecer, organismos tan diversos como microbios, esponjas y, más tarde, corales rugosos los sucedieron como principales constructores de arrecifes.

Gran Barrera de Coral
El mayor sistema de arrecifes de la Tierra en la actualidad, la Gran Barrera de Coral se extiende a lo largo de la mitad superior de la costa este de Australia. Su compleja geografía de crestas e islas subacuáticas forma un mosaico de hábitats. Como los arrecifes prehistóricos, es un hervidero de biodiversidad marina que colonizan y en el que evolucionan muchas especies.

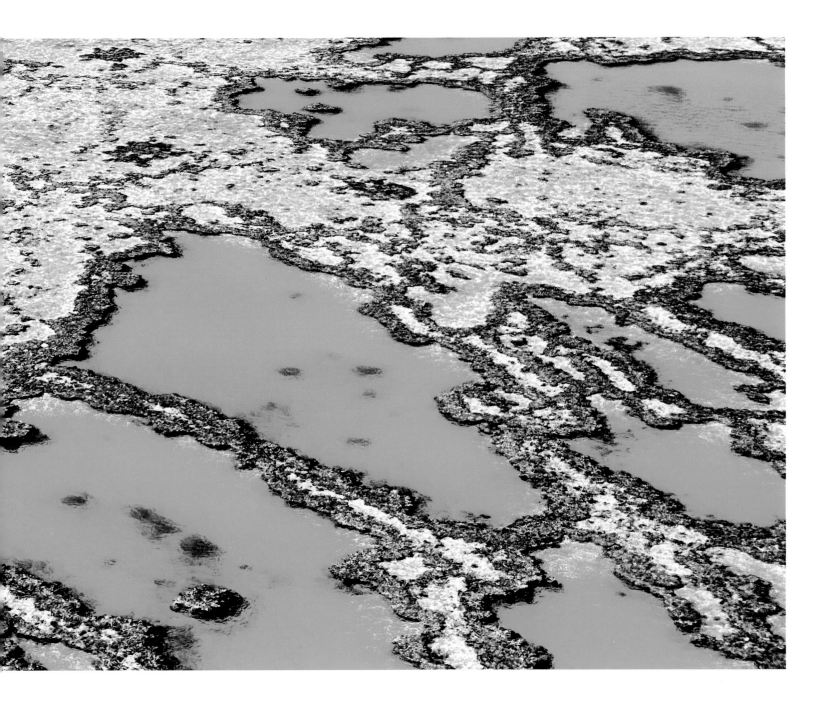

Arrecife fosilizado

Algunos de los primeros arrecifes de la Tierra
los formaron durante el Cámbrico unos animales
llamados arqueociatos, que construían sus
colonias a partir de una serie de conos huecos.

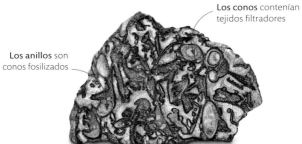

Los conos contenían
tejidos filtradores

Los anillos son
conos fosilizados

CONSTRUCTORES DE ARRECIFES

Los actuales corales formadores de arrecifes existen
desde la era de los dinosaurios, pero los primeros
arrecifes los construyeron sobre todo organismos
distintos: los primeros los formaron películas
microbianas o esponjas; la mayoría de estas fueron
sustituidas más tarde por corales rugosos córneos
y luego por los corales duros actuales.

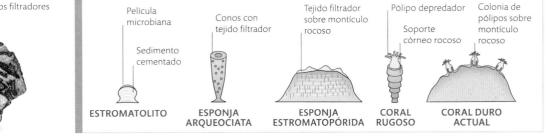

Película
microbiana

Sedimento
cementado

Conos con
tejido filtrador

Tejido filtrador
sobre montículo
rocoso

Pólipo depredador

Soporte
córneo rocoso

Colonia de
pólipos sobre
montículo
rocoso

ESTROMATOLITO

**ESPONJA
ARQUEOCIATA**

**ESPONJA
ESTROMATOPÓRIDA**

**CORAL
RUGOSO**

**CORAL DURO
ACTUAL**

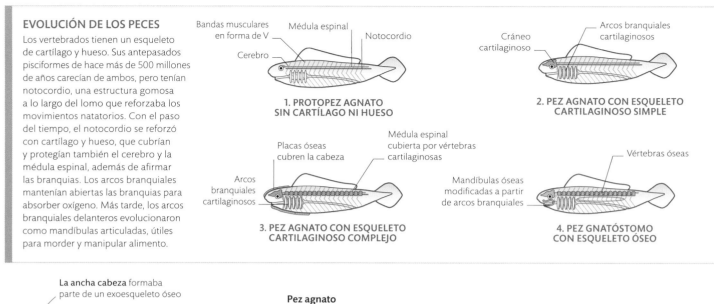

EVOLUCIÓN DE LOS PECES

Los vertebrados tienen un esqueleto de cartílago y hueso. Sus antepasados pisciformes de hace más de 500 millones de años carecían de ambos, pero tenían notocordio, una estructura gomosa a lo largo del lomo que reforzaba los movimientos natatorios. Con el paso del tiempo, el notocordio se reforzó con cartílago y hueso, que cubrían y protegían también el cerebro y la médula espinal, además de afirmar las branquias. Los arcos branquiales mantenían abiertas las branquias para absorber oxígeno. Más tarde, los arcos branquiales delanteros evolucionaron como mandíbulas articuladas, útiles para morder y manipular alimento.

Bandas musculares en forma de V · Médula espinal · Notocordio · Cerebro

1. PROTOPEZ AGNATO SIN CARTÍLAGO NI HUESO

Cráneo cartilaginoso · Arcos branquiales cartilaginosos

2. PEZ AGNATO CON ESQUELETO CARTILAGINOSO SIMPLE

Placas óseas cubren la cabeza · Médula espinal cubierta por vértebras cartilaginosas · Arcos branquiales cartilaginosos

3. PEZ AGNATO CON ESQUELETO CARTILAGINOSO COMPLEJO

Mandíbulas óseas modificadas a partir de arcos branquiales · Vértebras óseas

4. PEZ GNATÓSTOMO CON ESQUELETO ÓSEO

La ancha cabeza formaba parte de un exoesqueleto óseo

Órbitas oculares en el escudo cefálico

Pez agnato

Los primeros peces —como los ostracodermos— carecían de mandíbula y buscarían alimento removiendo el lecho marino. Este *Zenaspis* del Devónico Inferior vivió en mares someros y desembocaduras de ríos.

Depredador gigante

Este fósil de *Dunkleosteus*, un pez acorazado gigante del Devónico superior, muestra que, hace unos 400 millones de años, los vertebrados habían evolucionado hasta convertirse en las mayores especies mordedoras de la época, y con ello en los mayores depredadores de unas cadenas tróficas cada vez más complejas. *Dunkleosteus* era un placodermo, la primera clase de vertebrados con mandíbula.

la era de los peces

Llenas ya las aguas de la Tierra de seres vivos, fueron evolucionando animales mayores, más rápidos y fuertes, sobre todo entre los primeros vertebrados, los peces oceánicos. Sus esqueletos soportaban cuerpos cada vez mayores y en algunos grupos formaron armaduras protectoras. Los peces descendían de pequeños invertebrados de cuerpo blando cuyas branquias filtraban alimento, pero su musculosa garganta admitía bocados mayores, y así pudieron dedicar las branquias exclusivamente a extraer oxígeno del agua. En el periodo Devónico, hace 400 millones de años, los océanos estaban repletos de numerosos grupos de peces. En algunos, los arcos branquiales evolucionaron para aportar otra innovación clave: las mandíbulas.

Aletas carnosas impulsaban al pez por el agua

Aleta pectoral en forma de remo

Pez mandibulado de aletas carnosas

Tristichopterus fue un pez del Devónico superior más emparentado con los vertebrados mandibulados vivos que con los placodermos. Algunos de sus parientes posteriores evolucionaron en vertebrados terrestres.

Mandíbulas de borde serrado similares a los dientes que evolucionaron en peces posteriores, como los tiburones

La articulación del cuello permitía levantar la cabeza y abrir más la boca para morder

La articulación entre la mandíbula superior e inferior tenía fuertes músculos que permitían una potente mordedura

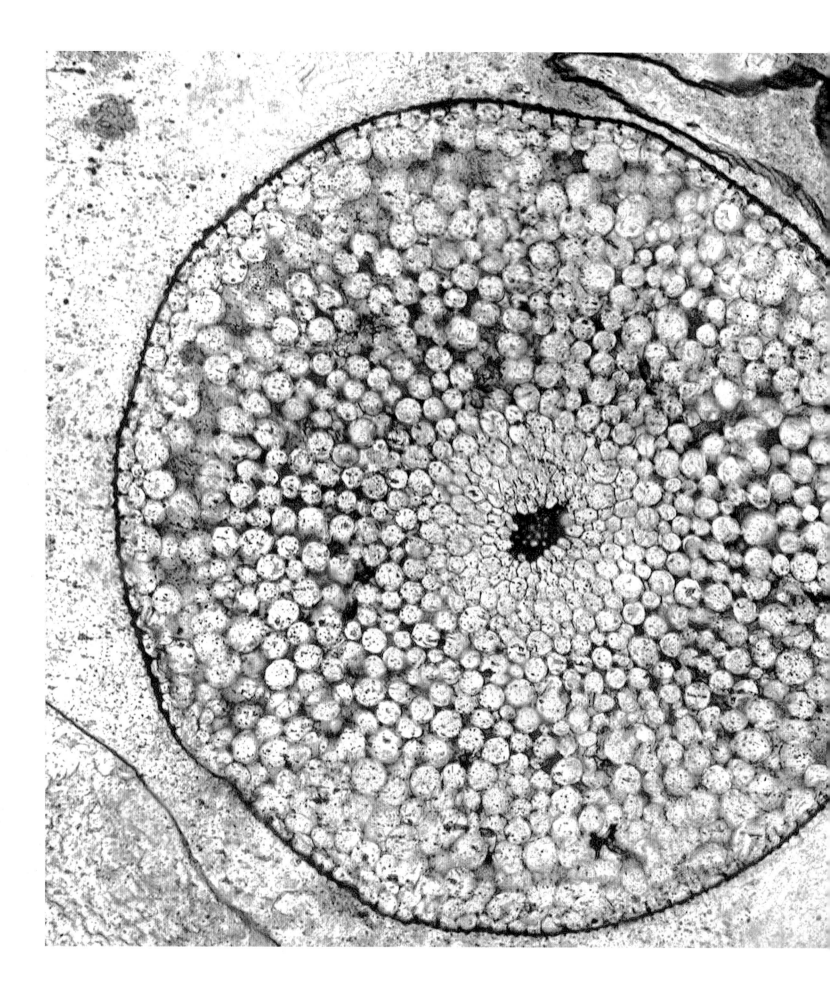

Vegetación pionera
Una de las primeras plantas terrestres, esta *Thursophyton* fósil tenía tallos ramificados de la longitud de una mano humana. Plantas bajas como esta ofrecieron refugio y alimento a los primeros animales terrestres, abriendo el camino para el desarrollo de las primeras cadenas tróficas complejas en tierra.

Patrón de ramificación dicotómico (en el que surgen dos ramas de cada yema)

El tallo principal mide 12 mm de diámetro

la invasión de la tierra

La tierra y el aire eran inhóspitos para la vida primigenia, que evolucionó en el agua. Los seres vivos son al menos en un 70 % agua, y salir a tierra requiere prevenir su pérdida por evaporación. Los primeros en hacerlo —bacterias— probablemente colonizaron la roca hace más de 3000 millones de años. Formas de vida mayores, como plantas y animales, necesitaron tejidos de refuerzo para poder erguirse. Las primeras plantas terrestres —descendientes de algas acuáticas— aparecieron hace más de 400 millones de años, y tenían brotes y hojas cerosas impermeables, conductos internos rígidos y raíces para poder anclarse.

Fontanería vegetal
Esta sección transversal de una planta fósil primitiva semejante al musgo, *Rhynia major*, muestra un vaso de transporte —llamado *xilema*— que recorre el centro de un tallo parenquimático. Como en las plantas terrestres modernas, este vaso transportaba agua desde las raíces y reforzaba el tallo.

COMUNIDAD DE MÚLTIPLES NIVELES

Al evolucionar la vegetación terrestre ramificada y erecta, plantas como *Cooksonia* pudieron absorber más energía solar para la fotosíntesis y dispersar sus esporas con la ayuda del viento. *Cooksonia*, sin embargo, solo contribuía al nivel más bajo de nuevas comunidades terrestres de múltiples niveles. Pioneras como los nematofitos (entre ellos *Germanophyton*, *Mosellophyton* y *Prototaxites*) las superaban en altura. Conocidos estos tan solo por el registro fósil, pudieron estar emparentados con hongos no fotosintetizadores, más que con plantas.

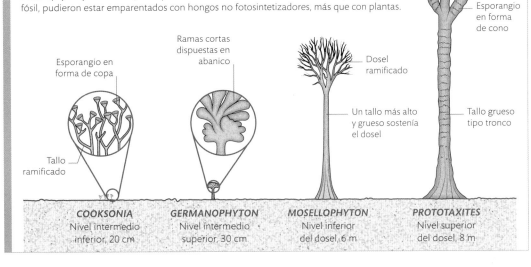

Esporangio en forma de copa

Tallo ramificado

Ramas cortas dispuestas en abanico

Dosel ramificado

Un tallo más alto y grueso sostenía el dosel

Esporangio en forma de cono

Tallo grueso tipo tronco

COOKSONIA
Nivel intermedio inferior, 20 cm

GERMANOPHYTON
Nivel intermedio superior, 30 cm

MOSELLOPHYTON
Nivel inferior del dosel, 6 m

PROTOTAXITES
Nivel superior del dosel, 8 m

Sucesión primaria en acción
Anak Krakatau, una isla volcánica situada
entre Java y Sumatra (Indonesia), se formó en
1927. Las repetidas erupciones han limitado
el desarrollo de la vegetación, pero como se
puede apreciar en esta imagen de satélite,
la vida vegetal se está asentando.

sucesión

La secuencia de organismos que colonizan nuevos hábitats disponibles, o sucesión,
es algo predecible. Allí donde antes no había vida, como en flujos de lava solidificados
o glaciares en retirada, la sucesión es primaria; allí donde una perturbación destruye
la vegetación pero no el suelo, como en el caso de un incendio forestal, la sucesión
es secundaria. En ambos tipos de sucesión, las especies pioneras suelen ser especies
de crecimiento y reproducción rápidos, que sacan partido de la abundancia de nuevos
nutrientes y recursos. Les siguen otras que crecen más lentamente, pero su mayor
resistencia garantiza su supervivencia. Las primeras pueden facilitar la llegada de
las segundas al modificar el medio, o inhibir a las especies invasoras hasta verse
superadas por ellas.

LAS FASES DE LA SUCESIÓN PRIMARIA

La sucesión primaria se da cuando surgen hábitats completamente nuevos, como los flujos
de lava solidificados. Microorganismos, líquenes y algas descomponen la roca y forman suelo,
sustento de plantas de crecimiento rápido. La descomposición de generaciones de plantas
acumula suelo sobre el que crecen otras plantas. Finalmente, se puede formar un ecosistema
más complejo y relativamente estable, lo que se conoce como comunidad clímax.

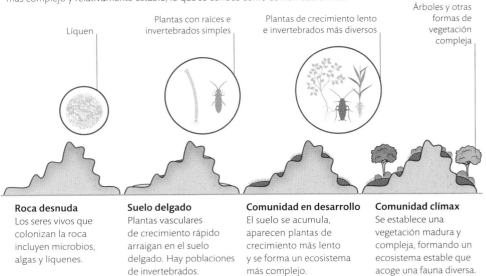

Líquen

Plantas con raíces e
invertebrados simples

Plantas de crecimiento lento
e invertebrados más diversos

Árboles y otras
formas de
vegetación
compleja

Roca desnuda
Los seres vivos que
colonizan la roca
incluyen microbios,
algas y líquenes.

Suelo delgado
Plantas vasculares
de crecimiento rápido
arraigan en el suelo
delgado. Hay poblaciones
de invertebrados.

Comunidad en desarrollo
El suelo se acumula,
aparecen plantas de
crecimiento más lento
y se forma un ecosistema
más complejo.

Comunidad clímax
Se establece una
vegetación madura y
compleja, formando un
ecosistema estable que
acoge una fauna diversa.

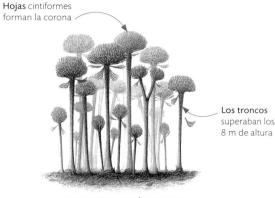

Hojas cintiformes forman la corona

Los troncos superaban los 8 m de altura

Haces de vasos para transportar agua (xilema)

El tejido entre los vasos del xilema engrosaba el tronco

El interior hueco reducía el tejido necesario para crecer en altura

RECONSTRUCCIÓN DE UN BOSQUE DE CLADOXILÓPSIDOS

SECCIÓN TRANSVERSAL DE UN TRONCO DE CLADOXILÓPSIDO FOSILIZADO

Bosques del Devónico

Los fósiles indican que los primeros bosques crecieron hace casi 400 millones de años, en el periodo Devónico. Estaban formados por unos primos lejanos de los helechos, los cladoxilópsidos, que fueron de las primeras plantas con un tallo grueso soportado por conductos rígidos para el transporte de agua.

formación de bosques

Las plantas con más follaje expuesto a la energía de los rayos solares generan, por fotosíntesis, más nutrientes para crecer. Las primeras plantas terrestres se extendían por el suelo; pero en la competencia por la luz, algunas desarrollaron tallos más altos para escapar de la sombra proyectada por sus vecinas. En la carrera hacia la luz, reforzaron sus tallos con madera y se convirtieron en los primeros árboles. Hoy los árboles son los mayores organismos individuales —no coloniales— del planeta, y al crecer juntos forman los hábitats terrestres más complejos: los bosques, cuyo follaje puede superar la altura de un edificio de 15 pisos.

Pluvisilvas actuales

En los cálidos trópicos, las precipitaciones regulares mantienen húmedo el dosel arbóreo, y plantas menores —las epifitas— pueden arraigar y crecer sobre las ramas de los árboles. Por encima del suelo en sombra prospera una enorme diversidad de especies —bromeliáceas, orquídeas y helechos, entre otras— que ofrecen un rico hábitat a animales arbóreos tales como insectos, arañas, ranas y aves.

NIVELES DEL BOSQUE

La sombra que proyectan los árboles crea un microclima húmedo y oscuro cerca del suelo. Árboles y arbustos, y las trepadoras y epifitas que portan, se desarrollan en varios estratos, sobre todo en las pluvisilvas, donde un gran número de especies se adaptan a condiciones distintas. Los árboles de niveles bajos, más tolerantes a la sombra, pueden completar allí su ciclo vital, mientras que los del dosel y los emergentes requieren una exposición total al sol para formar semilla.

ESTRATOS DE UNA PLUVISILVA

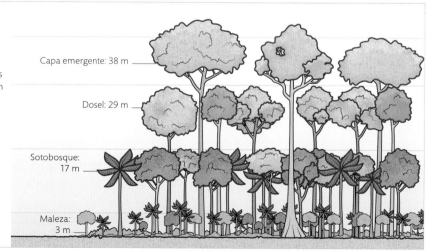

Capa emergente: 38 m

Dosel: 29 m

Sotobosque: 17 m

Maleza: 3 m

fosilización

El proceso que transforma seres antes vivos en restos duraderos, la fosilización, suele consistir en la sustitución de tejidos originales por minerales de más larga duración. Esto ocurre de muchas formas distintas según el entorno en el que quedó enterrado el animal o la planta, y el proceso puede durar millones de años. Los restos resultantes soportan las fuerzas destructivas del enterramiento y la erosión, y conservan la forma y los rasgos originales de los tejidos, incluso al nivel de las estructuras celulares, por lo que constituyen una rica fuente de información para los científicos.

Formación de fósiles

Los dos tipos principales de fósiles son los de individuos (el propio organismo o partes de él) y los icnofósiles (restos de su actividad). En los fósiles del primer tipo, como huesos o dientes, los tejidos son sustituidos por minerales en un proceso llamado permineralización. Los icnofósiles pueden ser marcas tales como huellas o restos como madrigueras.

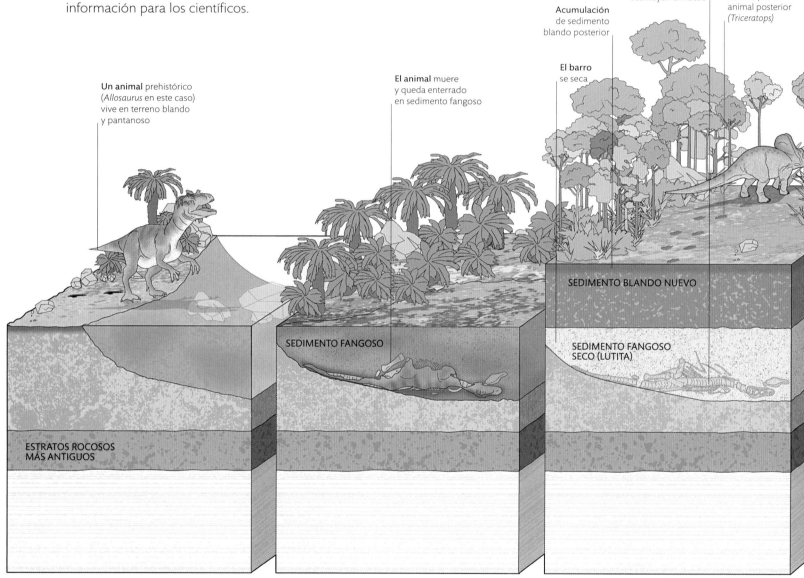

Minerales de los sedimentos sustituyen al hueso

Huellas dejadas en el sedimento blando por un animal posterior (*Triceratops*)

Acumulación de sedimento blando posterior

El barro se seca

Un animal prehistórico (*Allosaurus* en este caso) vive en terreno blando y pantanoso

El animal muere y queda enterrado en sedimento fangoso

SEDIMENTO BLANDO NUEVO

SEDIMENTO FANGOSO

SEDIMENTO FANGOSO SECO (LUTITA)

ESTRATOS ROCOSOS MÁS ANTIGUOS

Vida
Los organismos con mayor probabilidad de conservarse como fósiles son los que viven en lugares donde quedan enterrados en sedimentos al morir.

Muerte y enterramiento
Si después de morir el animal los sedimentos que lo cubren protegen sus restos de los carroñeros y de la descomposición, estos pueden fosilizarse.

Acumulación de sedimento
Con el paso del tiempo, se acumula suelo y sedimentos que se litifican. En el proceso, los restos orgánicos envueltos en el sedimento son sustituidos por minerales.

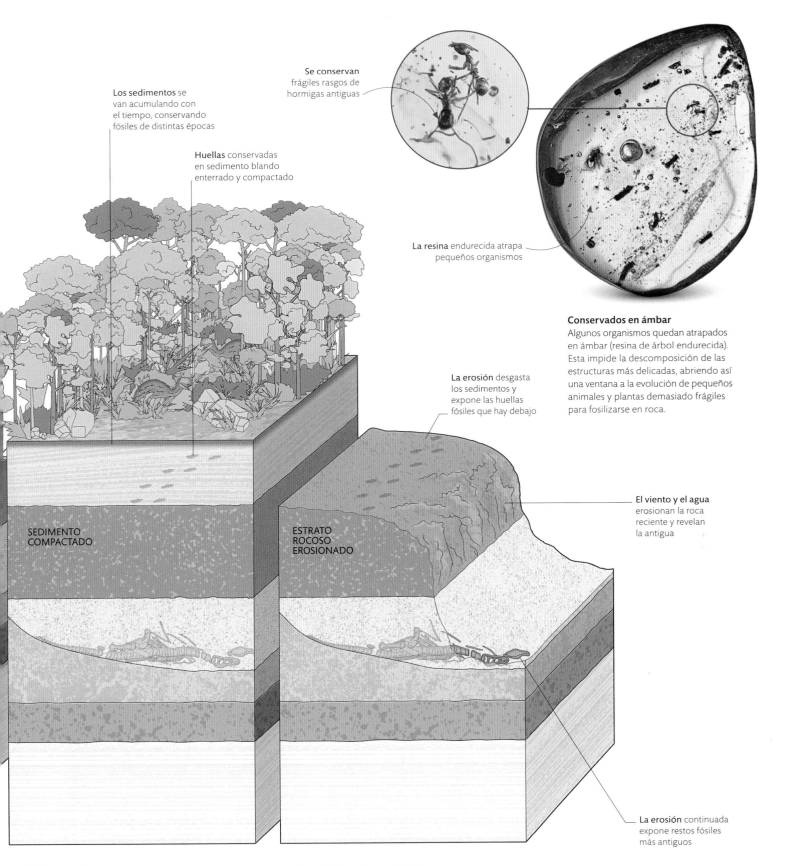

Se conservan frágiles rasgos de hormigas antiguas

Los sedimentos se van acumulando con el tiempo, conservando fósiles de distintas épocas

Huellas conservadas en sedimento blando enterrado y compactado

La resina endurecida atrapa pequeños organismos

La erosión desgasta los sedimentos y expone las huellas fósiles que hay debajo

Conservados en ámbar

Algunos organismos quedan atrapados en ámbar (resina de árbol endurecida). Esta impide la descomposición de las estructuras más delicadas, abriendo así una ventana a la evolución de pequeños animales y plantas demasiado frágiles para fosilizarse en roca.

El viento y el agua erosionan la roca reciente y revelan la antigua

SEDIMENTO COMPACTADO

ESTRATO ROCOSO EROSIONADO

La erosión continuada expone restos fósiles más antiguos

Fósiles posteriores

Pueden conservarse fósiles de seres vivos posteriores o huellas en estratos más recientes. Las huellas pueden ser impresiones o moldes, según el tipo de roca.

Exposición y descubrimiento

Los fósiles suelen encontrarse al quedar expuestos en la superficie, en lugares donde la erosión retira los estratos superiores de sedimento y roca.

formación de carbón

Las vetas negras del carbón son un testimonio del íntimo vínculo entre la biosfera y las rocas sobre las que se asienta. Todos los seres vivos son parte de un ciclo de la materia que persiste mucho después de su muerte y descomposición. Esta reduce la mayoría a minerales que nutren a otros organismos, pero en condiciones específicas, se detiene casi por completo. Hace 360 millones de años, las plantas habían desarrollado ya el material leñoso que permitió que formaran bosques, la lignina; pero descomponedores como los hongos y otros organismos no habían desarrollado aún la capacidad de descomponerla. Así, los troncos se compactaban en el suelo, y a lo largo de muchos miles de años, se fueron convirtiendo en carbón.

Marcas de hojas

Corteza fosilizada
Los bosques pantanosos productores de carbón eran sobre todo de árboles esporíferos como *Lepidodendron*, pariente de los helechos actuales.

Veta de carbón

El carbón, roca sedimentaria compuesta casi por completo de carbono negro (hollín), se depositó en su mayoría al menos 100 millones de años antes de la era de los dinosaurios, durante el periodo llamado por ello Carbonífero. Las vetas —como esta que aflora sobre la playa en Nueva Gales del Sur (Australia)— son los restos orgánicos de los bosques pantanosos de dicho periodo.

EL CICLO LARGO DEL CARBONO

El carbón se forma al compactarse vegetación muerta. Las bacterias la descomponen en turba, y esta, enterrada y calentada bajo los sedimentos acumulados, pierde el agua y los gases, produciendo primero lignito y después carbón. El proceso concentra el carbono, que luego solo puede ser liberado por combustión como dióxido de carbono (CO_2); la combustión por la actividad humana, más rápida, eleva los niveles de CO_2.

Plantas leñosas

Materia vegetal muerta

Turba

Lignito marrón leñoso

Carbón bituminoso y subbituminoso

Antracita

FOTOSÍNTESIS Y CALENTAMIENTO GLOBAL

DIÓXIDO DE CARBONO

VULCANISMO Y OTRAS FORMAS DE COMBUSTIÓN NATURAL

QUEMA DE COMBUSTIBLES POR EL SER HUMANO

gigantes
oxigenados

Una vez que los microbios llenaron el aire de oxígeno hace más de 2000 millones de años (p. 252), el nivel de oxígeno atmosférico se mantuvo bastante estable; pero durante el Carbonífero, casi se dobló. No es casual que esto ocurriera a la vez que se formaban las vetas de carbón: con el carbono atrapado bajo tierra, había menos disponible para combinarse químicamente con el oxígeno, y este se acumuló en el aire. El resultado fueron más incendios, así como la evolución de artrópodos enormes, como milpiés tan largos como automóviles.

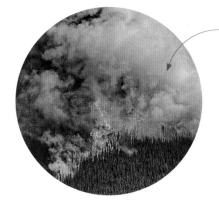

El fuego consume oxígeno y emite ceniza, pero también vapor de agua y dióxido de carbono

Incendios espontáneos
Las rocas prehistóricas indican que los incendios forestales eran comunes en el Carbonífero. Hoy hay plantas resistentes al fuego en climas cálidos y secos, y otras de hecho lo necesitan para germinar.

OXÍGENO ATMOSFÉRICO

La fotosíntesis genera oxígeno, y otros procesos como el fuego y la respiración lo consumen. Durante gran parte de la prehistoria hubo un equilibrio que estabilizó los niveles de oxígeno, pero en el Carbonífero se dio un pico, al evolucionar árboles leñosos resistentes en un principio a la acción de los descomponedores. Menos respiración por parte de estos redujo el consumo de oxígeno, que se volvió más abundante.

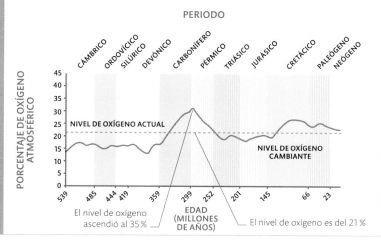

PERIODO

CÁMBRICO · ORDOVÍCICO · SILÚRICO · DEVÓNICO · CARBONÍFERO · PÉRMICO · TRIÁSICO · JURÁSICO · CRETÁCICO · PALEÓGENO · NEÓGENO

PORCENTAJE DE OXÍGENO ATMOSFÉRICO

NIVEL DE OXÍGENO ACTUAL

NIVEL DE OXÍGENO CAMBIANTE

45 40 35 30 25 20 15 10 5 0

539 485 444 419 359 299 252 201 145 66 23

El nivel de oxígeno ascendió al 35%

EDAD (MILLONES DE AÑOS)

El nivel de oxígeno es del 21%

El mayor insecto volador
Para vivir, los insectos dependen de la entrada directa de oxígeno en sus tejidos por orificios de su cuerpo. En el Carbonífero, el más abundante oxígeno podía penetrar más profundamente en los tejidos y satisfacer la demanda de cuerpos mayores. El resultado fue el desarrollo de gigantes como *Meganeura*, pariente de las libélulas de 70 cm de envergadura.

caminar en tierra

Una vez que las algas y las plantas colonizaron la tierra desde los océanos donde comenzó la vida, les siguieron los animales, pues la vegetación les aportaba refugio y alimento. Los primeros en aventurarse fuera del agua probablemente lo harían de manera fugaz, tal vez de noche, como hoy algunos caracoles marinos. Huellas prehistóricas indican que animales semejantes a gambas salían a tierra hace más de 500 millones de años. Su exoesqueleto rígido los protegería de los rayos solares, pero a esos pioneros les llevó millones de años de evolución convertirse en insectos y arácnidos capaces de respirar aire. En la época de los bosques pantanosos carboníferos (pp. 270–271) ya habían salido a tierra vertebrados, y peces de aletas carnosas habían evolucionado hasta convertirse en tetrápodos primitivos que caminaban.

Vertebrado caminante
Seymouria, de 60 cm de largo y semejante a una salamandra actual gigante, vivió entre 295 y 272 millones de años atrás. Tenía unas extremidades lo bastante fuertes para levantar su cuerpo del suelo, y como todos los vertebrados terrestres, evolucionó a partir de peces cuyas aletas carnosas tenían apoyos óseos que se convertirían en los dedos de los pies.

Las aletas pectorales sirven de extremidades anteriores para caminar en tierra

Reinvasión de la tierra
Hoy día, muchos grupos de peces siguen desarrollando modos de conquistar la tierra. *Periophthalmus chrysospilos*, descendiente de los góbidos oceánicos, tiene unas aletas pectorales adelantadas lo bastante fuertes como para impulsarlo por los lodazales.

MÚLTIPLES INVASIONES DE LA TIERRA

Durante su historia evolutiva, animales de grupos diversos conquistaron la tierra varias veces. La comparación del ADN de animales vivos y el estudio del registro fósil permite estimar cuándo se originaron distintos grupos de animales terrestres a partir de sus antepasados acuáticos. Los más antiguos —artrópodos de patas articuladas (insectos, crustáceos y arácnidos) y gusanos nematodos— llenaban ya los bosques prehistóricos cuando salieron a tierra los primeros vertebrados de cuatro patas (tetrápodos). Todos estos pioneros fueron primero parcialmente acuáticos, pero fueron desarrollando gradualmente los medios para permanecer fuera del agua. Caracoles, babosas y lombrices salieron a tierra mucho más tarde, hacia la época de los dinosaurios.

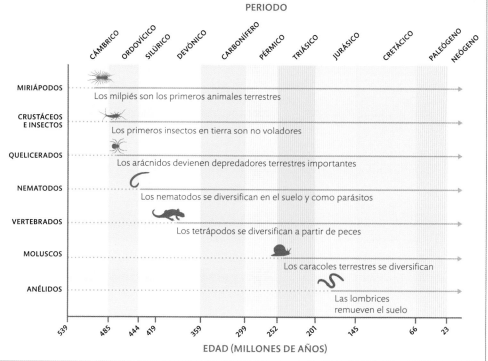

PERIODO

CÁMBRICO · ORDOVÍCICO · SILÚRICO · DEVÓNICO · CARBONÍFERO · PÉRMICO · TRIÁSICO · JURÁSICO · CRETÁCICO · PALEÓGENO · NEÓGENO

MIRIÁPODOS — Los milpiés son los primeros animales terrestres

CRUSTÁCEOS E INSECTOS — Los primeros insectos en tierra son no voladores

QUELICERADOS — Los arácnidos devienen depredadores terrestres importantes

NEMATODOS — Los nematodos se diversifican en el suelo y como parásitos

VERTEBRADOS — Los tetrápodos se diversifican a partir de peces

MOLUSCOS — Los caracoles terrestres se diversifican

ANÉLIDOS — Las lombrices remueven el suelo

539 · 485 · 444 · 419 · 359 · 299 · 252 · 201 · 145 · 66 · 23

EDAD (MILLONES DE AÑOS)

El **pico** sin dientes y los colmillos apuntan a una dieta herbívora

Prueba de extinción

Las oscuras capas visibles en las montañas Putorán de Siberia se acumularon cuando la lava procedente de erupciones volcánicas de extensas fracturas de la corteza terrestre inundó la tierra. La lava se solidificó en capas en una vasta meseta de la que esta es una pequeña parte. Este acontecimiento volcánico estuvo a punto de aniquilar toda la vida compleja de la Tierra.

El gran superviviente del Pérmico

Un 95% de los fósiles de vertebrados depositados tras este cataclismo corresponde a *Lystrosaurus*, predecesor reptiliano lejano de los mamíferos. Debió de sobrevivir gracias a su hábito de excavar madrigueras.

la gran mortandad

Durante la mayor parte de su existencia, la Tierra ha disfrutado de unas condiciones idóneas para que los seres vivos prosperen y evolucionen en ella. Sin embargo, varios acontecimientos han causado extinciones masivas. Uno de ellos —el asteroide que exterminó a los dinosaurios (p. 295)— fue de origen extraterrestre, pero la mayoría se debieron a la propia geología violenta del planeta. El mayor de estos acontecimientos tuvo lugar hace 250 millones de años, al final del Pérmico, antes de los dinosaurios. El cambio climático resultado de enormes erupciones volcánicas exterminó a más de tres cuartas partes de todas las especies. Pero siempre hay ganadores además de perdedores, y la evolución de los supervivientes generó especies nuevas que se adueñaron de la biosfera.

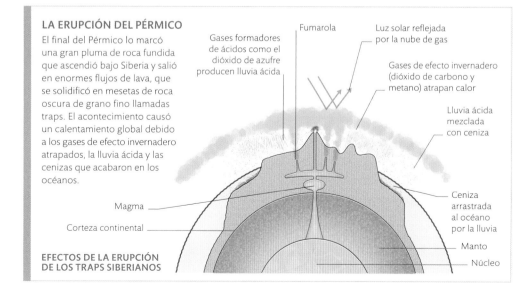

LA ERUPCIÓN DEL PÉRMICO

El final del Pérmico lo marcó una gran pluma de roca fundida que ascendió bajo Siberia y salió en enormes flujos de lava, que se solidificó en mesetas de roca oscura de grano fino llamadas traps. El acontecimiento causó un calentamiento global debido a los gases de efecto invernadero atrapados, la lluvia ácida y las cenizas que acabaron en los océanos.

Gases formadores de ácidos como el dióxido de azufre producen lluvia ácida

Fumarola

Luz solar reflejada por la nube de gas

Gases de efecto invernadero (dióxido de carbono y metano) atrapan calor

Lluvia ácida mezclada con ceniza

Ceniza arrastrada al océano por la lluvia

Magma

Corteza continental

Manto

Núcleo

EFECTOS DE LA ERUPCIÓN DE LOS TRAPS SIBERIANOS

Trilobite ciego,
con céfalon sin ojos

Eje central entre
lóbulos pleurales
diferenciados

Ojos alargados
en forma de
media luna

Cuerpo de hasta
50 cm de largo de
la cabeza a la cola

CONOCORYPHE

ELRATHIA

OLENELLUS

PARADOXIDES

El auge de los trilobites

Los trilobites surgieron durante la explosión del Cámbrico, hace 539–520 millones de años (pp. 256–257), y sus duraderos exoesqueletos son un componente importante del registro fósil. Los trilobites tuvieron gran éxito y alcanzaron un pico de diversidad hacia el final del Cámbrico (hace 485 millones de años) y en el Ordovícico.

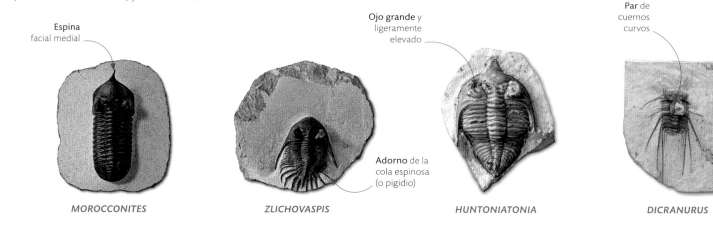

Espina
facial medial

Ojo grande y
ligeramente
elevado

Par de
cuernos
curvos

Adorno de la
cola espinosa
(o pigidio)

MOROCCONITES

ZLICHOVASPIS

HUNTONIATONIA

DICRANURUS

El declive de los trilobites

Tras la extinción masiva del Ordovícico, a lo largo del Silúrico y el Devónico, el número de familias de trilobites siguió decreciendo, pero quedaban muchos grupos con rasgos muy ornamentados. Solo un orden de trilobites, los proétidos, sobrevivió más allá del Devónico, y desapareció finalmente en la extinción masiva del Pérmico (pp. 276–277).

diversidad de trilobites

El cuerno en forma de
tridente se extendía por
delante del céfalon

Los trilobites eran artrópodos —animales con exosqueleto, cuerpo segmentado y apéndices articulados pares— marinos, del filo que incluye a los actuales crustáceos, arácnidos e insectos. Su cuerpo se dividía en tres segmentos: céfalon (cabeza), tórax y pigidio (cola). La boca se abría en la parte inferior del cuerpo, bajo el céfalon. El nombre *trilobites* ('de tres lóbulos') se debe a que el tórax estaba dividido en tres partes: un lóbulo axial central y un lóbulo pleural a cada lado, cada uno de estos provisto de patas. Con este plan corporal, los trilobites se diversificaron en los océanos y vivieron durante 270 millones de años, dejando un rico registro fósil de más de 20 000 especies.

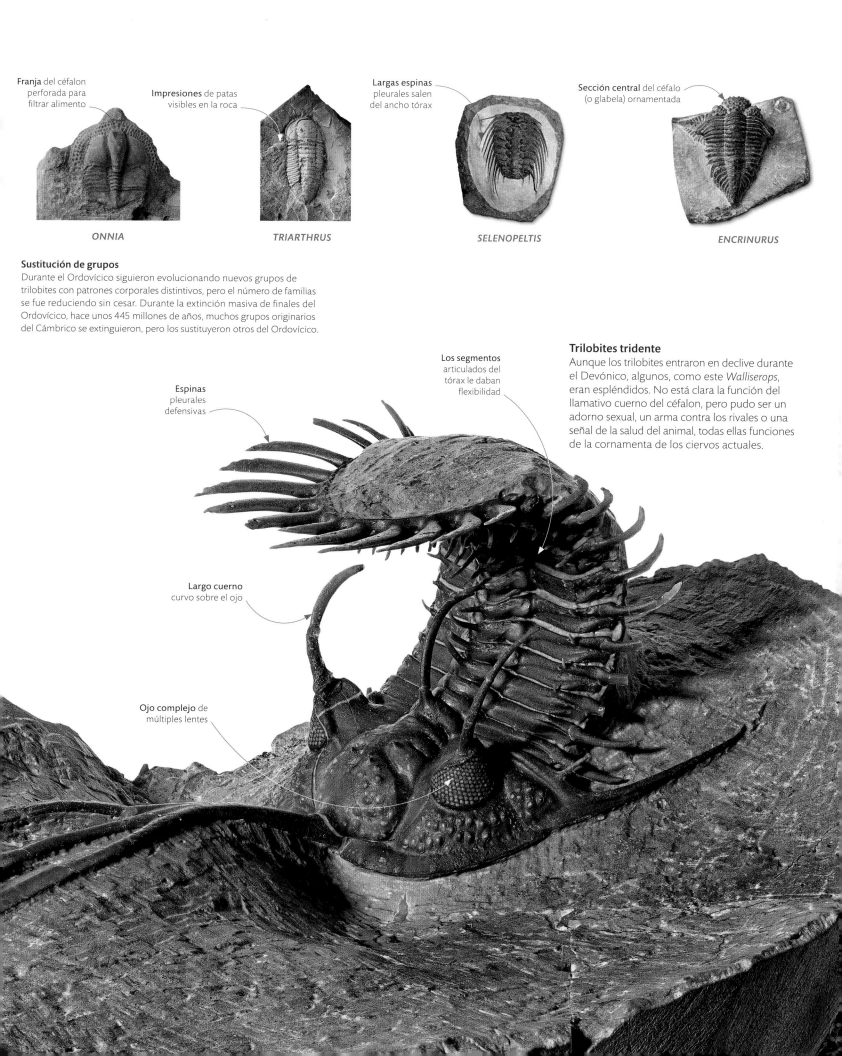

Franja del céfalon perforada para filtrar alimento

Impresiones de patas visibles en la roca

Largas espinas pleurales salen del ancho tórax

Sección central del céfalo (o glabela) ornamentada

ONNIA

TRIARTHRUS

SELENOPELTIS

ENCRINURUS

Sustitución de grupos

Durante el Ordovícico siguieron evolucionando nuevos grupos de trilobites con patrones corporales distintivos, pero el número de familias se fue reduciendo sin cesar. Durante la extinción masiva de finales del Ordovícico, hace unos 445 millones de años, muchos grupos originarios del Cámbrico se extinguieron, pero los sustituyeron otros del Ordovícico.

Los segmentos articulados del tórax le daban flexibilidad

Trilobites tridente

Aunque los trilobites entraron en declive durante el Devónico, algunos, como este *Walliserops*, eran espléndidos. No está clara la función del llamativo cuerno del céfalon, pero pudo ser un adorno sexual, un arma contra los rivales o una señal de la salud del animal, todas ellas funciones de la cornamenta de los ciervos actuales.

Espinas pleurales defensivas

Largo cuerno curvo sobre el ojo

Ojo complejo de múltiples lentes

sobrevivir a la sequía

Todos los seres vivos necesitan agua, pero muchos han desarrollado modos de vivir en hábitats áridos. Al desplazarse los continentes, ciertas zonas se desertizan por diferentes motivos, y algunas muy tierra adentro apenas reciben lluvia. Hace unos 250 millones de años —justo antes de la era de los dinosaurios—, casi toda la tierra emergida constituía el continente Pangea, con un vasto interior desértico, y la temperatura global era muy elevada. Los anfibios que ponían huevos sin cáscara en el agua decayeron; pero los reptiles, cuyos huevos con cáscara se desarrollaban en tierra, pudieron prosperar en las regiones más secas.

Interior de Mongolia
La sombra orográfica de la meseta del Tíbet impide a los vientos húmedos llegar al desierto de Gobi, en el centro del Asia continental. Dados sus extremos térmicos —con inviernos extremadamente fríos y veranos calurosos y secos—, la vegetación es escasa, y solo sobreviven allí animales adaptados al desierto.

Embrión de ovirraptosaurio listo para eclosionar, perfectamente conservado

Cáscara de calcita rica en calcio, como las de los reptiles modernos

Huevo de cáscara dura
La evolución de los huevos con cáscara —como este fósil de hace 66 millones de años— fue crucial para que los reptiles pudieran reproducirse lejos del agua.

ADAPTACIÓN A LA ARIDEZ
La aridez de un hábitat la determinan los niveles relativos de precipitaciones y evaporación. Un desierto subhúmedo no pierde más de dos veces el volumen de su precipitación anual, mientras que en los más áridos se evapora 200 veces más agua de la que reciben, lo cual exige a los seres vivos adaptaciones extremas para obtenerla del entorno.

CLAVE
→ Evaporación del agua
◊ Lluvia

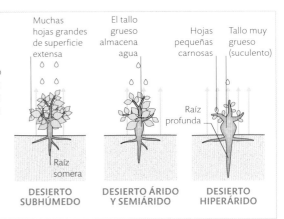

Muchas hojas grandes de superficie extensa

Raíz somera

DESIERTO SUBHÚMEDO

El tallo grueso almacena agua

DESIERTO ÁRIDO Y SEMIÁRIDO

Hojas pequeñas carnosas

Tallo muy grueso (suculento)

Raíz profunda

DESIERTO HIPERÁRIDO

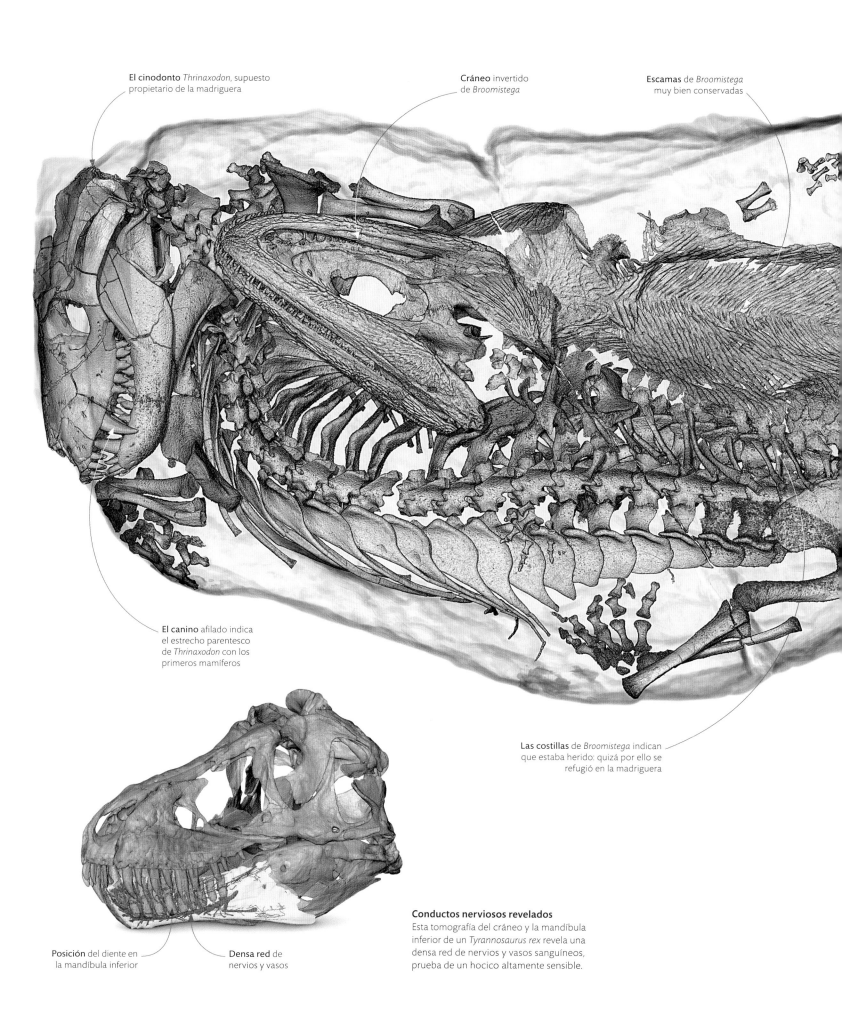

El cinodonto *Thrinaxodon*, supuesto
propietario de la madriguera

Cráneo invertido
de *Broomistega*

Escamas de *Broomistega*
muy bien conservadas

El canino afilado indica
el estrecho parentesco
de *Thrinaxodon* con los
primeros mamíferos

Las costillas de *Broomistega* indican
que estaba herido: quizá por ello se
refugió en la madriguera

Posición del diente en
la mandíbula inferior

Densa red de
nervios y vasos

Conductos nerviosos revelados
Esta tomografía del cráneo y la mandíbula
inferior de un *Tyrannosaurus rex* revela una
densa red de nervios y vasos sanguíneos,
prueba de un hocico altamente sensible.

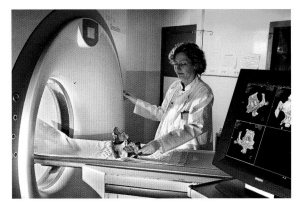

Un dinosaurio por dentro
Las estructuras internas del cráneo fósil de un *Arcovenator*, dinosaurio terópodo hallado en Francia, se ven con gran detalle usando un tomógrafo.

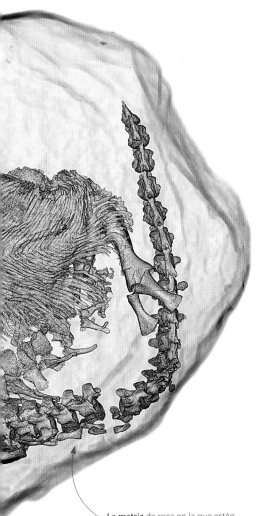

La matriz de roca en la que están incrustados los restos fosilizados oculta a la vista los esqueletos

Extraña pareja
Un cinodonto *Thrinaxodon* (rosa grisáceo), mamiferoide extinto, y un *Broomistega* (gris oscuro), un anfibio, quedaron enterrados juntos en una madriguera del Triásico donde el primero estaba en estado de dormancia para evitar la sequía estival. El asombroso fósil doble se reveló cuando los científicos escanearon la roca con un acelerador de partículas sincrotrón de alta energía, sospechando que contenía una madriguera fósil de cinodonto.

escaneo de fósiles

Los rasgos externos de huesos y dientes revelan solo algunos aspectos de la biología de animales extintos. Para conocer otras características, los científicos tienen que ver el esqueleto por dentro, donde hubo tejidos blandos. En el pasado esto solo era posible destruyendo partes del fósil, problema que evitan los modernos métodos de escaneo, con los que pueden estudiarse también fósiles que no se pueden retirar de la roca que los encierra.

Desde la década de 1970 se utilizan tecnologías de rayos X para estudiar fósiles. Los rayos penetran en la roca que los contiene y revelan las distintas densidades de las estructuras internas. En las décadas de 1980 y 1990, con ordenadores más potentes y accesibles, se generalizó el uso de la tomografía computarizada (TC) por parte de los paleontólogos. En esta técnica, el ordenador alinea cientos de imágenes de rayos X desde ángulos diferentes, creando una imagen tridimensional del interior del fósil.

Las técnicas de TC han mejorado continuamente, permitiendo a los científicos reconstruir digitalmente la anatomía interna de organismos antiguos con un detalle sin precedentes. Se ha podido visualizar el cerebro de animales extintos hace mucho tiempo, entre ellos dinosaurios, reptiles marinos y los primeros mamíferos. La comparación del tamaño de distintas partes del cerebro permite conocer la importancia de sentidos como la vista o el olfato en un animal.

La TC muestra también otras estructuras, como las delicadas cámaras del oído interno, redes nerviosas e incluso las capas de crecimiento de los dientes. Hoy, herramientas de escaneo aún más potentes, como el acelerador de partículas sincrotrón, revelan un detalle cada vez mayor, incluso a nivel microscópico.

> ❝ Casi todos los problemas tradicionales asociados a la recuperación de datos fósiles de las rocas se superan con la imagen 3D moderna. ❞

JOHN CUNNINGHAM *ET AL., A VIRTUAL WORLD OF PALEONTOLOGY* (2014)

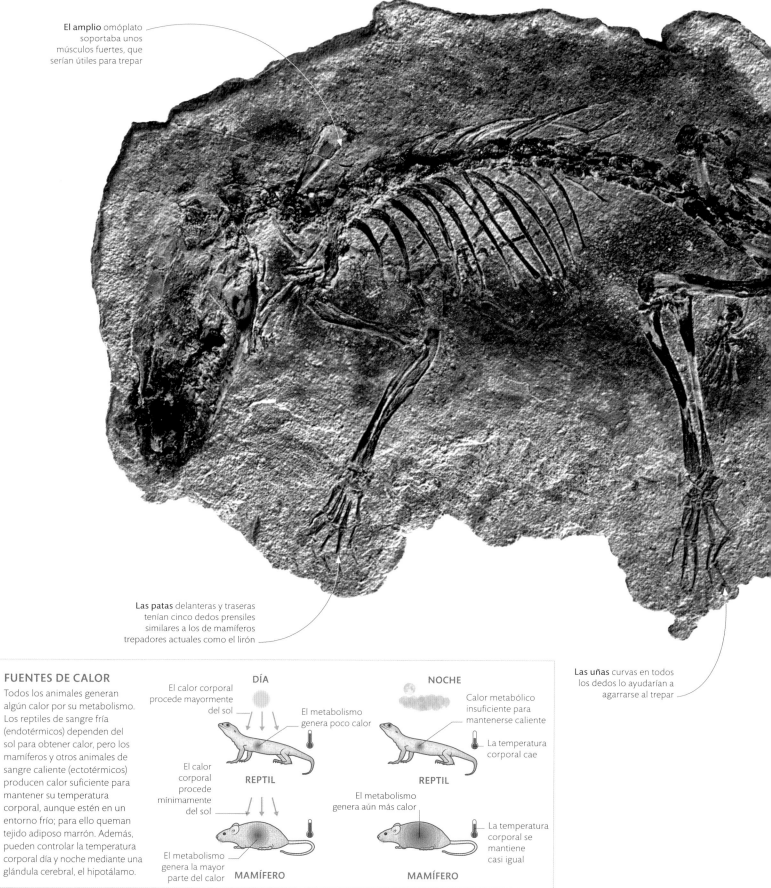

El **amplio** omóplato soportaba unos músculos fuertes, que serían útiles para trepar

Las patas delanteras y traseras tenían cinco dedos prensiles similares a los de mamíferos trepadores actuales como el lirón

Las uñas curvas en todos los dedos lo ayudarían a agarrarse al trepar

FUENTES DE CALOR

Todos los animales generan algún calor por su metabolismo. Los reptiles de sangre fría (endotérmicos) dependen del sol para obtener calor, pero los mamíferos y otros animales de sangre caliente (ectotérmicos) producen calor suficiente para mantener su temperatura corporal, aunque estén en un entorno frío; para ello queman tejido adiposo marrón. Además, pueden controlar la temperatura corporal día y noche mediante una glándula cerebral, el hipotálamo.

DÍA

El calor corporal procede mayormente del sol

El metabolismo genera poco calor

REPTIL

El calor corporal procede mínimamente del sol

El metabolismo genera la mayor parte del calor

MAMÍFERO

NOCHE

Calor metabólico insuficiente para mantenerse caliente

La temperatura corporal cae

REPTIL

El metabolismo genera aún más calor

La temperatura corporal se mantiene casi igual

MAMÍFERO

Fósil peludo

La roca alrededor de los huesos fosilizados de *Eomaia* ('madre del amanecer'), del tamaño de una musaraña, muestra la impresión del pelaje, prueba clara de que era un mamífero. Vivió hace 125 millones de años en China, durante el pico cretácico de los dinosaurios, y era pariente de los mamíferos marsupiales y placentarios (pp. 298–299) actuales, si bien es demasiado antiguo para asignarlo a uno u otro grupo.

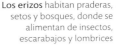

Los erizos habitan praderas, setos y bosques, donde se alimentan de insectos, escarabajos y lombrices

El halo oscuro es una impresión de carbono del pelaje que cubría el cuerpo del animal

Vértebras caudales largas: la cola (que aquí no está entera) medía el doble que el resto de la columna

Mamífero depredador

Hoy la mayoría de los mamíferos, como el erizo común *(Erinaceus europaeus)*, son nocturnos, indicio de que la búsqueda de alimento por la noche es un rasgo antiguo en su evolución. Los hábitos diurnos surgieron en grupos tardíos, como ardillas y monos.

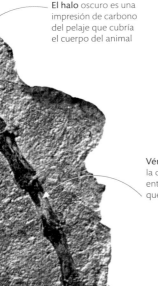

Reconstrucción de *Eomaia*

Los dedos largos con uñas y la cola larga, que contribuiría al equilibrio, apuntan a que *Eomaia* era un animal pequeño y ágil, y probablemente trepador.

El denso pelaje retendría el calor corporal

animales de sangre caliente

Mientras los reptiles de sangre fría deambulaban por la tierra calentados por los rayos del sol, algunos de sus descendientes hallaron otro modo de sobrevivir: los mamíferos endotérmicos, o de sangre caliente. Estos adoptaron un estilo de vida más frenético: sus fósiles presentan dientes afilados que indican que perseguían a insectos huidizos, y sus esqueletos sugieren que maduraban rápidamente. Algunos fósiles conservan incluso impresiones de otra innovación, el pelaje. Su dieta, rica en grasas y proteínas, alimentaba cuerpos que mantenían el calor incluso en noches frías, evitándoles la competencia con los reptiles, principalmente diurnos. Aislados por el pelaje, sus descendientes podrían sobrevivir en hábitats permanentemente fríos como la tundra ártica, inhóspitos para sus primos de sangre fría.

El valle del río Red Deer, inciso como una herida en las praderas de Alberta (Canadá), alberga algunos de los lechos de fósiles de dinosaurios más ricos del mundo. Sus colinas ofrecen un registro de la vida en el Cretácico superior (hace 78-66 millones de años) en las costas de un antiguo mar intercontinental. El valle fue esculpido por el drenaje de lagos glaciares tras el último periodo glacial (hace 11 700 años), que expuso los sedimentos cretácicos blandos.

valle del río Red Deer

Este valle es hogar de muchos pueblos de las Naciones Originarias de Canadá, que fueron los primeros coleccionistas de fósiles del lugar. Del área llamada *badlands* proceden los *iniskim*, piedras en forma de búfalo sagradas para los niitsitapi (pies negros), formadas por fósiles de amonites.

En la década de 1880, los estudios geológicos identificaron la riqueza de recursos del valle, como las vetas de carbón, además de la abundancia de fósiles de dinosaurios. En zonas como el Parque Provincial de los Dinosaurios o el cañón Horsethief, hay tantos fósiles que los paleontólogos caminan sobre esqueletos fósiles para llegar hasta los ejemplos científicamente más importantes. Aquí los fósiles revelan algunos de los ecosistemas de dinosaurios mejor conocidos, de un lapso de 12 millones de años, e incluyen grupos como los icónicos tiranosaurios, los hadrosaurios de pico de pato, los ceratopsios y los temibles dromeosaurios. En el exuberante clima subtropical, junto a estos dinosaurios vivían diversos peces, lagartos, tortugas, cocodrilos y mamíferos tempranos.

Fósil en la postura de muerte común entre los esqueletos de dinosaurio hallados en el valle

Gorgosaurus completo

Valle pintado

Los colores de las colinas del cañón Horsethief reflejan variaciones en el tipo de roca y ambientes distintos. Las lutitas (marrones), areniscas (blancas), piedras de hierro (naranja) y vetas de carbón (negras) contienen millones de fósiles, que aportan a los paleontólogos una imagen clara de los ecosistemas del Cretácico superior.

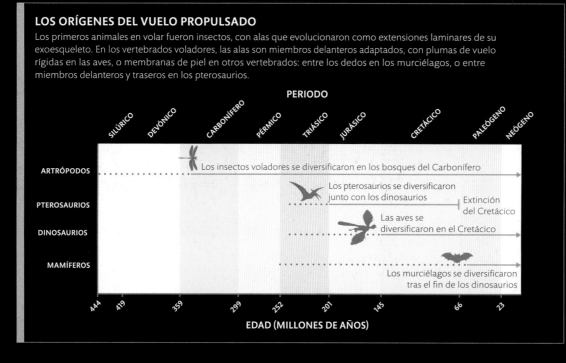

LOS ORÍGENES DEL VUELO PROPULSADO

Los primeros animales en volar fueron insectos, con alas que evolucionaron como extensiones laminares de su exoesqueleto. En los vertebrados voladores, las alas son miembros delanteros adaptados, con plumas de vuelo rígidas en las aves, o membranas de piel en otros vertebrados: entre los dedos en los murciélagos, o entre miembros delanteros y traseros en los pterosaurios.

PERIODO

SILÚRICO · DEVÓNICO · CARBONÍFERO · PÉRMICO · TRIÁSICO · JURÁSICO · CRETÁCICO · PALEÓGENO · NEÓGENO

ARTRÓPODOS — Los insectos voladores se diversificaron en los bosques del Carbonífero

PTEROSAURIOS — Los pterosaurios se diversificaron junto con los dinosaurios / Extinción del Cretácico

DINOSAURIOS — Las aves se diversificaron en el Cretácico

MAMÍFEROS — Los murciélagos se diversificaron tras el fin de los dinosaurios

444 · 419 · 359 · 299 · 252 · 201 · 145 · 66 · 23

EDAD (MILLONES DE AÑOS)

alzando el vuelo

Muchos seres vivos vencen a la gravedad y se elevan por la atmósfera, que deviene una vía aérea para recorrer distancias rápidamente debido a la escasa fricción, además de una fuente potencial de alimento. Plantas y hongos liberan semillas, polen y esporas, mientras que los animales voladores desarrollaron alas, lo bastante amplias para generar sustentación y lo bastante finas para ser ligeras. Muchos animales —como las ardillas voladoras— tienen alas estáticas, que les permiten tan solo planear (p. 299). Otros, en cambio, baten las alas generando empuje, lo cual les permite aprovechar el aire en mucho mayor grado; algunas aves actuales pueden permanecer en vuelo durante meses.

Dedos provistos de uñas reptilianas

Libélula jurásica
Cuando empezaron a volar las primeras aves, insectos como esta libélula *Cymatophlebia* fósil llevaban volando 200 millones de años.

Alas formadas a partir del exoesqueleto, claramente separadas de las patas

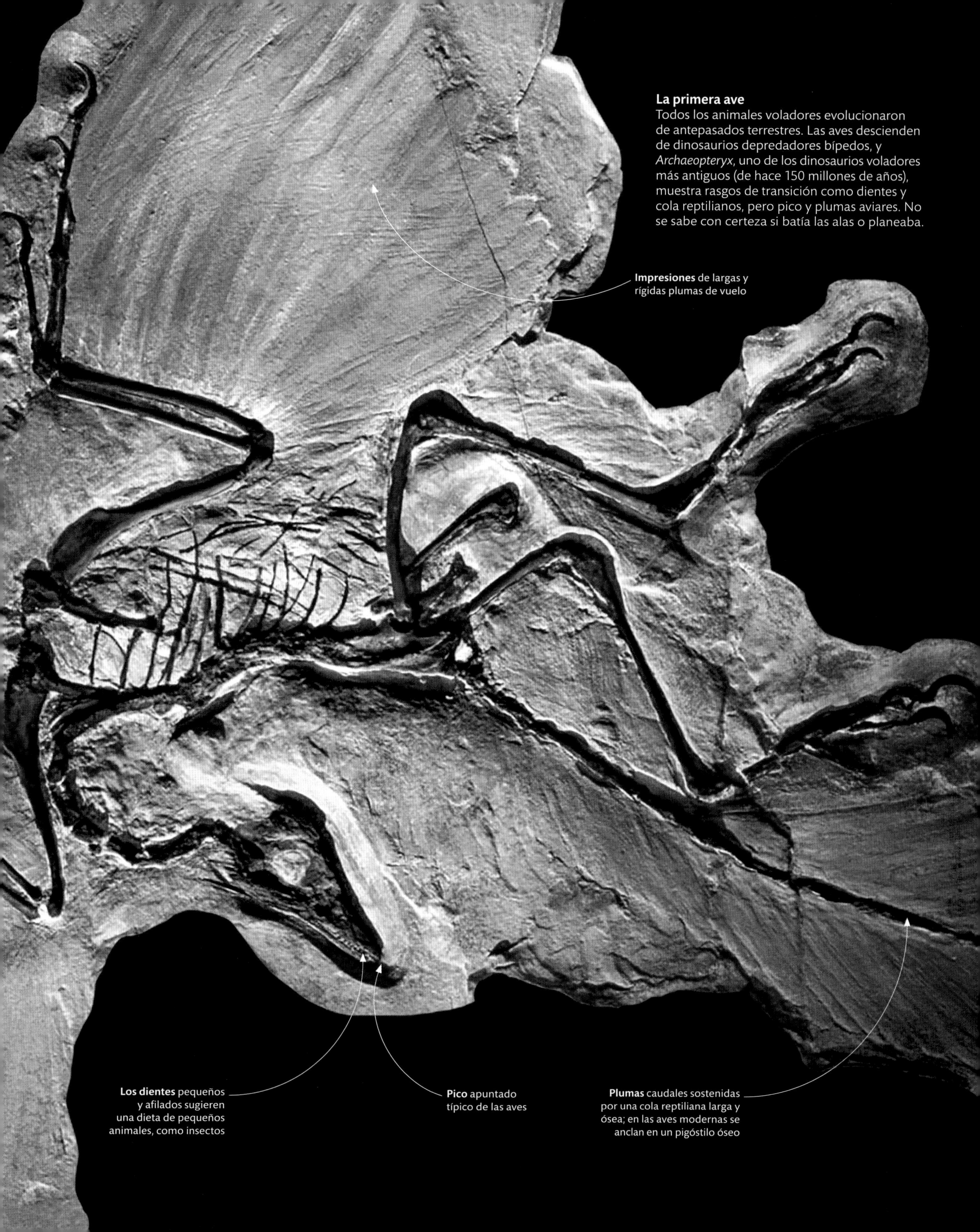

La primera ave
Todos los animales voladores evolucionaron de antepasados terrestres. Las aves descienden de dinosaurios depredadores bípedos, y *Archaeopteryx*, uno de los dinosaurios voladores más antiguos (de hace 150 millones de años), muestra rasgos de transición como dientes y cola reptilianos, pero pico y plumas aviares. No se sabe con certeza si batía las alas o planeaba.

Impresiones de largas y rígidas plumas de vuelo

Los dientes pequeños y afilados sugieren una dieta de pequeños animales, como insectos

Pico apuntado típico de las aves

Plumas caudales sostenidas por una cola reptiliana larga y ósea; en las aves modernas se anclan en un pigóstilo óseo

gigantes terrestres

Los dinosaurios vivieron en el Mesozoico, hace 252–66 millones de años, e incluyeron algunos de los mayores animales que han vivido sobre la tierra. Los animales adquieren tamaño convirtiendo alimento en tejidos, y los más grandes tienen un apetito enorme; los dinosaurios gigantes probablemente tendrían, además de un gran apetito, una fisiología eficiente. Gracias a un sistema de sacos aéreos suplementarios, sus pulmones extraían más oxígeno del aire al respirar. En las aves actuales, descendientes de los dinosaurios (p. 288), estos sacos aligeran el cuerpo, lo que las ayuda a volar. En los dinosaurios, facilitaban el esfuerzo muscular, ayudándoles a caminar. Un metabolismo rápido (por ser rico en oxígeno) conlleva un crecimiento rápido: se estima que estos gigantes podían ganar dos toneladas de peso al año.

Mandíbulas pequeñas con dientes capaces de cortar hojas, pero no masticarlas

Tyrannosaurus rex medía unos 12 m de largo desde el morro hasta la punta de la cola

La larga cola servía de contrapeso al resto del cuerpo

Los gruesos fémures soportaban el peso corporal, pero exigían un gran esfuerzo a los músculos de las patas

Depredador gigante
La evolución produjo depredadores cada vez mayores capaces de atacar a presas grandes, provistos de armas para matar rápido y reducir así el riesgo de ser heridos por la víctima. *Tyrannosaurus rex* era un terópodo, grupo de dinosaurios carnívoros bípedos, y como otros terópodos gigantes, tenía una cabeza grande y unas enormes mandíbulas. Las marcas de sus dientes en presas fósiles indican que tenía una mordedura más potente que la de cualquier depredador actual.

Extremidades anteriores pequeñas provistas de dos uñas, probablemente poco usadas para atacar a las presas, aunque algunos expertos proponen que podían ser una buena herramienta de corte

Las grandes garras traseras le servirían para rajar a las presas

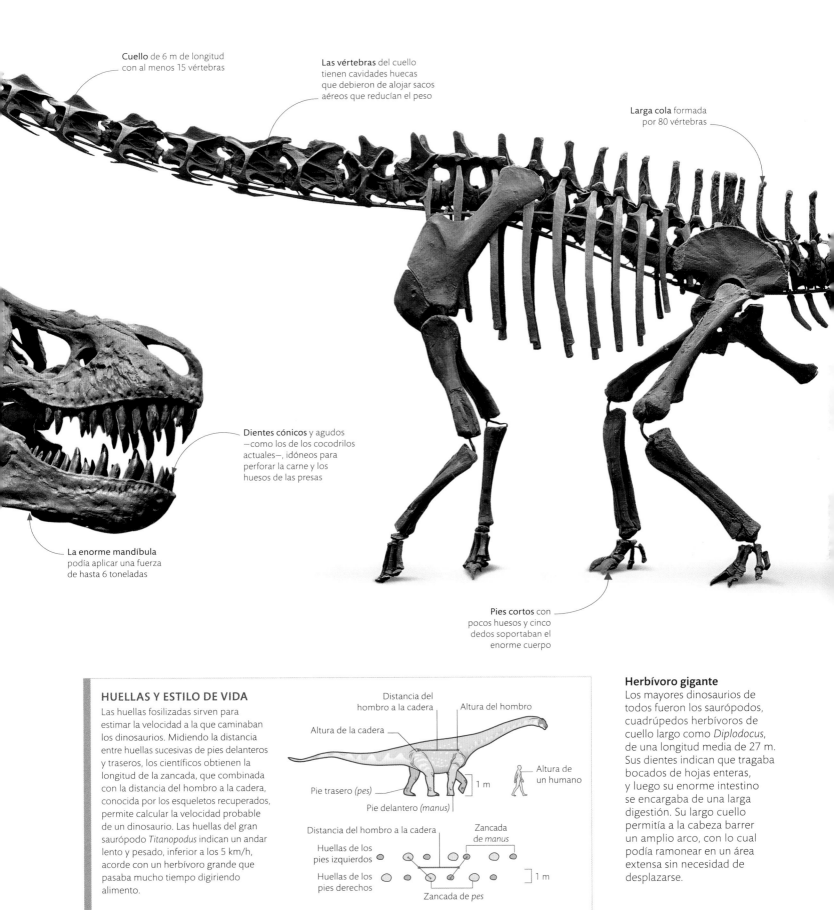

Cuello de 6 m de longitud con al menos 15 vértebras

Las vértebras del cuello tienen cavidades huecas que debieron de alojar sacos aéreos que reducían el peso

Larga cola formada por 80 vértebras

Dientes cónicos y agudos —como los de los cocodrilos actuales—, idóneos para perforar la carne y los huesos de las presas

La enorme mandíbula podía aplicar una fuerza de hasta 6 toneladas

Pies cortos con pocos huesos y cinco dedos soportaban el enorme cuerpo

HUELLAS Y ESTILO DE VIDA

Las huellas fosilizadas sirven para estimar la velocidad a la que caminaban los dinosaurios. Midiendo la distancia entre huellas sucesivas de pies delanteros y traseros, los científicos obtienen la longitud de la zancada, que combinada con la distancia del hombro a la cadera, conocida por los esqueletos recuperados, permite calcular la velocidad probable de un dinosaurio. Las huellas del gran saurópodo *Titanopodus* indican un andar lento y pesado, inferior a los 5 km/h, acorde con un herbívoro grande que pasaba mucho tiempo digiriendo alimento.

Distancia del hombro a la cadera

Altura del hombro

Altura de la cadera

Altura de un humano

Pie trasero (*pes*)

Pie delantero (*manus*)

1 m

Distancia del hombro a la cadera

Zancada de *manus*

Huellas de los pies izquierdos

Huellas de los pies derechos

Zancada de *pes*

1 m

CÁLCULO DE LA ZANCADA DE *TITANOPODUS*

Herbívoro gigante

Los mayores dinosaurios de todos fueron los saurópodos, cuadrúpedos herbívoros de cuello largo como *Diplodocus*, de una longitud media de 27 m. Sus dientes indican que tragaba bocados de hojas enteras, y luego su enorme intestino se encargaba de una larga digestión. Su largo cuello permitía a la cabeza barrer un amplio arco, con lo cual podía ramonear en un área extensa sin necesidad de desplazarse.

Abeja fosilizada

Entre los insectos dominantes tras la extinción de los dinosaurios estaban las abejas, que se diversificaron junto con las plantas con flores. Esta abeja quedó atrapada hace 50 millones de años en ámbar —resina solidificada—, como muchos pequeños animales prehistóricos.

La cavidad pilosa de la pata trasera transportaba polen

Ojos compuestos mayores y probablemente con más receptores de color que los de los escarabajos

La antena, de 11 segmentos, pudo tener sensores para detectar el olor de los conos de cícada, como en los *Boganiidae* actuales

LOS PRIMEROS POLINIZADORES

El Cretácico (hace unos 145–66 millones de años) se conoce sobre todo como el periodo final de los dinosaurios, pero fue también un tiempo de grandes cambios en la vegetación y los insectos: plantas con conos como las cícadas declinaron mientras se diversificaban las plantas con flores, y sus polinizadores cambiaron también. Las plantas con conos habían dependido de escarabajos y moscas, que probablemente polinizaron también las primeras flores, pero estas atrajeron después a himenópteros como las abejas, que succionaban el néctar con sus piezas bucales adaptadas.

POLINIZADORES DEL CRETÁCICO

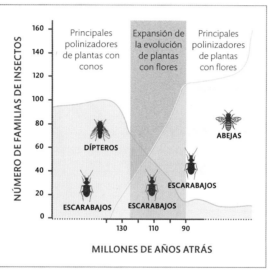

NÚMERO DE FAMILIAS DE INSECTOS

Principales polinizadores de plantas con conos

Expansión de la evolución de plantas con flores

Principales polinizadores de plantas con flores

DÍPTEROS

ABEJAS

ESCARABAJOS

ESCARABAJOS

ESCARABAJOS

130 110 90

MILLONES DE AÑOS ATRÁS

LAS PRIMERAS FLORES

Comparando las flores de varias familias de plantas actuales con fósiles se ha reconstruido el aspecto probable de una flor del Cretácico inferior. Robusta y de pétalos gruesos, recuerda a las magnolias. Al igual que estas —y las cícadas antes dominantes—, probablemente era polinizada por escarabajos con una pobre percepción del color y piezas bucales masticadoras. El polen, el néctar y partes de la flor pudieron ser también alimento para los insectos.

RECONSTRUCCIÓN DE UNA FLOR ANCESTRAL

El círculo central de estambres (partes masculinas) producía el polen, que se adhería a los escarabajos

La espiral interior de carpelos (partes femeninas) contenía óvulos, que eran fecundados por polen de otras plantas

Los gruesos pétalos resistían las piezas bucales masticadoras de los escarabajos polinizadores

Polinizador de cícadas

Este escarabajo *Cretoparacucujus* de hace unos 100 millones de años está tan bien conservado en ámbar fósil que puede atribuirse con certeza a la familia *Boganiidae*, que sigue polinizando las cícadas hoy. Además se encontraron granos de polen de cícada en el mismo fragmento de ámbar. Las cícadas producen mucho polen: parte se lo comen los escarabajos, y parte es transportado por estos hasta las plantas vecinas, que así las polinizan.

insectos polinizadores

Las plantas han tenido una fortuna diversa con la vida animal de su entorno. Muchas desarrollaron sustancias tóxicas contra los herbívoros, que respondieron desarrollando medios para resistirlas. En la época de los dinosaurios, sin embargo, surgió una relación de beneficio mutuo entre insectos, que transportaban el polen para la reproducción vegetal, y espermatofitas, que les recompensaban con alimento. Tal relación comenzó con las cícadas, parientes lejanas de las coníferas polinizadas por el viento (p. 309), y tuvo tanto éxito que transformó la faz del planeta. Evolucionaron espermatofitas nuevas, con flores en lugar de conos, y florecieron por toda la Tierra.

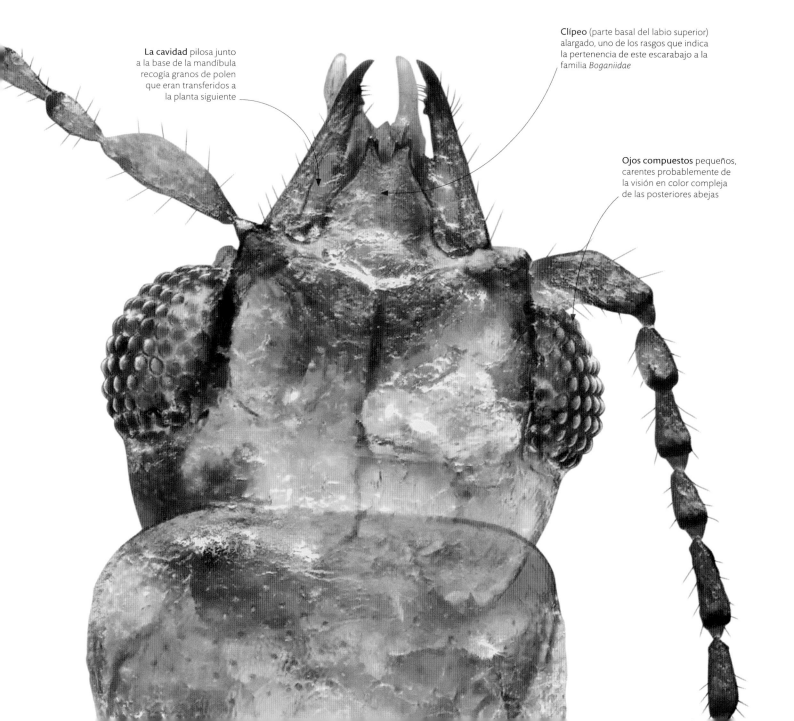

La cavidad pilosa junto a la base de la mandíbula recogía granos de polen que eran transferidos a la planta siguiente

Clípeo (parte basal del labio superior) alargado, uno de los rasgos que indica la pertenencia de este escarabajo a la familia *Boganiidae*

Ojos compuestos pequeños, carentes probablemente de la visión en color compleja de las posteriores abejas

Columna
levemente arqueada

Gorguera característica
de hueso macizo

Fuertes extremidades
para sostener y mover el
enorme cuerpo del animal

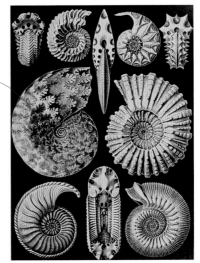

La concha espiral
fosilizada contuvo
un cuerpo blando
con tentáculos

Moluscos perdidos

La extinción del final del Cretácico
fue tan devastadora para la vida
marina como para la terrestre, y
desaparecieron muchas especies
contemporáneas de los dinosaurios,
entre ellas los amonites, parientes
de concha espiral de los calamares
y los pulpos.

Los últimos dinosaurios

Al final del Cretácico, la Tierra estaba llena de dinosaurios, como los *Triceratops* de tres cuernos, pero su largo reinado estaba ya amenazado por emisiones tóxicas de erupciones volcánicas masivas en los traps del Decán, en Asia. El impacto del asteroide fue el golpe de gracia: el abrupto corte en el registro fósil indica que, en cuestión de milenios, habían muerto todos. *Triceratops* contaba con una serie de adaptaciones defensivas y alimentarias eficaces, pero ninguna lo había preparado para esta catástrofe.

PRUEBAS DEL ASTEROIDE

En 1978, los geofísicos descubrieron unas anomalías en las rocas del golfo de México que apuntaban al impacto de un asteroide masivo. Este dejó un cráter de 200 km de diámetro cerca de Chicxulub Pueblo, en el extremo norte de lo que hoy es la península de Yucatán. Luego se descubrió una fina capa de iridio, elemento común en los asteroides, en rocas del final del Cretácico de todo el mundo, prueba de que restos del asteroide se depositaron muy lejos del impacto, y el efecto fue verdaderamente global.

EL CRÁTER DE CHICXULUB

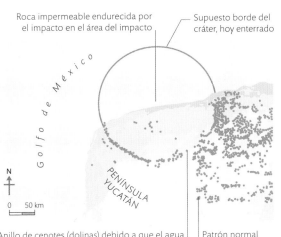

Roca impermeable endurecida por el impacto en el área del impacto

Supuesto borde del cráter, hoy enterrado

Golfo de México

PENÍNSULA YUCATÁN

N

0   50 km

Anillo de cenotes (dolinas) debido a que el agua disolvió la roca debilitada cerca del borde del cráter

Patrón normal de cenotes

El cráneo fue uno de los mayores de cualquier animal terrestre: su peso constituía un tercio de las 6 toneladas de peso del animal

Los cuernos pudieron servir para la defensa o el cortejo

Tercer cuerno menor, de ahí el nombre de *Triceratops*

Hileras de dientes crestados, capaces de cortar plantas duras como las cícadas que prosperaban entonces

La punta del morro en forma de pico sin dientes serviría tal vez para arrancar vegetación

el fin de los dinosaurios

En los tiempos siguientes a su formación, la Tierra fue bombardeada por asteroides. Esto coincidió con el origen de la vida unicelular, pero el hecho de surgir en el lecho oceánico pudo protegerla del daño. La mayoría de los asteroides que alcanzaron el planeta desde entonces eran demasiado pequeños para afectar gravemente a la biosfera, y la vida pudo evolucionar en una complejidad extraordinaria. Pero hace unos 66 millones de años, un asteroide cambió el curso de la evolución. Llenó la atmósfera de polvo y hollín que sumieron a la Tierra en un oscuro invierno que duró miles de años, y se extinguieron tres cuartas partes de las especies vegetales y animales, incluidos los dinosaurios gigantes.

Insectos

En el yacimiento de Messel se han recuperado más de 20 000 fósiles de insectos, con representantes de todos los principales grupos de insectos actuales. Conservan rasgos delicados como alas, antenas y ojos. En algunos ejemplares se aprecian incluso las nanoestructuras reflectantes de la luz de su exoesqueleto, de modo que no solo son iridiscentes, sino que además ofrecen la posibilidad de reconstruir los vivos colores de estos antiguos insectos.

Colores iridiscentes claramente visibles

ESCARABAJO DE TIERRA
Ceropria messelense

Se ha conservado la delicada estructura de las alas

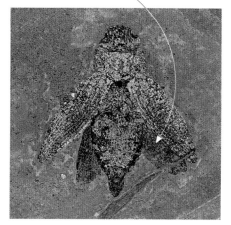

ESCARABAJO JOYA
Psiloptera weigelti

Vertebrados de sangre fría

El cálido clima de invernadero del Eoceno favoreció una gran diversidad de peces, anfibios y reptiles. El lago Messel y los bosques subtropicales de los alrededores albergaron a más de 30 especies de reptiles, entre ellos tortugas, lagartos, serpientes y cocodrilos. Algunos esqueletos quedaron «retratados» en sus momentos finales: hay tortugas fosilizadas apareándose, y serpientes con su última comida en el estómago.

Espinas de la aleta dorsal semejantes a las de una perca actual

PEZ
Amphiperca multiformis

Huesos del tobillo no fusionados, a diferencia de las ranas actuales

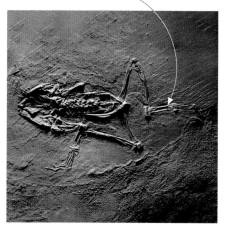

RANA
Eopelobates wagneri

Vertebrados de sangre caliente

En el yacimiento de Messel se ha hallado una gama increíble de mamíferos y aves. Representantes antiguos de grupos actualmente importantes muestran que los ecosistemas del Eoceno empezaban a parecerse a las comunidades modernas, coexistiendo los protocaballos con tapires y roedores primitivos y primates arborícolas. Los murciélagos compartían el cielo con multitud de aves: en la zona se conocen más de 70 especies.

Patas largas típicas de las aves limícolas

IBIS
Rhynchaeites messelense

Membrana alar entre los huesos de las extremidades superiores

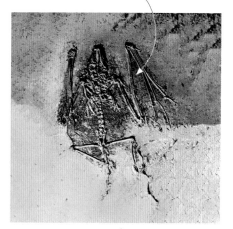

MURCIÉLAGO
Palaeochiropteryx tupaiodon

Ovipositor (órgano para depositar huevos) grande y prominente

AVISPA PARÁSITA
Xanthopimpla messelensis

la comunidad fósil

Lagerstätten ('lugares de almacenaje') es el término alemán que designa los yacimientos o depósitos sedimentarios con fósiles excepcionalmente bien conservados. El de Messel, que se trata de los restos de un antiguo lago volcánico en Alemania, con más de 53 000 fósiles de plantas y animales hallados, abre una ventana sin parangón a un ecosistema del Eoceno de hace 47 millones de años. La falta de oxígeno y de corrientes en el fondo del lago garantizó la conservación, pero aún se debate cómo se conservaron tantas especies. Una explicación sería la emisión periódica de gases tóxicos del lago, que habría matado a los animales del bosque subtropical de alrededor; otra, que proliferaciones de algas pudieron envenenar a los animales que bebían el agua.

Caparazón abombado compactado por el sedimento

TORTUGA
Allaeochelys crassesculptata

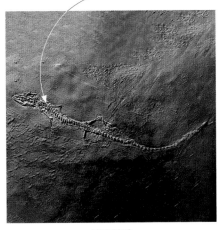

Las escamas con quilla facilitan el movimiento entre la vegetación

VARANO
Paranecrosaurus feisti

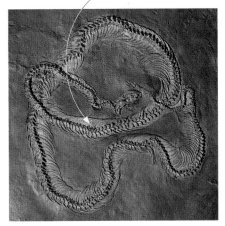

Restos de los potentes músculos constrictores

SERPIENTE
Eoconstrictor fischeri

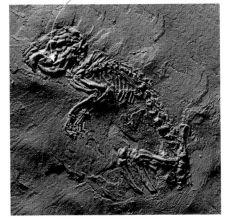

Musculatura de la mandíbula como la de cobayas y puercoespines

ROEDOR
Masillamys beegeri

Pulgares oponibles adaptados para trepar

PRIMATE
Darwinius massillae

Dientes como los del rinoceronte, prueba de vínculos ancestrales con este, además de con el tapir

PERISODÁCTILO SIMILAR AL TAPIR
Hyrachyus minimus

la era de los mamíferos

Al evolucionar, los seres vivos se adaptan a distintos nichos en la biosfera. Hace más de 100 millones de años —cuando los dinosaurios dominaban la tierra—, los mamíferos eran pequeños cazadores nocturnos. Extinguidos los dinosaurios (pp. 294-295), los mamíferos vivíparos se diversificaron en nuevos herbívoros y carnívoros y, sin competencia, llenaron los nichos vacantes. Divergieron en dos grupos principales: marsupiales, cuyas crías se desarrollan en una bolsa o marsupio, y placentarios, que permanecen más tiempo en el útero materno; pero hubo trayectorias evolutivas convergentes, como la de algunos marsupiales depredadores australianos que devinieron semejantes a los grandes felinos placentarios de otras partes del mundo.

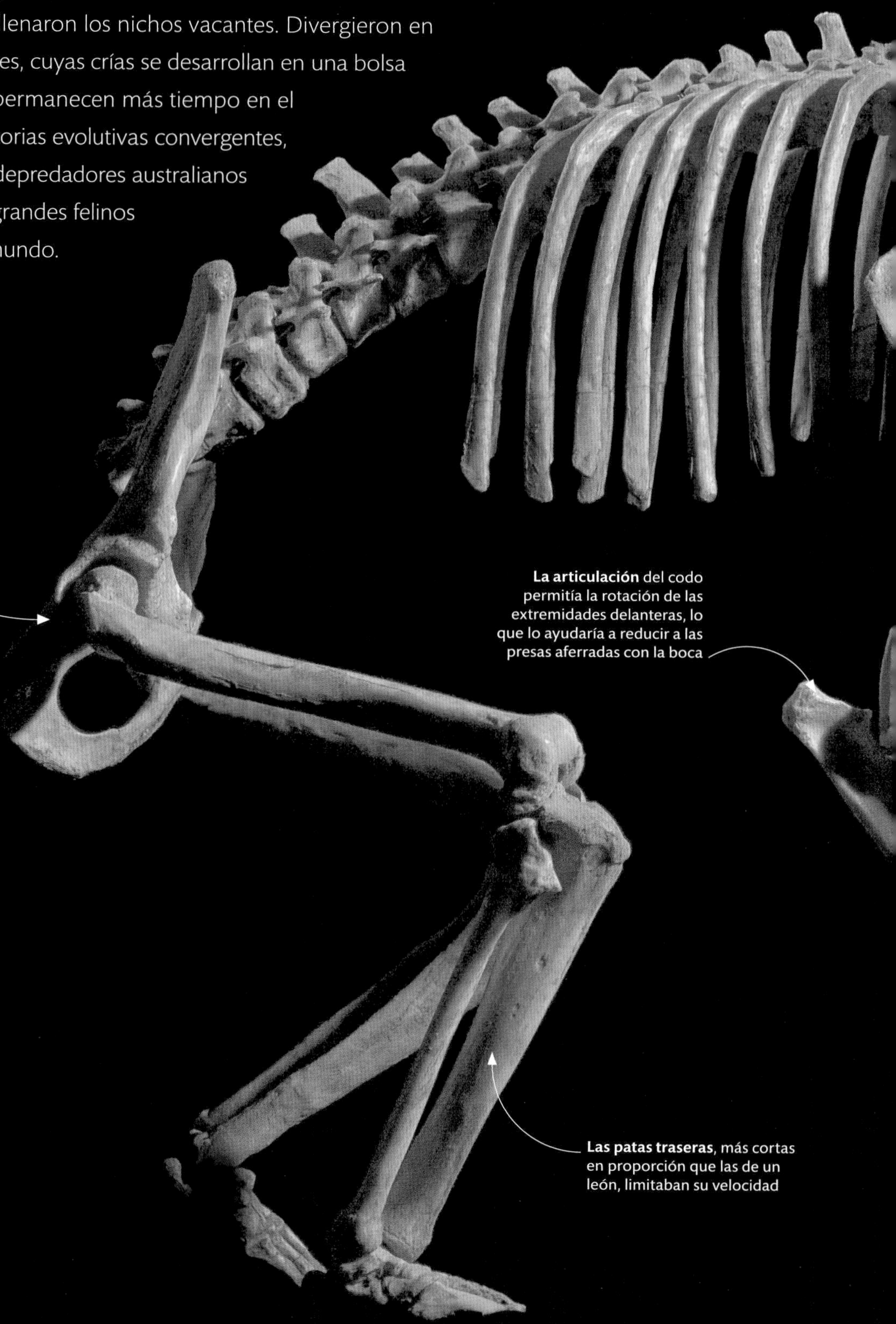

Las vértebras se extendían en una larga cola, ausente en este ejemplar

La articulación del codo permitía la rotación de las extremidades delanteras, lo que lo ayudaría a reducir a las presas aferradas con la boca

Esqueleto de león marsupial
Hace 2 millones de años, *Thylacoleo carniflex* era uno de los mayores depredadores de Australia. Tenía dientes cortantes y uñas afiladas como un gran felino, pero como marsupial era pariente más próximo de los actuales canguros y vombátidos. Ocupaba un nicho ecológico similar al de los felinos, y pudo trepar a los árboles, quizá para ocultar sus presas, como los leopardos afroasiáticos de hoy.

Las patas traseras, más cortas en proporción que las de un león, limitaban su velocidad

El cráneo corto con largas mandíbulas sugiere que su mordedura pudo ser más potente que la de cualquier mamífero conocido

Los muelas carniceras también se encuentran en la dentadura de mamíferos modernos, tanto marsupiales como placentarios

Uña grande semejante a la del espolón de los felinos actuales

Las largas patas delanteras pudieron ser útiles para trepar, o también para asestar golpes mortales con las garras

CONVERGENCIA EVOLUTIVA

Los mamíferos divergieron en placentarios y marsupiales, pero tras 60 millones de años de evolución separada hay muchos ejemplos de convergencia. Especies distintas ocupan nichos similares en distintas partes del mundo, lo que da lugar a adaptaciones similares. Especies arborícolas desarrollaron membranas cutáneas para planear de una rama a otra, e insectívoros terrestres, largas lenguas para atrapar hormigas y termitas. La convergencia de topos marsupiales y placentarios es llamativa: comparten un apetito voraz de presas subterráneas, extremidades en forma de pala y visión reducida para la vida bajo tierra.

Planea en los bosques de Australia

Habita en los bosques de América del Norte

PETAURO DEL AZÚCAR
Petaurus breviceps

ARDILLA VOLADORA
Pteromyini

Come termitas en el monte bajo de Australia

Come hormigas y termitas en praderas y sabanas de América del Sur

NUMBAT
Myrmecobius fasciatus

OSO HORMIGUERO GIGANTE
Myrmecophaga tridactyla

Excava en las dunas de Australia

Excava en bosques y prados europeos

TOPO MARSUPIAL
Notoryctes typhlops

TOPO EUROPEO
Talpa europaea

MAMÍFEROS MARSUPIALES

MAMÍFEROS PLACENTARIOS

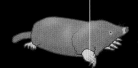

La larga cola contribuiría al equilibrio, como en los canguros actuales

Depredador de emboscada
Las largas y poderosas patas delanteras provistas de garras con uñas ganchudas, así como las patas traseras más cortas, apuntan a que *Thylacoleo* dependía más de la emboscada que de la velocidad para abatir presas.

Las uñas ganchudas le servirían para apuñalar y matar a sus presas

Los labios prensiles tiran de la hierba hacia la boca

Pacedores en marcha

Los ñus azules *(Connochaetes taurinus)*, cuya dieta consiste en un 90% en hierba, dependen de la sabana africana para alimentarse. En Masái Mara (en la imagen), grupos de miles de ñus emprenden migraciones anuales tras las lluvias estacionales que producen los mejores pastos.

Pacedor de la zona templada

En las estepas de Asia Central, los caballos salvajes de Przewalski *(Equus przewalskii)* buscan los mejores pastos en verano, y acumulan reservas de grasa para pasar el invierno, cuando la hierba deja de crecer.

DE RAMONEADORES A PACEDORES

Los mamíferos que pastan hierba baja descienden de ramoneadores (comedores de hojas, brotes y frutos de árboles o arbustos) como *Hyracotherium* y *Mesohippus*. Pacedores más especializados, como *Merychippus* y los actuales caballos, asnos y cebras, tienen dientes con coronas más altas y raíces más profundas, con bordes que se van afilando con el uso. Cortan la vegetación con los incisivos, y con los molares trituran la hierba con un movimiento lateral de la mandíbula.

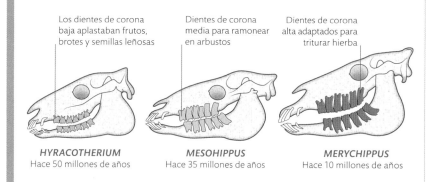

Los dientes de corona baja aplastaban frutos, brotes y semillas leñosas

Dientes de corona media para ramonear en arbustos

Dientes de corona alta adaptados para triturar hierba

HYRACOTHERIUM
Hace 50 millones de años

MESOHIPPUS
Hace 35 millones de años

MERYCHIPPUS
Hace 10 millones de años

praderas

No ha habido un grupo de plantas más influyente en la configuración de los hábitats de la biosfera moderna como las herbáceas. Se defienden con su contenido en sílice, que las hace duras de comer, y sus hojas crecen desde la base, de modo que se regeneran rápidamente tras el «ataque» de un herbívoro pacedor. Estas adaptaciones contribuyeron a su éxito, sobre todo después del impacto del asteroide que causó la extinción de los dinosaurios y tantas otras formas de vida (pp. 294–295). En la nueva biosfera resultante, en la que los bosques menguaron mucho, las herbáceas prosperaron de tal modo que crearon un nuevo tipo de hábitat: las estepas y sabanas abiertas, mayormente desprovistas de árboles, dominadas por grandes mamíferos (pp. 312–313).

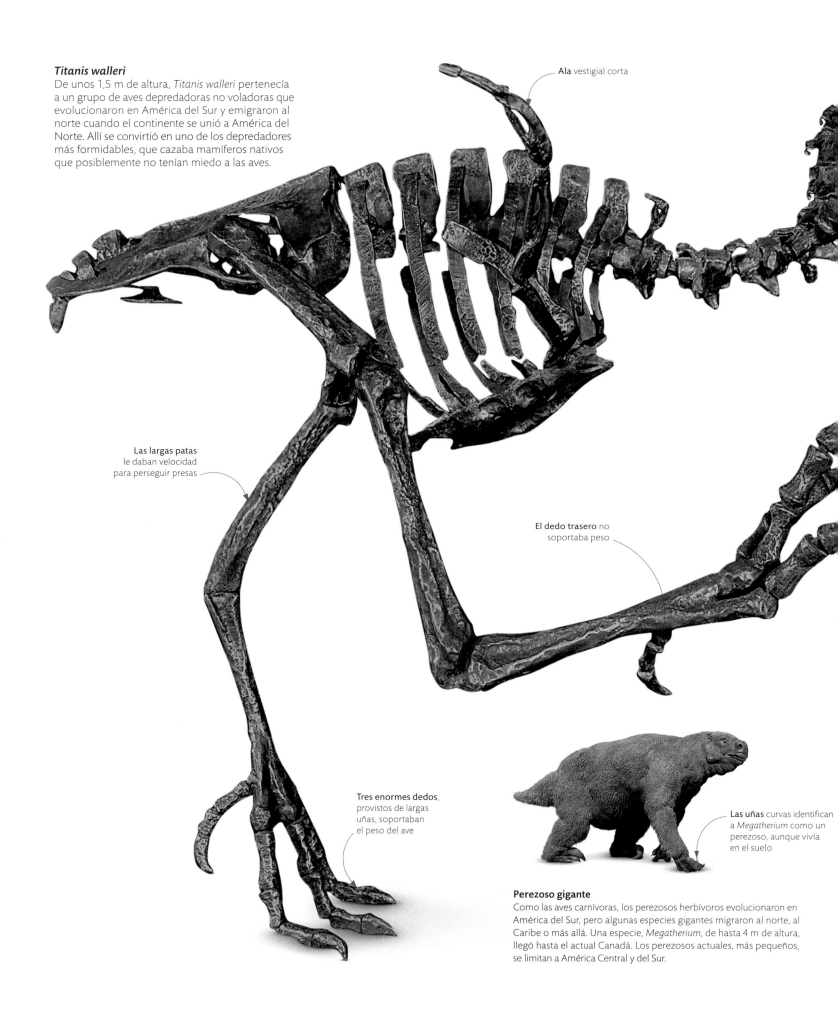

Titanis walleri

De unos 1,5 m de altura, *Titanis walleri* pertenecía a un grupo de aves depredadoras no voladoras que evolucionaron en América del Sur y emigraron al norte cuando el continente se unió a América del Norte. Allí se convirtió en uno de los depredadores más formidables, que cazaba mamíferos nativos que posiblemente no tenían miedo a las aves.

Ala vestigial corta

Las largas patas le daban velocidad para perseguir presas

El dedo trasero no soportaba peso

Tres enormes dedos, provistos de largas uñas, soportaban el peso del ave

Las uñas curvas identifican a *Megatherium* como un perezoso, aunque vivía en el suelo

Perezoso gigante

Como las aves carnívoras, los perezosos herbívoros evolucionaron en América del Sur, pero algunas especies gigantes migraron al norte, al Caribe o más allá. Una especie, *Megatherium*, de hasta 4 m de altura, llegó hasta el actual Canadá. Los perezosos actuales, más pequeños, se limitan a América Central y del Sur.

Los huesos del cráneo estaban reforzados para soportar el peso del gran pico

la vida migra

La cambiante geografía de la Tierra tiene un papel decisivo en la evolución de la biosfera. A lo largo de millones de años, el dinamismo terrestre —como la deriva de los continentes y la formación de islas— determinó la distribución de los animales, como los canguros en Australia, los perezosos en América del Sur y las aves no voladoras en islas oceánicas. Al separarse o chocar los continentes, lo mismo ocurre con su fauna. Hace varios millones de años hubo un encuentro dramático de mundos distintos al unirse América del Norte y del Sur, y los animales de una y otra se encontraron con otros que llevaban separados desde la época de los dinosaurios.

Pico agudo y profundo para aferrar y cortar presas

EL GRAN INTERCAMBIO AMERICANO

En América del Norte y del Sur, mientras estuvieron separadas, distintos grupos de mamíferos evolucionaron aisladamente. Los camellos, por ejemplo, evolucionaron en la del Norte, y los perezosos, en la del Sur. Ambos se vieron implicados en un intercambio de mamíferos, primero a través de las islas del Caribe y después a través del istmo que unió ambos continentes. Los perezosos emigraron al norte, y los guanacos actuales —descendientes de camélidos antiguos—, al sur.

El camélido *Aepycamelus major* vivió en América del Norte

Hapalops fue un perezoso terrestre de la pampa sudamericana

Megalonyx fue un perezoso terrestre de América del Norte

Istmo que conectó América del Norte y del Sur

El guanaco (*Lama guanicoe*) es un camélido vivo nativo de América del Sur

HACE 10 MILLONES DE AÑOS

HACE 1 MILLÓN DE AÑOS

CLAVE

▨ Camélidos   ▦ Xenartros (perezosos, osos hormigueros y armadillos)

AISLAMIENTO INSULAR

En las islas, ya sean volcánicas o desgajadas de continentes, la vida puede evolucionar aislada. Las islas volcánicas deben colonizarse desde el mar, pero a falta de depredadores o de una competencia fuerte, los pioneros pueden evolucionar de modos radicalmente nuevos. Los grandes dodos no voladores de Mauricio descendían de palomas ancestrales llegadas volando de Asia, y como a muchas especies isleñas, la evolución los hizo vulnerables: no pudieron sobrevivir a la llegada de cazadores humanos, y se extinguieron alrededor de 1662.

Pico grueso para machacar semillas

Ala corta

DODO NO VOLADOR
Raphus cucullatus

LA ESTEPA DE MAMUT

La vasta estepa que se extendió desde Europa por el norte de Asia hasta Canadá fue el mayor bioma de la historia, y aportó pastos a los herbívoros de la era glacial. Con tanta agua retenida en forma de hielo, este hábitat continental era más seco que la tundra actual. Hoy esta estepa ha sido sustituida en gran parte por bosque boreal (pp. 308–309), pero quedan algunas áreas en Asia Central.

LA ESTEPA DE MAMUT DURANTE LA GLACIACIÓN DEL PLEISTOCENO

OCÉANO ATLÁNTICO

OCÉANO PACÍFICO

OCÉANO ÍNDICO

CLAVE

■ Extensión de la estepa de mamut   ▨ Extensión de tierra

▨ Capas de hielo   ----- Costa actual

sobrevivir al hielo

El frío es hostil a la vida: ralentiza el metabolismo, y la congelación mata los tejidos. Hoy, los lugares más fríos del planeta son los polos, donde los rayos del sol son muy débiles, y la vida debe adaptarse. A lo largo de la prehistoria, factores como las fluctuaciones en la órbita planetaria o la deriva continental cubrieron de hielo otras partes de la Tierra. La última glaciación empezó hace poco más de 2,5 millones de años en el Pleistoceno, y en sus periodos glaciales más fríos (p. 243) el casquete del Ártico cubría gran parte de América del Norte y Eurasia. Más allá, la tierra era una estepa helada, en la que grandes mamíferos resistentes al frío pastaban donde pocas otras especies podían vivir.

Rinoceronte glacial

En un ejemplo de convergencia evolutiva (p. 299), el rinoceronte lanudo (*Coelodonta antiquitatis*) desarrolló un cuerpo grande y un largo pelaje para atrapar el calor corporal, al igual que el mamut.

La joroba contenía grasa, músculos y ligamentos que soportaban la cabeza y el cuerno

Los colmillos, presentes en machos y hembras, eran más largos y curvos que en los elefantes actuales

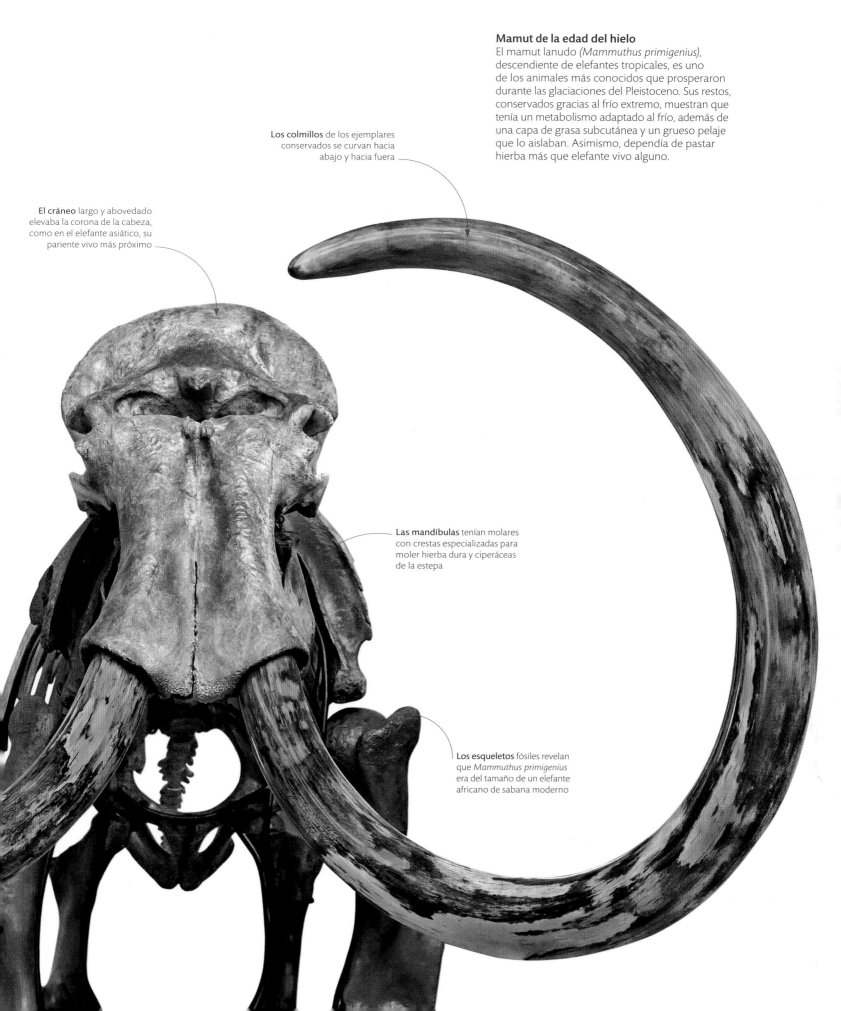

Mamut de la edad del hielo
El mamut lanudo (*Mammuthus primigenius*), descendiente de elefantes tropicales, es uno de los animales más conocidos que prosperaron durante las glaciaciones del Pleistoceno. Sus restos, conservados gracias al frío extremo, muestran que tenía un metabolismo adaptado al frío, además de una capa de grasa subcutánea y un grueso pelaje que lo aislaban. Asimismo, dependía de pastar hierba más que elefante vivo alguno.

Los colmillos de los ejemplares conservados se curvan hacia abajo y hacia fuera

El cráneo largo y abovedado elevaba la corona de la cabeza, como en el elefante asiático, su pariente vivo más próximo

Las mandíbulas tenían molares con crestas especializadas para moler hierba dura y ciperáceas de la estepa

Los esqueletos fósiles revelan que *Mammuthus primigenius* era del tamaño de un elefante africano de sabana moderno

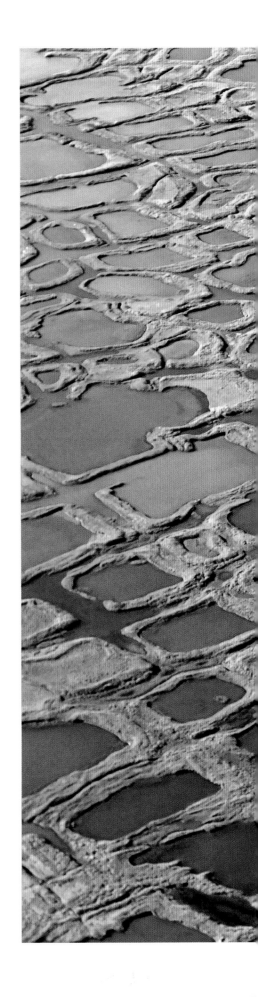

CONGELACIÓN PROFUNDA

El suelo o roca que permanece congelado al menos dos años consecutivos se considera permafrost. Bajo la mayor parte de la tierra dentro del círculo polar ártico el permafrost es continuo. Por encima de este hay una capa de suelo activo, que se descongela en verano y donde crece vegetación de raíz somera. Más al sur, el permafrost —llamado discontinuo— se fragmenta, por lo que pueden crecer árboles y la tundra da paso al bosque de coníferas (pp. 308–309).

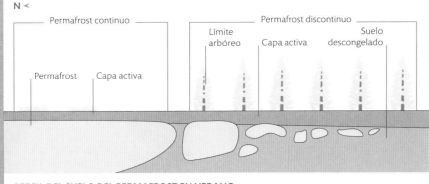

N <

Permafrost continuo

Permafrost discontinuo

Límite arbóreo

Capa activa

Suelo descongelado

Permafrost   Capa activa

PERFIL DEL SUELO DEL PERMAFROST EN VERANO

permafrost

El clima de la Tierra ha tenido épocas tan cálidas que hasta los polos se deshelaron (pp. 242–243). Hoy día, el Ártico y el Antártico tienen capas de hielo polar que crecen y menguan con las estaciones. Alrededor del círculo polar ártico, incluso en verano, el suelo sigue congelado por debajo de una profundidad determinada. El hielo impide el desarrollo de raíces profundas y restringe el crecimiento de vegetación alta. Este es el mundo de la tundra ártica, una zona dominada por vegetación baja como el musgo y las ciperáceas donde sobreviven pocos árboles o arbustos leñosos.

La inflorescencia es un amento piloso resistente a la congelación

Las hojas pequeñas y peludas retienen mejor el agua

La planta rara vez crece más de 15 cm

Polígonos en la tundra

Aunque en la tundra llueve muy poco, como las temperaturas bajas inhiben la evaporación, la tierra se mantiene húmeda, y el permafrost impide el drenaje. El agua presente en las grietas del suelo se congela, después se funde en verano, y el agua de deshielo forma grandes piscinas poligonales, como las de este paisaje del norte de Alaska.

Arbusto norteño

Ninguna planta leñosa vive más al norte que la salicácea *Salix arctica*. Aunque está emparentado con los sauces de latitudes templadas, este es un arbusto pequeño y rastrero, con capullos aislados de los vientos helados por inflorescencias lanudas.

el bosque boreal

También llamado taiga, el bosque boreal es el hábitat más nuevo y extenso de la biosfera. Hace unos 12 000 años, al retroceder la última glaciación (pp. 304–305), los casquetes polares menguaron, dejando al descubierto más tierra en América del Norte y Eurasia. El hielo largo tiempo enterrado en el suelo —el permafrost (pp. 306–307)— se fundió, y las secas estepas se cubrieron de un bosque más húmedo. El bosque boreal rodea el globo entre la tundra, al norte, y los bosques caducifolios y las praderas, al sur. Dada su cercanía al círculo polar ártico, donde el sol bajo se eleva poco sobre el horizonte, el clima aquí sigue siendo muy frío, y las coníferas que se dan han de ser capaces de soportar tales condiciones.

Bosques del norte
En los bosques adaptados al frío, como este de Finlandia, predominan las coníferas de hojas aciculares. Entre estas se cuentan los pinos y píceas perennes y los alerces caducifolios, especies capaces de resistir temperaturas que permanecen por debajo de cero la mayor parte del año.

Animales circumpolares

Los bosques boreales que se extienden por América del Norte y Eurasia forman hábitats similares, y muchas especies animales, como el alce *(Alces alces)*, se hallan por toda la región.

Solo los machos tienen astas, de 1,2–1,5 m de envergadura

El mayor cérvido del mundo ramonea en sauces y abedules en sotos húmedos

ADAPTACIONES DE LAS CONÍFERAS

Las hojas de las coníferas son muy distintas de las hojas anchas de las plantas con flores: tienen forma de agujas o escamas pequeñas, lo cual reduce su superficie y con ello la pérdida de agua por evaporación, pudiendo así sobrevivir cuando gran parte del agua del suelo está congelada. Estas adaptaciones también las ayudan a crecer en áreas tropicales y áridas. La savia de conífera contiene resinas que actúan como anticongelante, y las hojas más anchas tienen un recubrimiento ceroso.

Amplia superficie

Hojas cortas y apretadas en forma de escamas

Hojas en forma de punzón que irradian de un solo tallo

Hojas lineales y apuntadas

Hojas aciculares que brotan de una sola bráctea

HOJA ANCHA

TIPOS DE HOJA DE CONÍFERA

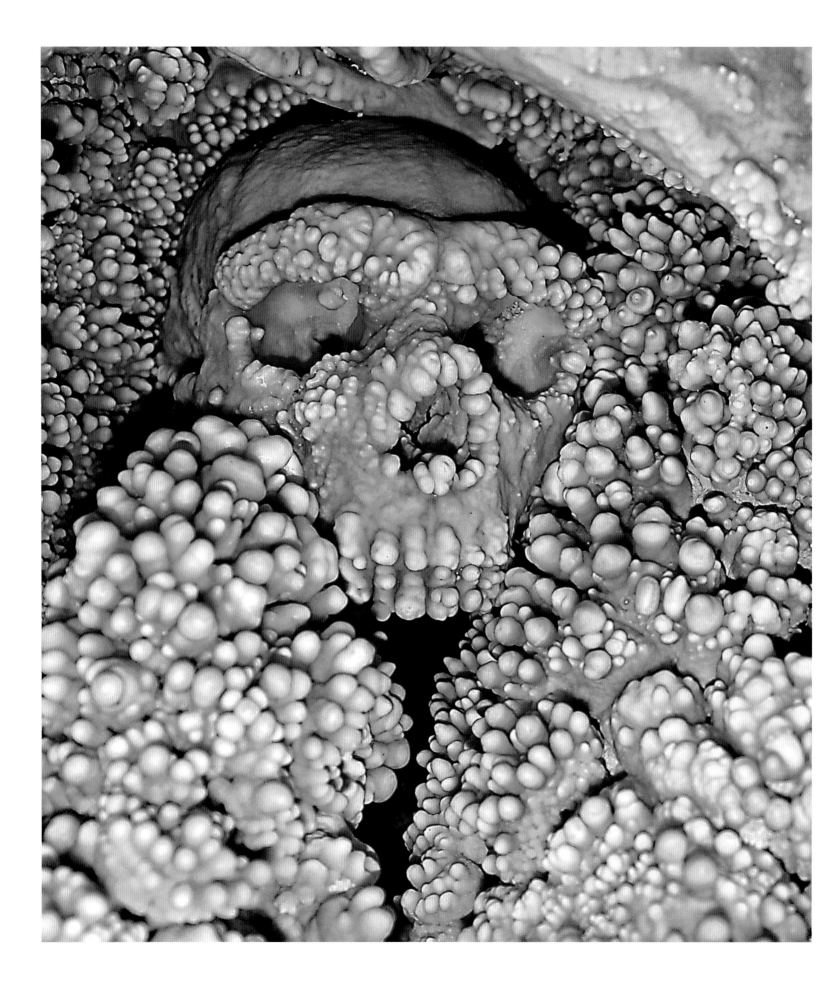

Hombre de Altamura
Los restos fosilizados del hombre de Altamura (izda.), descubiertos en Italia en 1993, han aportado una rica fuente de ADN neandertal. El análisis de este indica que los neandertales se cruzaron con los humanos modernos, un descubrimiento que revolucionó la paleoantropología.

> ❝ El desafío para el paleontólogo molecular es descubrir rastros químicos de la vida antigua. ❞
>
> DEREK E. G. BRIGGS Y ROGER E. SUMMONS (2014)

historia de la ciencia de la Tierra

pruebas moleculares de fósiles

Restos de plumas fosilizados

FÓSIL DE
SINOSAUROPTERYX

Los fósiles mejor conservados —a veces con partes blandas que no suelen mineralizarse— arrojan luz sobre la forma y los rasgos de seres vivos extintos. Los métodos analíticos modernos muestran que estos excepcionales fósiles de la vida prehistórica pueden contener más de lo que parece a simple vista: detalles celulares, señales moleculares y quizá hasta fragmentos de ADN.

La posible conservación en fósiles de moléculas biológicas (biomoléculas) como proteínas, carbohidratos y material genético fue conocida en la década de 1950. En las de 1970 y 1980 se progresó en su análisis, y con los avances en la secuenciación del ADN, se extrajo por primera vez ADN de un animal extinto, en concreto, de los restos de una cuaga (pariente extinto de la cebra) del siglo XIX. Refinando este enfoque y trabajando con restos conservados, pero no fosilizados, los científicos han podido identificar la constitución genética de muchas especies extintas, como homínidos, caballos e incluso mamuts lanudos de hace un millón de años.

A mediados de la década de 2000, la recuperación de tejidos blandos de *Tyrannosaurus rex* inició el debate acerca de si podría conservarse ADN en los fósiles. Se han encontrado restos de tejidos blandos en fósiles de dinosaurios muy diversos. Aún se debate entre los científicos la naturaleza de tales tejidos, y si es posible distinguir entre tejidos originales y aquellos contaminados por la presencia de microorganismos u otro material genético.

Nuevos estudios han mostrado que muchos tipos diferentes de biomoléculas, especialmente las proteínas, pueden transformarse durante la fosilización en formas estables que aportan información acerca de los organismos en vida. Las biomoléculas transformadas han servido para estudiar, por ejemplo, las relaciones entre algunas de las primeras formas de vida o los colores de los dinosaurios, o incluso para identificar sangre fosilizada en el estómago de un mosquito del Eoceno (hace 56-34 millones de años). Los avances en estas técnicas siguen ampliando los límites del estudio y el conocimiento sobre las biomoléculas y las formas de vida antiguas.

Melanosomas antiguos
Con un microscopio electrónico se pueden ver los melanosomas (sacos microscópicos de pigmento en las células) de plumas fósiles (izda.): los melanosomas rojos tienden a ser esféricos; los negros tienen forma de salchicha. Los restos fosilizados de *Sinosauropteryx* (arriba, izda.) indican que el animal tenía plumas con franjas oscuras y claras.

MELANOSOMAS ROJIZOS

MELANOSOMAS NEGROS-GRISES

megafauna

En los últimos 60 millones de años, los mamíferos devinieron las nuevas grandes bestias de la Tierra, desde los grandes perezosos terrestres de América (p. 303) hasta los marsupiales gigantes de Australia. Como los reptiles gigantes antes que ellos (pp. 290–291), siguieron una tendencia que pudo haber sido impulsada por los beneficios de superar a los competidores y depredadores. En un mundo que se enfriaba desde el apogeo de los dinosaurios, los grandes mamíferos de sangre caliente mantenían mejor la temperatura corporal. Hoy en día hay mucha menos megafauna: la mayoría se extinguió en los últimos 50 000 años, coincidiendo con la dispersión de los humanos, lo cual apunta a que estos formidables cazadores fueron en parte responsables.

Los pedículos del cráneo producían unas astas nuevas cada año; como en los ciervos actuales, los machos perdían los cuernos tras cada época de cría

Cráneo reforzado por huesos gruesos

El animal pudo medir hasta 3 m de largo y pesar unas 2 toneladas

Unas placas óseas, llamadas osteodermos, formaban una armadura bajo la piel

Fuertes vértebras cervicales sostenían el cráneo y las astas

Gliptodonte

Los gliptodontes, animales extintos de América del Sur, eran armadillos gigantes del tamaño de un automóvil pequeño y de dieta herbívora. Los armadillos actuales son menores que un perro y se alimentan principalmente de insectos.

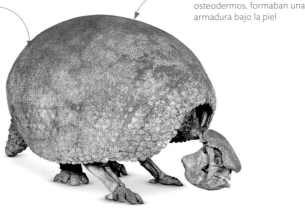

Ciervo gigante macho

Este *Megaloceros giganteus* tenía el tamaño de un alce, el mayor cérvido moderno (p. 309), y vivió desde hace medio millón de años hasta hace unos 12 000 años. Los machos impresionaban a las hembras con la mayor cornamenta que ha ostentado cérvido alguno, vivo o extinto. Las astas anchas y planas recuerdan a las del gamo, su pariente vivo más próximo, pero este cérvido gigante ramoneaba en terreno más abierto que los hábitats boscosos de sus parientes modernos.

El par de cuernos podía pesar hasta 40 kg

Las astas tenían una envergadura de hasta 3,6 m

DIMENSIONES DE LA MEGAFAUNA

La mayor megafauna, de ejemplares de varias toneladas de peso, incluyó los hoy extintos mamuts, además de gigantes vivos como jirafas y bisontes, todos ellos herbívoros: procesar materia vegetal dura requiere grandes intestinos. Y los carnívoros que los cazaban se volvieron también enormes. La diversidad de la megafauna alcanzó su máximo en el Pleistoceno —hace unos 2,5 millones de años—, época correspondiente a la última glaciación (pp. 304–305).

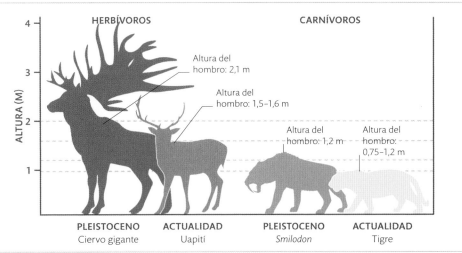

HERBÍVOROS

CARNÍVOROS

ALTURA (M)

Altura del hombro: 2,1 m

Altura del hombro: 1,5–1,6 m

Altura del hombro: 1,2 m

Altura del hombro: 0,75–1,2 m

PLEISTOCENO	ACTUALIDAD	PLEISTOCENO	ACTUALIDAD
Ciervo gigante	Uapití	*Smilodon*	Tigre

El bosque sumergido de Borth, recuerdo de un tiempo pasado, surge inquietante de la playa en la bahía de Cardigan, en la costa oeste de Gales. A lo largo de 7 km entre los pueblos de Borth e Ynyslas, estos troncos de fresno, roble, abedul y pino están sepultados por una capa de turba de 6000 años de antigüedad, que los protege al quedar sumergidos por la subida del nivel del mar. Hoy los exhuman esporádicamente las tormentas,

bosque de Borth

que retiran la arena que los cubre y exponen las retorcidas raíces con la marea baja. Los avistamientos del bosque prehistórico se están volviendo más frecuentes, y cada vez queda expuesta una parte mayor, pues el calentamiento del océano causa tormentas más frecuentes y potentes.

Los lugareños vinculan estos árboles a la leyenda de Cantre'r Gwaelod ('Los cien de las tierras bajas'), que habla de un reino que quedó sumergido cuando un príncipe –por olvido, lujuria o ebriedad, según las distintas versiones– se dejó abierta una de las esclusas y el mar invadió la tierra que protegían. Los estudiosos no tienen una explicación tan clara. La efímera exposición de los árboles dificulta su estudio; pero los arrecifes (las murallas imaginarias de la ciudad) son probablemente morrenas glaciares. Lo cierto es que fue una zona habitada: entre los tocones se han hallado hogares de piedra, pasarelas de madera y útiles líticos.

Hay bosques sumergidos similares en otras partes de la costa de Gran Bretaña, que estuvo unida a la Europa continental durante el último periodo glacial (115 000-11 700 años atrás, pp. 304-305). El océano ascendió al retroceder los glaciares, inundó el istmo fértil, y Gran Bretaña quedó aislada.

Las algas cubren los restos del árbol

Tocón y raíces con marea baja

Paisaje del bosque

En 2014, una gran tormenta azotó la costa del condado de Ceredigion, y al calmarse el oleaje, quedaron expuestos los tocones de un antiguo bosque antes enterrados en turba. Los estudios indican que los árboles dejaron de crecer hace 4000–6000 años. Los restos, visibles con la marea baja, podrían descomponerse de quedar expuestos durante mucho tiempo, pero el agua del mar los conserva.

el impacto humano

Una especie, *Homo sapiens*, ha tenido un impacto mucho mayor en el resto de la biosfera que cualquier otro ser vivo. Su registro fósil es inferior al medio millón de años, pero sus efectos sobre el medio ambiente durarán mucho más. La huella de la humanidad es tal que los científicos propusieron un nueva época geológica —el Antropoceno— para señalar su importancia. Hace 10 000 años, los humanos habían colonizado gran parte del mundo, alterando el paisaje con la agricultura y cazando grandes animales hasta la extinción. Más recientemente, la nueva era de la industria y la tecnología está contaminando el mundo y alterando el clima, provocando un calentamiento global.

La huella de la humanidad

Menos de un cuarto de la superficie terrestre sigue en su estado natural, sin que la haya transformado drásticamente la humanidad. Estas jirafas del Parque Nacional de Nairobi (Kenia) están en un área protegida de 100 km², pero está vallada por tres de sus lados. La metrópolis de Nairobi se alza al fondo.

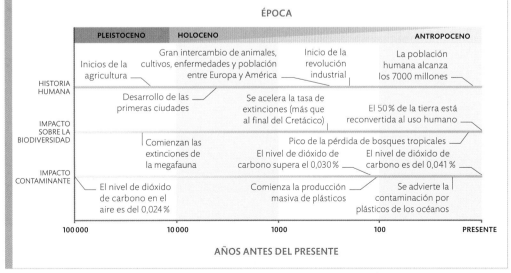

Vaso de plástico como sustituto de una concha natural

La crisis del plástico

Este vaso de plástico ha servido de hogar provisional a un cangrejo ermitaño (*Coenobita* sp.). Pero el plástico es resistente a la descomposición, y tanto en tierra como en los océanos representa una amenaza para el mundo natural.

EL INICIO GRADUAL DEL ANTROPOCENO

Como todas las especies, los humanos consumen recursos y generan desechos, pero también transforman el medio mediante la agricultura, el transporte, la urbanización y el uso de combustibles. Campos y ciudades borran bosques y otros hábitats, se introducen especies invasoras, y la tecnología y la industria contaminan. No hay un único rasgo que defina al Antropoceno, y los expertos difieren sobre cuándo comenzó.

ÉPOCA

	PLEISTOCENO	HOLOCENO		ANTROPOCENO
HISTORIA HUMANA	Inicios de la agricultura	Gran intercambio de animales, cultivos, enfermedades y población entre Europa y América	Inicio de la revolución industrial	La población humana alcanza los 7000 millones
IMPACTO SOBRE LA BIODIVERSIDAD	Desarrollo de las primeras ciudades	Se acelera la tasa de extinciones (más que al final del Cretácico)		El 50 % de la tierra está reconvertida al uso humano
	Comienzan las extinciones de la megafauna	Pico de la pérdida de bosques tropicales		
IMPACTO CONTAMINANTE	El nivel de dióxido de carbono en el aire es del 0,024 %	El nivel de dióxido de carbono supera el 0,030 %	El nivel de dióxido de carbono es del 0,041 %	
		Comienza la producción masiva de plásticos	Se advierte la contaminación por plásticos de los océanos	

100 000	10 000	1000	100	PRESENTE

AÑOS ANTES DEL PRESENTE

destacado el valle de Danum

Aunque el Antropoceno (p. 317) ha sido negativo para la naturaleza, aún quedan hábitats que contienen una vida salvaje virgen y diversa. Así, si bien la pluvisilva tropical de la isla de Borneo está amenazada (se ha perdido más del 50 % del bosque antiguo desde 1973), en la costa noreste de la isla se encuentra el Área de Conservación del Valle de Danum: más de 400 km² de pluvisilva no habitada por seres humanos. Es una de las últimas áreas de bosque antiguo intacto que quedan en el Sureste Asiático, y en ella predominan los árboles dipterocarpos, que son de los más altos del mundo. Hay 270 especies de dipterocarpos en Borneo, de las que 155 son endémicas, y la mayoría, si no todas, están presentes en el valle de Danum. Este alberga especies únicas, como las plantas insectívoras en forma de jarra, la mayor flor del mundo –la apestosa *Rafflesia*– y el árbol tropical más alto, el meranti amarillo *(Shorea faguetiana)*. En el bosque viven animales en peligro crítico de extinción como el orangután de Borneo *(Pongo pygmaeus)*, el elefante pigmeo *(Elephas maximus borneensis)* y la pantera nebulosa *(Neofelis nebulosa)*. El valle es un santuario para más de 124 especies de mamíferos y 340 especies de aves vulnerables a la caza o a la fragmentación del hábitat.

El estudio de la biodiversidad en áreas de conservación como el valle de Danum, protegidas de la caza y la tala, demuestra que los esfuerzos por la conservación funcionan. La tasa de deforestación se ha reducido recientemente, y se han ampliado las zonas protegidas.

Langur marrón (Presbytis rubicunda)

Un mono adulto plenamente desarrollado pesa solo 6 kg

El corazón del valle de Danum
La neblina matinal cubre la pluvisilva del valle de Danum en Sabah (Borneo). Cada diez años, los dipterocarpos producen masivamente unas semillas aladas características, que inundan la selva. Muchas especies endémicas de plantas y animales sobreviven aquí, lejos de la amenaza de la deforestación y la caza.

glosario

Los términos en **negrita** remiten a otras entradas del glosario.

ABANICO SUBMARINO Sedimento en la base del **glacis continental** depositado sobre el **lecho marino**.

ABISAL Término aplicado a las profundidades oceánicas. La llanura abisal es el lecho oceánico profundo casi llano más allá de los márgenes continentales. La zona abisal es la zona de agua entre los 4000 y 6000 m de profundidad.

ACRECIÓN Proceso por el que se añade material a una placa continental en una zona de **subducción**.

AGUA SUBTERRÁNEA Agua presente bajo la superficie del terreno, retenida en espacios (intersticios) entre las rocas. El límite superior de una zona de agua subterránea se llama **nivel freático**.

ALGA Todo ser vivo **fotosintetizador** que no es una verdadera planta, entre ellas las algas marinas y muchas formas microscópicas. Las **cianobacterias** hoy suelen excluirse de la definición.

ALUVIAL Referente al material sedimentario depositado por los ríos. Un abanico aluvial es un depósito sedimentario donde una corriente se esparce al pasar de una zona elevada a una llanura. Véase también **sedimento**.

AMNIOTA Vertebrado cuyo embrión está protegido por membranas, y en algunos casos, por una cáscara. Reptiles, aves y **mamíferos** son todos amniotas.

AMONITES Concha espiral fosilizada de un **molusco** cefalópodo (pariente del calamar) extinto hace 66 millones de años, perteneciente al grupo de los ammonoideos.

ANGIOSPERMA Planta con flores (a diferencia de **coníferas**, helechos, musgo y otras plantas). Las angiospermas incluyen muchas especies de árboles.

ANIÓN Ion de carga negativa. Véase también **catión**, **ion**.

ANTICICLÓN Sistema climático en el que los vientos circulan alrededor de un área de alta presión. Véase también **ciclón**, **ciclón tropical, huracán**.

ANTICLINAL Plegamiento arqueado hacia arriba de estratos originalmente planos, formado por compresión horizontal. Véase también **sinclinal**.

ARÁCNIDO Miembro de la clase de artrópodos que incluye a ácaros, arañas, escorpiones y especies afines.

ARCOSAUROMORFO Miembro del **clado** de reptiles **diápsidos** que incluye a cocodrilos, **dinosaurios** y aves.

ASTENOSFERA Capa del **manto** que se encuentra inmediatamente debajo de la **litosfera**. Es lo suficientemente plástica para fluir lentamente en estado sólido, y tiene un papel clave en el movimiento de las **placas tectónicas**.

ASTEROIDE Uno de los miles de cuerpos de material rocoso en órbita alrededor del Sol, cuyo diámetro puede variar de unos pocos metros hasta unos 1000 km.

ATOLÓN Isla o islas de coral en forma de anillo que rodean una **laguna**, generalmente en la cima de un **monte submarino**.

AUREOLA METAMÓRFICA Área de roca alrededor de una masa de **magma** que se ha alterado por **metamorfismo de contacto**.

AURORA Fenómeno luminoso en el cielo nocturno de las regiones ártica y antártica, causado por la interacción de partículas con carga eléctrica procedentes del Sol y el campo magnético de la Tierra.

AUSTRALOPITECO Miembro de alguna de las varias especies de simios bípedos del género *Australopithecus* que vivieron hace 1,2-4,4 millones de años.

BARRANCO Valle menor de laderas empinadas. Véase también **rift**, **valle suspendido**.

BASALTO La roca volcánica más común de la Tierra, formada por lo general por **lava** solidificada. Varía de vítreo a grano fino (compuesto de **cristales** minúsculos).

BATOLITO Gran masa irregular de **roca ígnea**, de 100 km de diámetro o más, formada por una intrusión de **magma** que aflora a la corteza. Véase también **plutón**.

BIOGÉNICO Producto de la actividad de seres vivos o procesos biológicos.

BIOMINERALIZACIÓN Proceso por el que los seres vivos producen **minerales**.

BIÓTICO Referente a o producto de la vida y los seres vivos.

BIVALVO Molusco acuático, como la ostra o la almeja, cuyo cuerpo se encierra por completo entre dos conchas (valvas) unidas por una bisagra.

BRAQUIÓPODO Gran filo de **invertebrados** marinos. Su concha en dos partes les da una semejanza superficial a los moluscos **bivalvos**, pero no son parientes próximos. Fueron abundantes y diversos durante el **Paleozoico** y el Mesozoico.

BRECHA Roca sedimentaria compuesta por fragmentos angulares, llamados **clastos**, cementados por **minerales**. Véase también **conglomerado**.

CABECERA Sección superior de un río o corriente, cerca de la fuente.

CALCÁREO Material con contenido en o formado por el **mineral** carbonato cálcico.

CALDERA Depresión volcánica de forma cóncava y mayor que un **cráter**, generalmente de diámetro superior a 1 km, formada por el derrumbe del cono de un volcán en el interior de la cámara magmática vaciada.

CAMBIO CLIMÁTICO Cambio a largo plazo en los patrones del clima y las temperaturas medias, a escala global o regional.

CAPA DE HIELO Área muy extensa de hielo que fluye y cubre permanentemente tierra emergida, como la Antártida.

CASQUETE DE HIELO Masa de hielo que cubre un paisaje, desde una montaña hasta una región polar entera.

CATIÓN Ion con carga positiva. Véase también **anión**, **ion**.

CIANOBACTERIAS Grupo de bacterias microscópicas **fotosintetizadoras**, antes conocidas como **algas** cianofíceas o verde azuladas. Sus minúsculas células carecen de núcleo, como las de las demás bacterias.

CÍCADA Miembro de un orden de espermatofitas no angiospermas superficialmente semejantes a las palmeras, pero que producen semillas y polen en conos. Véase también **angiosperma**.

CICLÓN Sistema de presión en el que el aire circula alrededor de un área de baja presión. Véase también **anticiclón**, **ciclón tropical, huracán**.

CICLÓN TROPICAL Sistema climático circulante a gran escala en regiones tropicales y subtropicales, alimentado por el agua oceánica cálida y que produce vientos violentos y lluvia abundante. También conocido como **huracán** o **tifón**. Véase también **ciclón**.

CINODONTO Miembro de un clado de **sinápsidos** avanzados que surgió en el Pérmico tardío. Los **mamíferos** son sus descendientes vivos.

CIRCULACIÓN TERMOHALINA Circulación de corrientes marinas profundas movidas por diferencias de temperatura y **salinidad** entre distintas masas de agua. Véase también **efecto Coriolis**.

CLADO Grupo de especies que comprende a todos los descendientes evolutivos de un antepasado determinado.

CLASTO Fragmento de **mineral** o roca, en particular uno incorporado en **roca sedimentaria** más reciente.

COMETA Cuerpo compuesto de roca y hielo, en una órbita generalmente muy excéntrica alrededor del Sol. Al aproximarse a este, la vaporización del hielo produce una nube a su alrededor, llamada coma, y una o más colas.

COMPUESTO Sustancia que contiene átomos de dos o más **elementos**.

CONGLOMERADO **Roca sedimentaria** formada por **clastos** redondeados del tamaño de la grava, cementados por **minerales**. Véase también **brecha**.

CONÍFERA Árbol que produce conos. Casi todas las coníferas, como los pinos y los abetos, tienen hojas perennes en forma de aguja. Algunas, como el alerce, pierden las agujas durante los meses de invierno.

CONO DE ESCORIA Volcán relativamente chato formado por escoria y ceniza precipitadas de una columna eruptiva.

CONVECCIÓN Corrientes circulares (por ejemplo, en la atmósfera o el **manto** terrestres) causadas por diferencias de temperatura, e iniciadas al ascender aire o fluido más caliente y menos denso.

CORRIENTE DE CONTORNO Corriente de avance lento que fluye paralela al **glacis continental**.

CORRIENTE DE TURBIDEZ Corriente submarina de agua cargada de **sedimentos** que fluye de los márgenes continentales al lecho oceánico.

CORTEZA Capa rocosa más exterior de la Tierra. Los continentes y sus plataformas se componen de **corteza continental**, mientras que bajo el lecho oceánico profundo se encuentra la **corteza oceánica**. Véase también **manto**, **placa tectónica**.

CORTEZA CONTINENTAL Parte de la **corteza** terrestre que forma los continentes. Es menos densa y más gruesa que la **corteza oceánica**.

CORTEZA OCEÁNICA Parte de la **corteza** terrestre que subyace a la mayor parte de los océanos del planeta. Es más delgada y densa que la **corteza continental**.

CRÁTER Depresión cóncava por la que un volcán en erupción expulsa gases, fragmentos de roca y **lava**; las paredes del cráter se forman por acumulación de material eyectado. El nombre también designa a una depresión circular en el paisaje formada por el impacto de un meteorito. Véase también **caldera**.

CRATÓN Sección estable de la **corteza continental** compuesta por rocas antiguas poco afectadas por la actividad orogénica desde el Precámbrico. También llamado escudo.

CRISTAL Todo sólido cuyos átomos o moléculas individuales se disponen en un patrón geométrico regular, por oposición a los sólidos desordenados (no cristalinos), como el vidrio. Son siete los patrones básicos de crecimiento cristalino, llamados sistemas cristalinos. Véase también **geoda**, **hábito**.

DELTA Área de **sedimentos** en pendiente suave acumulados por un río al desembocar en el mar, un lago u otro río. Su forma depende de los sedimentos arrastrados por el río, y de las corrientes y mareas en la desembocadura. Véase también **abanico submarino**, **estuario**.

DENDRÍTICO **Mineral** que se da naturalmente en formas ramificadas o arbóreas dentro de las rocas.

DEPOSICIÓN Acumulación de material como arena o grava en un nuevo lugar por la acción del viento, el agua o el hielo.

DESPRENDIMIENTO Proceso por el que un **glaciar** forma icebergs, al romperse y separarse bloques de hielo junto al mar o un lago.

DIÁPSIDO Gran subclase de **amniotas** cuyo nombre se refiere a las dos aperturas del cráneo, una a cada lado. Considerados tradicionalmente reptiles, el grupo abarca a los **arcosauromorfos** (que incluye a **dinosaurios**, aves y crocodilios) y los lepidosaurios (que incluye a lagartos y serpientes). Véase también **sinápsido**.

DICINODONTOS Grupo de **sinápsidos** herbívoros (antepasados de los **mamíferos**) con dos colmillos y pico chato.

DIFERENCIACIÓN Proceso por el que los **elementos** pesados en un cuerpo

de **magma**, como la Tierra primitiva o una cámara magmática, se hunden, mientras que los más ligeros flotan.

DINOSAURIO Gran grupo de **amniotas arcosauromorfos** que andaban erguidos sobre sus patas, situadas debajo de su cuerpo. Se extinguieron al final del Cretácico, con la excepción de sus descendientes, las aves.

DIQUE Intrusión laminar de **roca ígnea** que atraviesa estructuras rocosas preexistentes.

DISCORDANCIA Vacío en el registro geológico que indica que uno o más estratos fueron retirados por la erosión. Véase también **roca sedimentaria**.

DIVERSIFICACIÓN Multiplicación de especies a lo largo del tiempo evolutivo, a menudo asociada a la ocupación de nichos ecológicos.

DOLINA Depresión en la superficie de un paisaje **kárstico**, que a menudo conduce a un sistema de drenaje subterráneo.

DORSAL OCEÁNICA Cordillera submarina que se extiende por el lecho oceánico profundo, y donde se forma nueva **corteza oceánica**.

DUREZA De un **mineral**, es el grado en que resiste el rayado o la abrasión. Véase también **escala de Mohs**.

ECOSISTEMA Conjunto de los seres vivos e inertes de una región determinada y las interacciones entre ellos.

ECTOTÉRMICO Término aplicado a los animales de sangre fría, que regulan su temperatura corporal por medio de fuentes externas, como la luz solar.

EFECTO CORIOLIS Tendencia de los vientos y corrientes de dirección norte o sur a desviarse y moverse en ángulo debido a la rotación de la Tierra; se desvían hacia la derecha en el hemisferio norte, y hacia la izquierda en el hemisferio sur.

ELEMENTO Sustancia que no puede descomponerse en otras más simples.

ELEMENTO NATIVO **Elemento** químico que se da en forma pura, no combinado, en la naturaleza.

ENDOTÉRMICO Término aplicado a los animales de sangre caliente, que regulan su temperatura corporal por medio de procesos metabólicos internos.

EPICENTRO Punto de la superficie terrestre situado directamente sobre el punto de origen de un **terremoto**. Véase también **sísmico**.

EQUINODERMO Miembro del filo de **invertebrados** marinos que incluye a estrellas, erizos y pepinos de mar y especies afines. Estos se caracterizan por tener pies tubulares que emplean para desplazarse y alimentarse.

EQUISETOS Género de plantas productoras de esporas con tallos de aspecto articulado, con anillos de pequeñas ramas y hojas diminutas en forma de escamas. Algunas formas extintas tenían el tamaño de árboles.

EROSIÓN Procesos por los que la roca o el suelo se sueltan, desgastan y retiran de un terreno determinado. Los principales agentes erosivos son el viento, el agua en movimiento y el hielo, junto con las partículas de roca que arrastran.

ESCALA DE MOHS Medida de la **dureza** de los minerales, en una escala del 1 al 10.

ESCORPIÓN MARINO Artrópodo acuático depredador extinto, llamado también euriptérido, que vivió durante el Ordovícico y el Pérmico.

ESTALACTITA Depósito de carbonato cálcico que cuelga del techo de una cueva o pasadizo subterráneo.

ESTALAGMITA Depósito de carbonato cálcico que se alza en el suelo de una cueva o pasadizo subterráneo.

ESTRATIFICACIÓN El modo en que la **roca sedimentaria** se deposita por capas. Un plano de estratificación es la superficie que separa tales capas, o estratos.

ESTRATIFICACIÓN CRUZADA Deposición por capas en la **roca sedimentaria** que se encuentra en ángulo respecto al plano de estratificación principal. Véase también **estratificación**.

ESTRATIGRAFÍA Estudio geológico del orden y la posición relativa de los estratos (capas de **roca sedimentaria**) en la **corteza** terrestre.

ESTRATOSFERA Capa de la atmósfera terrestre que se extiende desde el límite superior de la **troposfera**, a 8-16 km, hasta unos 50 km de altitud. Véase también **mesosfera**.

ESTRATOVOLCÁN Volcán cónico formado por capas alternas de **lava** y otros fragmentos rocosos expulsados en una erupción explosiva. Véase también **cono de escoria**, **volcán en escudo**.

ESTRIACIONES Surcos y rayas dejados en la roca madre por el paso de un **glaciar**.

ESTUARIO Extensión de agua, amplia y en forma de embudo, **salobre** por el efecto de las mareas, formada en la desembocadura de ríos grandes.

EXFOLIACIÓN El modo en que algunos **minerales** se rompen a lo largo de planos de exfoliación, o rotura, determinados por su estructura atómica.

FALLA Fractura en la que la roca a uno y otro lado se ha movido en relación con la otra. Si la falla se produce en ángulo con la vertical, y el bloque colgante (sobre el plano de falla) se desliza hacia abajo, se trata de una falla normal. Si el bloque colgante se desliza hacia arriba (en términos relativos), es una falla inversa. En las fallas de desgarre, el movimiento es horizontal.

FALLA TRANSFORMANTE Límite entre **placas tectónicas** que se desplazan lateralmente la una respecto a la otra.

FARALLÓN Columna de roca elevada que surge del mar junto a la costa, resto resistente de un acantilado en retirada debido a la **erosión**.

FELDESPATO Tipo común de mineral **silicato** presente en la **roca ígnea**.

FETCH Área de agua abierta recorrida por el viento o las olas.

FIORDO Antiguo valle glaciar costero convertido en brazo de mar.

FITOPLANCTON Organismos minúsculos, en su mayoría unicelulares, que viven en las aguas superficiales de océanos y lagos, y constituyen la base de la mayoría de las cadenas tróficas acuáticas. El rápido incremento en la población de fitoplancton en océanos o lagos puede dar al agua un color verde azulado, marrón o incluso rojo. Véase también **algas**, **plancton**.

FOLIACIÓN Disposición de los **minerales** en bandas paralelas en algunas **rocas metamórficas** deformadas.

FOSILÍFERA Término aplicado a **rocas sedimentarias** que contienen fósiles.

FOTOSÍNTESIS Proceso por el que plantas, **algas** y **cianobacterias** emplean la energía del sol combinada con la clorofila para convertir agua y dióxido de carbono en alimento. Véase también **quimiosíntesis**.

FUENTE HIDROTERMAL Fisura en un área volcánicamente activa del lecho oceánico, cuya roca emite agua rica en sustancias químicas a alta temperatura. Véase también **fumarola negra**, **quimiosíntesis**, **vena hidrotermal**.

FULGURITA **Mineral** vítreo tubular formado por el impacto de rayos en el suelo.

FUMAROLA En las regiones volcánicas, pequeña apertura en el suelo por la que salen vapor y gases calientes.

FUMAROLA NEGRA Tipo de **fuente hidrotermal** de agua oscurecida por la presencia de sulfuros. Las fumarolas blancas emiten otros minerales, como sílice y barita.

GARGANTA Valle profundo y estrecho, generalmente con paredes verticales a cada lado.

GASTERÓPODOS La mayor clase de **moluscos**, que incluye a todos los caracoles y babosas, así como a las lapas y babosas de mar.

GÉISER Chorro de agua hirviendo y vapor que surge de forma intermitente del suelo, producido por el efecto de la roca caliente sobre el **agua subterránea**.

GELIFRACCIÓN **Meteorización** causada por la congelación y fusión sucesivas del agua en grietas de la roca.

GEMA Piedra empleada en joyería, apreciada por su durabilidad, belleza y rareza.

GEODA Cavidad en una roca recubierta por dentro de **cristales**.

GINKGO Árbol espermatofito con hojas en forma de abanico, nativo de China.

GLACIAR Masa de hielo que fluye lentamente desde un **casquete de hielo** o área montañosa. Los glaciares de valle fluyen entre las laderas de un valle; los glaciares de marea desembocan en el mar.

GLACIS CONTINENTAL Región entre el lecho oceánico profundo y el **talud continental**.

GONDWANA Antiguo supercontinente que incluía América del Sur, África, la Antártida, Australia e India.

GRAPTOLITO Miembro de una clase extinta de **invertebrados** coloniales y en su mayoría planctónicos, que crecían generalmente en forma de colonias largas y estrechas de pequeños individuos contenidos en un esqueleto.

HÁBITO Forma externa de un **cristal** (o grupo de cristales), incluidas las formas y caras de cada cristal individual.

HADROSAURIO Miembro de la familia de **dinosaurios** herbívoros con pico de pato que vivieron en el Cretácico superior.

HIELO FIJO Capa continua de **hielo marino** unido a la costa, o hielo formado en tierra en el borde contiguo a esta.

HIELO GRASO Primera fase de formación del **hielo marino**. Los **cristales** formados en el agua de mar le confieren una textura gruesa.

HIELO MARINO Hielo formado al congelarse el agua de mar. Véase también **hielo fijo**, **hielo graso**, **plataforma de hielo**, **témpano**.

HUMUS Sustancia oscura presente en el suelo, producto de la vegetación, los microorganismos y los animales muertos.

HURACÁN Gran tormenta tropical circular en la que el viento puede superar los 119 km/h. También llamado **ciclón tropical** y **tifón** (especialmente en el este de Asia). Su energía procede del calor latente del agua evaporada de océanos cálidos que luego se condensa.

INTRUSIÓN ÍGNEA Masa de **roca ígnea** formada al enfriarse y solidificarse **magma** bajo tierra. Véase también **batolito**.

INVERTEBRADO Animal carente de columna vertebral, como los insectos, los caracoles o los gusanos. Véase también **vertebrado**.

ION Átomo o grupo de átomos que ha ganado o perdido uno o más electrones, adquiriendo así carga eléctrica. Las moléculas de la mayoría de los minerales incluyen una combinación de **cationes** (iones con carga positiva) y **aniones** (iones con carga negativa).

ISLA CONTINENTAL Tierra emergida rodeada de agua que reposa sobre la **plataforma continental** de un continente.

ISÓTOPO Una de dos o más formas del mismo **elemento** químico, con el mismo número de protones pero distinto número de neutrones en el núcleo de sus átomos.

KARST Paisaje característico formado por rocas solubles en agua, en particular la caliza, meteorizadas por flujos de agua subterránea. Las costas kársticas se dan allí donde la caliza es primero meteorizada y luego inundada por el mar.

LAGO SALADO Cuerpo aislado de agua de salinidad elevada debido a la evaporación.

LAGUNA Área de agua marina abrigada, casi separada del océano abierto.

LÁMINA **Intrusión ígnea** más o menos horizontal, formada al abrirse paso **roca ígnea** entre capas de **rocas sedimentarias** preexistentes.

LARVA Fase juvenil de un animal en la que la estructura corporal es muy diferente de la del adulto.

LAURASIA Antiguo supercontinente que incluía América del Norte, Europa y la mayor parte de Asia (salvo India).

LAVA Roca fundida (**magma**) que fluye sobre la superficie terrestre.

LAVA ALMOHADILLADA Rocas de forma almohadillada formadas por **lava** eyectada bajo el agua.

LECHO OCEÁNICO, EXPANSIÓN DEL Proceso por el que se genera **corteza oceánica** nueva al separarse dos **placas tectónicas** una de otra. Véase también **dorsal oceánica**.

LÍMITE CONVERGENTE Línea a lo largo de la cual se encuentran dos **placas tectónicas** en movimiento una hacia la otra.

LÍMITE DIVERGENTE Línea a lo largo de la cual dos **placas tectónicas** se alejan una de otra.

LITOSFERA Capa de la Tierra que incluye la **corteza** y el **manto** superior.

LLANO INUNDABLE Llano junto a un río expuesto a la inundación por las crecidas.

LOESS Depósito sedimentario no consolidado de limo arrastrado por el viento. Uno de los mayores ejemplos es la meseta de Loess en el norte de China. Véase también **roca sedimentaria**.

LUSTRE Modo en que un **mineral** refleja la luz, o brillo.

MACAREO Ola grande formada a veces al entrar una marea ascendente en un canal que se estrecha, como un **estuario**.

MACIZA Referido a una roca: aquella cuya estructura no exhibe foliación ni otras divisiones en segmentos menores.

MACIZO Región montañosa bien definida cuyas rocas y formaciones tienden a ser similares en toda su área.

MACROCRISTALINO Término aplicado a **cristales** de tamaño suficiente como para reconocerlos a simple vista. Véase también **microcristalino**.

MAGMA Roca fundida líquida en el **manto** y la **corteza** de la Tierra. Al enfriarse forma **roca ígnea**. Puede cristalizar bajo la superficie o ser expulsado en forma de **lava**.

MAGNETOSFERA Región alrededor de la Tierra (u otro planeta) dominada por su campo magnético.

MAMÍFERO Clase de **vertebrados** de sangre caliente, casi todos los cuales son vivíparos y alimentan a las crías con leche producida por las hembras.

MANTILLO Capa más externa del suelo, que contiene **minerales** y materia orgánica en la que crecen las plantas. Véase también **subsuelo**.

MANTO Capa rocosa de la Tierra que se halla entre la **corteza** y el **núcleo**. Constituye el 84 % del volumen del planeta.

MAR MARGINAL Mar parcialmente cerrado adyacente a un continente.

MAREA MUERTA Marea en la que se da la menor diferencia entre la marea alta y la baja. Véase también **macareo**, **marea viva**.

MAREA VIVA Marea que se da al sumarse el efecto de la Luna y el Sol, y que produce la marea más alta y la más baja. Véase también **marea muerta**.

MARMITA Cavidad formada en el lecho de un río por la acción de agua que arrastra guijarros y **sedimento**.

MARSUPIAL **Mamífero**, como el koala o el canguro, cuyas crías nacen en una fase de desarrollo relativamente temprana y suelen continuar creciendo en una bolsa externa de la madre. Véase también **placentario**.

MATRIZ Masa de material de grano relativamente fino que une partículas mayores en algunas **rocas sedimentarias** heterogéneas y **cristales** mayores en rocas volcánicas. Véase también **porfirítica**.

MENA Roca de la que resulta rentable extraer un metal.

MESOSFERA Capa de la atmósfera terrestre comprendida entre la **estratosfera** y la **termosfera**, a una altitud de unos 50-80 km.

METAMORFISMO DE CONTACTO Serie de procesos por los que las rocas se transforman en contacto con **magma** caliente. Véase también **metamorfismo dinámico**, **metamorfismo regional**.

METAMORFISMO DINÁMICO Tipo de metamorfismo en el que la roca se transforma por efecto de la presión aplicada en una dirección determinada, debido a movimientos a gran escala de la **corteza** terrestre. Véase también **metamorfismo de contacto**, **metamorfismo regional**.

METAMORFISMO REGIONAL Transformación de rocas por metamorfismo en áreas extensas, tales como cordilleras.

METEORITO Roca procedente del espacio que alcanza la superficie terrestre sin haberse consumido por completo.

METEORIZACIÓN Descomposición de la roca *in situ* por contacto con hielo, agua, viento, calor, sustancias químicas u otros agentes. Véase también **erosión**.

METEORO Masa pequeña de roca procedente del espacio que se vaporiza por completo y reluce al atravesar la atmósfera terrestre.

METEOROIDE **Meteoro** o **meteorito** potencial antes de entrar en la atmósfera terrestre.

MICROCRISTALINO De **cristales** tan minúsculos que solo pueden verse al microscopio. Véase también **macrocristalino**.

MICROGRAFÍA DE LUZ Fotografía tomada por un microscopio que emplea luz visible.

MINERAL Todo material inorgánico natural y sólido de estructura **cristalina** característica y composición química definida. La mayoría de las rocas son mezclas de más de un mineral.

MOLUSCO Miembro del filo de **invertebrados** de cuerpo blando que incluye a **gasterópodos**, **bivalvos** y cefalópodos (como pulpos y calamares). Véase también **amonite**, **nautiloide**.

MONOCOTILEDÓNEA Miembro de la clase dentro de las **angiospermas** que incluye a herbáceas, orquídeas, palmeras y lirios. Se caracterizan por tener un solo cotiledón (hoja del germen) en cada semilla.

MONOTREMA **Mamífero** ovíparo, como los actuales ornitorrincos y equidnas. Se cree que la reproducción ovípara fue la original entre los mamíferos. Véase también **marsupial**, **placentario**.

MONTE SUBMARINO Montaña sumergida, generalmente formada por la actividad volcánica. Véase también **atolón**.

MORRENA Acumulación de detritos de roca resultado de la actividad **glaciar**. Los valles glaciares activos forman morrenas laterales en sus bordes, morrenas mediales en la confluencia de dos glaciares y morrenas terminales en su término. Muchas morrenas permanecen después de la fusión de sus glaciares. Véase también **estriaciones**, **sandur**.

MOSASAURIO Miembro de un género extinto de reptiles marinos del Cretácico que se suponen parientes de las serpientes y los varanos.

MULTIESPECTRAL Relativo a dos o más longitudes de onda del espectro electromagnético. La imagen multiespectral resulta útil para la cartografía de rasgos naturales y geológicos.

MULTITUBERCULADO Miembro de un orden extinto de **mamíferos** tempranos, semejantes a roedores en su mayoría, que existieron del Jurásico al Paleógeno.

NAUTILOIDE Miembro de un grupo de **moluscos** cefalópodos emparentado con **amonites** y nautilus. Su concha externa espiral contiene cámaras llenas de gas que aligeran el cuerpo en el agua.

NIVEL FREÁTICO Superficie superior del **agua subterránea** en lugares donde no está confinada por rocas impermeables. El agua que empapa el suelo tiende a descender hasta que alcanza el nivel freático.

NODULAR Referido a una roca: que contiene fragmentos redondeados de minerales u otros materiales, como el pedernal en la creta, por ejemplo.

NÚCLEO Capa más interna de la Tierra, consistente en un núcleo exterior líquido y un núcleo interior sólido, ambos de níquel y hierro. Véase también **corteza, manto**.

NÚCLEO DE CONDENSACIÓN Partícula minúscula suspendida en la atmósfera, alrededor de la cual se forma una gota de lluvia o un cristal de nieve. Véase también **precipitación**.

NUTRIENTES Sustancias químicas, sobre todo sales de **elementos** como el nitrógeno, el fósforo y el hierro, esenciales para el desarrollo de los seres vivos.

OLA VAGABUNDA Ola oceánica inesperada e inusualmente grande.

OLEAJE Serie de olas regulares generadas por sistemas climáticos a lo largo de grandes distancias.

ONDA CAPILAR Onda en el límite de fase de un fluido en la que la **tensión superficial** predomina sobre la gravedad.

ORNITISQUIO Miembro de uno de los dos órdenes principales de **dinosaurios** (siendo el otro el de los saurisquios), cuyo nombre significa 'con cadera de ave'. Incluye a ornitópodos, estegosaurios, anquilosaurios y ceratopsios.

OZONO Forma del oxígeno con tres átomos en sus moléculas, presente en la atmósfera superior (la capa de ozono), donde absorbe la radiación ultravioleta.

PALEOZOICO Era del tiempo geológico que se extiende desde el inicio del Cámbrico hasta el final del Pérmico (hace entre 539 y 252 millones de años). Le siguió el Mesozoico.

PANGEA Antiguo supercontinente que incluía casi todos los continentes actuales.

PARARREPTIL Miembro de un clado diverso de **amniotas** extintos tradicionalmente considerados reptiles. Incluye a los mesosaurios y a otros grupos.

PAVIMENTO DESÉRTICO Capa rocosa o pedregosa presente en muchos desiertos.

PEZ CARTILAGINOSO Clase de peces cuyo esqueleto es cartilaginoso en lugar de óseo; incluye a tiburones y rayas.

PEZ DE ALETAS LOBULADAS Grupo mayormente extinto de peces con aletas anteriores y posteriores pares de base musculosa. Son los primeros peces conocidos del periodo Silúrico, e incluyen a los actuales peces pulmonados y celacantos.

PIROCLÁSTICO Consistente en o que contiene fragmentos de roca volcánica. Los flujos piroclásticos son nubes de movimiento rápido, a veces letales, de gases y desechos calientes.

PLACA TECTÓNICA Cada una de las grandes secciones en las que está fragmentada la **litosfera** terrestre. El movimiento relativo de distintas placas produce **terremotos**, actividad volcánica, orogénica y deriva continental. Véase también **falla transformante**, **límite convergente**, **límite divergente**.

PLACENTARIO **Mamífero** cuyos fetos alcanzan un estado de desarrollo relativamente avanzado dentro del útero materno, nutridos por la placenta. Son placentarios todos los mamíferos vivos salvo los **marsupiales** y **monotremas**.

PLACODERMO Clase extinta de peces gnatóstomos (mandibulados), comunes durante el Devónico, cuyo cuerpo estaba protegido por una armadura ósea.

PLANCTON Todo ser vivo (plantas, animales o microorganismos) que vive en aguas abiertas a la deriva de las corrientes. La mayoría son minúsculos, pero algunos, como las medusas, son mayores. Véase también **fitoplancton**, **zooplancton**.

PLANETESIMAL Uno de los millones de objetos rocosos de tamaño variable abundantes durante la historia temprana del sistema solar, que al acumularse por efecto de la gravedad formaron los planetas.

PLATAFORMA CONTINENTAL Lecho marino relativamente llano y somero que rodea un continente, y considerado parte de este desde el punto de vista geológico. Véase también **talud continental**.

PLATAFORMA DE HIELO Extensión flotante de una **capa de hielo** o **glaciar** sobre el océano.

PLAYA LEVANTADA Playa que se halla por encima del nivel de la marea alta, debido al cambio del nivel del mar o a la elevación del terreno.

PLEGAMIENTO Estructura geológica en la que estratos rocosos originalmente planos se han doblado por compresión. Pueden hacerlo hacia arriba, formando un arco en el centro (**anticlinal**), o hacia abajo, formando un valle (**sinclinal**). En un plegamiento volteado, uno de los flancos del plegamiento se desplaza más que el otro y se extiende sobre este.

PLUMA Columna de ceniza, partículas volcánicas y gas emitida en las erupciones volcánicas explosivas.

PLUMA DEL MANTO Columna de roca caliente que asciende por el **manto** y la **corteza**, formando un **punto caliente** en la superficie terrestre.

PLUTÓN Masa menor de **roca ígnea** formada bajo la superficie terrestre por solidificación de **magma**. Véase también **batolito**.

PORFIRÍTICA Término que describe una textura de la **roca ígnea** consistente en **cristales** grandes entre una **matriz** más fina.

POZA Área más profunda formada en la base de una catarata por la fuerza del impacto del agua sobre roca madre blanda.

PRECIPITACIÓN Agua que alcanza la superficie terrestre desde la atmósfera, en forma de lluvia, nieve, granizo o rocío.

PRIMATE Miembro del orden de **mamíferos** que incluye a monos, simios y humanos. Son rasgos característicos el pulgar oponible en las manos y la disposición frontal de los ojos.

PRISMÁTICO Término que describe **cristales** cuyas caras rectangulares paralelas forman prismas.

PROTOZOOS Organismos unicelulares con funciones animales, en su mayoría microscópicos, comunes en prácticamente todos los hábitats y que pueden ser de vida libre o parasitaria. Las miles de especies se clasifican en muchos subgrupos diferentes, no todos estrechamente emparentados. Véase también **zooplancton**.

PTERIDOSPERMA Miembro de uno de varios grupos de plantas espermatofitas extintas, de hojas similares a las de los helechos, pero no emparentado con estos.

PTEROSAURIO **Diápsido** volador emparentado con los **dinosaurios**, con alas formadas por membranas de piel que se extendían desde las extremidades delanteras. Originarios del Triásico, los pterosaurios se extinguieron al final del Cretácico.

PUNTO CALIENTE Zona de actividad volcánica duradera que se cree tiene origen en lo profundo del **manto** terrestre. En las **placas tectónicas** que se mueven sobre puntos calientes se forman cadenas de volcanes. Véase también **pluma del manto**.

QUILATE Término usado para representar la proporción de oro en una aleación, siendo el oro de 24 quilates oro puro. Es también una unidad de peso, equivalente a 0,2 g, para diamantes y otras gemas.

QUIMIOSÍNTESIS Proceso por el que un organismo puede crecer y reproducirse usando la energía almacenada en sustancias químicas simples, como sulfuro de hidrógeno o metano. Se diferencia de la **fotosíntesis**, que depende de la energía aportada por el sol. Muchas bacterias son quimiosintéticas, en particular, las que viven en torno a las **fuentes hidrotermales**.

REBOTE ISOSTÁTICO Ascenso del terreno una vez retirado el peso enorme de una **capa de hielo**.

RECRISTALIZACIÓN Transformación de **cristales** menores en otros mayores que tiene lugar bajo presiones muy altas durante el metamorfismo.

REFRACCIÓN Cambio de dirección de las ondas, incluidas las lumínicas, cuando pasan de un medio a otro. Las ondas de agua cambian de dirección al alcanzar aguas más someras.

RÉPLICA **Terremoto** o temblor menor que sigue a uno mayor.

RIFT Gran sección de tierra hundida en relación con el terreno adyacente, resultado de la extensión horizontal de la **corteza** y una falla normal. Véase también **falla**.

RINCOSAURIO Miembro de un orden de herbívoros **arcosauromorfos** extinto, uno de los reptiles más comunes del Triásico.

ROCA EXTRUSIVA Roca formada por **lava** después de fluir por la superficie, o eyectada como material **piroclástico**.

ROCA ÍGNEA Roca originada al solidificarse **magma** fundido. Véase también **roca metamórfica**.

ROCA INTRUSIVA **Roca ígnea** solidificada bajo la superficie, y de enfriado suficientemente lento para que se formen

cristales mayores. Una masa de roca ígnea intrusiva se llama **intrusión ígnea**.

ROCA METAMÓRFICA Roca transformada en el subsuelo por calor o presión, alterándose su textura o sus minerales. El mármol, por ejemplo, es caliza metamorfoseada. Véase también **roca ígnea**.

ROCA SEDIMENTARIA Roca formada por pequeñas partículas que se depositan –por la acción del viento, el agua, los procesos volcánicos o un movimiento masivo– y luego se compactan y cementan.

ROMPIENTE Área (bajío, escollo o costa) donde rompe el agua del mar y se levanta. Véase también **oleaje**.

SAL **Compuesto** formado por la reacción de un ácido con una base. También es el nombre común del cloruro sódico.

SALINA Depresión somera, a menudo en un desierto, que contiene depósitos de sal.

SALINIDAD Concentración de sales disueltas en, por ejemplo, el agua o el suelo.

SALMUERA Solución concentrada de sal en agua que se da comúnmente como agua de mar.

SALOBRE Término aplicado al agua ligeramente salina.

SANDUR Depósito de arena, grava y otros materiales transportados por el agua de deshielo de un **glaciar**. Véase también **morrena**.

SAURÓPODO Miembro del infraorden de enormes **dinosaurios** herbívoros (entre ellos *Diplodocus* y *Brachiosaurus*) de cuello y cola largos, los mayores animales terrestres que han vivido nunca.

SEDIMENTO Partículas transportadas por el movimiento del agua, el viento o el hielo, o los depósitos formados por tales partículas, entre ellas grava, limo o barro. Véase también **roca sedimentaria**.

SILICATO Roca o **mineral** compuesto de grupos de átomos de silicio y oxígeno en combinación química con átomos de diversos metales. Los silicatos constituyen la mayor parte de la **corteza** y el **manto** terrestres.

SILÍCEA Referido a una roca: consistente en o que contiene **silicatos**.

SINÁPSIDO Gran grupo de **vertebrados** tetrápodos que se separó temprano en la evolución de los **amniotas**, y de la que acabarían surgiendo los **mamíferos**. Los sinápsidos fueron los mayores animales terrestres durante el Pérmico. Véase también **diápsido**.

SINCLINAL **Plegamiento** en forma de valle de estratos originalmente planos, formado por compresión horizontal. Véase también **anticlinal**.

SÍSMICO Relativo a los terremotos. Una onda sísmica es una onda de choque generada por un **terremoto**.

SISMÓGRAFO Instrumento usado para registrar ondas **sísmicas**. Un sismograma es el registro obtenido por el sismógrafo. Véase también **terremoto**.

SISMÓMETRO Parte del **sismógrafo** que responde a los temblores del suelo, generalmente debidos a **terremotos**.

SOMBRA OROGRÁFICA Área de **precipitaciones** escasas a sotavento de una cordillera, debido a que el aire que asciende por la cara de barlovento descarga en esta buena parte de su humedad.

SUBDUCCIÓN Descenso de una **placa tectónica** oceánica por debajo de otra placa en la convergencia de ambas. Las zonas de subducción pueden darse entre dos placas oceánicas, o entre una placa oceánica y una continental. Véase también **corteza**, **límite convergente**.

SUBSIDENCIA Hundimiento de agua desde la superficie del océano. La subsidencia a gran escala en ciertas regiones da lugar al proceso de la **circulación termohalina**. Véase también **surgencia**.

SUBSUELO Capa de suelo que se halla inmediatamente debajo del **mantillo**.

SURGENCIA Ascenso a la superficie de agua del océano profundo. Puede deberse al viento que sopla paralelo a la costa o por una obstrucción subacuática, como un **monte submarino** que interrumpe una corriente profunda. El agua de las surgencias suele enriquecer la superficie

con nutrientes. Véase también **subsidencia**.

TABULAR Describe el **hábito** de un **cristal** de caras predominantemente grandes y paralelas.

TALUD CONTINENTAL Lecho oceánico en pendiente que desciende desde la **plataforma continental** hasta el **glacis continental**.

TÉMPANO Área extensa de **hielo marino** flotante.

TENSIÓN SUPERFICIAL Efecto que hace que los líquidos parezcan tener una especie de «piel» elástica, causado por fuerzas cohesivas que atraen las moléculas de la superficie hacia abajo y hacia los lados.

TEORÍA UNIFORMISTA Teoría según la cual las leyes y los procesos que rigen la Tierra hoy rigieron de forma similar en el pasado geológico.

TERMOCLINA Capa a una determinada profundidad del océano en la que la temperatura media cambia rápidamente con la profundidad. También pueden darse termoclinas en la atmósfera.

TERMOSFERA Capa de la atmósfera terrestre que se halla sobre la **mesosfera**. Se extiende entre los 80 y los 640 km de altitud.

TERÓPODO Miembro del gran suborden de **dinosaurios** bípedos que incluye a depredadores como *Tyrannosaurus rex*, así como muchas especies menores, como *Velociraptor* y los antepasados de las aves modernas.

TERREMOTO Temblor repentino de la superficie terrestre causado por **ondas sísmicas** que atraviesan la **litosfera**.

TERRESTRE Relativo a la Tierra; de la tierra, por oposición a lo marino.

TIFÓN **Huracán** o **ciclón tropical** en los océanos Pacífico occidental o Índico.

TOPOGRÁFICO Relativo a los rasgos y formas de una superficie de tierra.

TRACCIÓN Proceso por el que corrientes de agua o aire mueven granos de **sedimento** grueso por una superficie.

TREN Sucesión de olas de longitud de onda similar, espaciadas a intervalos regulares. Véase también **refracción**.

TRILOBITE Miembro de una clase muy diversa de artrópodos marinos extintos (se extinguieron al final del Pérmico).

TROPOPAUSA Límite entre la **troposfera** y la **estratosfera**. La temperatura del aire empieza a aumentar con la altura por encima de la tropopausa, cuya altitud varía de unos 16 km sobre el ecuador a unos 8 km sobre los polos.

TROPOSFERA Capa más baja y densa de la atmósfera en la que tiene lugar la mayoría de los fenómenos climáticos. La altitud del límite superior de la troposfera (llamada **tropopausa**) varía del ecuador a los polos.

TSUNAMI Ola de movimiento rápido y a menudo destructiva generada por un **terremoto** submarino, y que gana rápidamente altura al llegar a aguas someras. Véase también **macareo**.

VALLE SUSPENDIDO Valle, generalmente esculpido por un **glaciar**, en lo alto de la ladera de otro valle mayor.

VENA HIDROTERMAL Capa delgada de **minerales** depositados por la circulación de agua caliente rica en minerales en la **corteza** terrestre.

VERTEBRADO Animal dotado de columna vertebral. Los vertebrados incluyen a peces, anfibios y **amniotas**, que a su vez incluyen a reptiles, aves y **mamíferos**. Véase también **invertebrado**.

VIENTO SOLAR Corriente de partículas con carga emitidas desde la corona del Sol.

VISCOSIDAD Resistencia al flujo en los fluidos. Cuanto mayor es la viscosidad, más lentamente fluyen.

VÍTREO Tipo de **lustre** en **minerales** semejante al del vidrio.

VOLCÁN EN ESCUDO Volcán de laderas poco pronunciadas formado a partir de **lava** fluida. Véase también **cono de escoria**, **estratovolcán**.

ZOOPLANCTON Animales y organismos parecidos a animales que viven en el plancton. Véase también **fitoplancton**, **plancton**.

índice

agradecimientos

DK desea dar las gracias a: Lee Skoulding de My Lost Gems, Southwold, UK (mylostgems.com) por su ayuda en las sesiones fotográficas; Ina Stradins por su contribución al diseño; Gary Ombler por la fotografía; Steve Crozier por el retoque de las imágenes; Peter Bull por la ilustración del ciclo del agua de la p. 224; ETH Zurich por proporcionarnos nuevas imágenes de los modelos de montañas; Maya Myers por la comprobación de datos; Aarushi Dhawan, Kanika Kalra, Arshti Narang y Pooja Pipil por su ayuda en el diseño; Vijay Kandwal, Nityanand Kumar y Mohd Rizwan por su ayuda con la alta resolución de imágenes; Mrinmoy Mazumdar por su ayuda con la maqueta; Ahmad Bilal Khan y Vagisha Pushp por su ayuda en la búsqueda de imágenes; Rakesh Kumar por el diseño de maqueta de la cubierta; Tom Booth por el glosario; Richard Gilbert por la corrección de pruebas; y Helen Peters por la elaboración del índice.

Los editores agradecen a las siguientes personas e instituciones el permiso para reproducir sus imágenes:

(Clave: a-arriba; b-abajo; c-centro; e-extremo; i-izquierda; d-derecha; s-superior)

1 Dreamstime.com: Daniel127001. **2 Science Photo Library:** Eye Of Science. **4-5 Getty Images:** Arctic-Images. **8-9 Popp-Hackner Photography OG:** Verena Popp-Hackner & Georg Popp. **10-11 123RF.com:** Roberto Scandola. **12-13 NASA:** ESA / N. Smith (University of California, Berkeley / The Hubble Heritage Team. **13 NASA:** CXC / SAO / JPL-Caltech / STScI (cdb). **14 ESO:** ALMA (ESO / NAOJ / NRAO) (si). **14-15 ©Alan Friedman / avertedimagination.com**. **16 Getty Images:** Walter Geiersperger / Corbis Documentary (si). **Science Photo Library:** Dennis Kunkel Microscopy (ci). **16-17 Getty Images:** Walter Geiersperger / Corbis Documentary (b). **18 Shutterstock.com:** Auscape / UIG (cdb). **18-19 Alamy Stock Photo:** Jean-Paul Ferrero / AUSCAPE. **20 NASA. 21 Shutterstock.com:** Michael Wyke / AP (ca). **22 Alamy Stock Photo:** Michael Runkel / robertharding (sd). **22-23 ESA:** DLR / FU Berlin. **25 Alamy Stock Photo:** Composite Image / Design Pics Inc (bd). **26-27 Robert Harding Picture Library. 27 Alamy Stock Photo:** B.A.E. Inc. (sd). **28-29 ESA:** Rosetta / NAVCAM. **28 J. W. Valley, University of Wisconsin-Madison:** (ci). **30 Courtesy of Smithsonian. ©2020 Smithsonian:** Chip Clark, NMNH (si). **31 John Cornforth. 32-33 Jeffrey Sipress. 34-35 Getty Images:** mikroman6 / Moment. **37 Alamy Stock Photo:** Phil Degginger. **38 Alamy Stock Photo:** J M Barres / agefotostock (cda); Natural History Museum, London (cd). **Depositphotos Inc:** Minakryn (ebi). **Dreamstime.com:** Annausova75 (ci). **Science Photo Library:** Phil Degginger (ecd); Charles D. Winters (cia); Natural History Museum, London (bi); Dirk Wiersma (bd); Millard H. Sharp (ebd). **Shutterstock.com:** Albert Russ (ecda). **39 Dorling Kindersley:** Holts Gems (ci). **Dreamstime.com:** Bjrn Wylezich (bi). **Shutterstock.com:** Albert Russ (d). **40-41 Shutterstock.com:** Bjoern Wylezich. **40 Alamy Stock Photo:** J M Barres / agefotostock (cb); J M Barres / agefotostock (cdb). **Dreamstime.com:** Miriam Doerr (bi); Infinityphotostudio (cib). **Shutterstock.com:** Sebastian Janicki (bd). **43 Petra Diamonds. 44 Alamy Stock Photo:** Andreas Koschate / Westend61 GmbH (ca). **Dorling Kindersley:** RGB Research Limited (cib). **Dreamstime.com:** Bjrn Wylezich (cia); Bjrn Wylezich (cb). **44-45 Alamy Stock Photo:** Bjrn Wylezich. **46-47 Crystal Classics LTD / crystalclassics.co.uk. 47 Dreamstime.com:** Bjrn Wylezich (c). **48 Dreamstime.com:** Daniel127001 (ecia); Bjrn Wylezich (cia); Epitavi (eci). **Science Photo Library:** Millard H. Sharp (ecd). **Shutterstock.com:** Sebastian Janicki (ci); Sebastian Janicki (cd). **49 Dorling Kindersley:** Natural History Museum, London (cda). **Getty Images:** Walter Geiersperger / Corbis Documentary (cia). **Science Photo Library:** Joyce Photographics / Science Source (ca). **Shutterstock.com:** Sebastian Janicki (b). **50-51 Shutterstock.com:** Sebastian Janicki. **51 Alamy Stock Photo:** Susan E. Degginger (cda); Susan E. Degginger (ecda). **Science Photo Library:** Phil Degginger (ecia). **Shutterstock.com:** Henri Koskinen (cia). **52-53 Dreamstime.com:** Bjrn Wylezich. **54 Dreamstime.com:** Bjrn Wylezich (ci). **56 Alamy Stock Photo:** Roland Bouvier (bi). **56-57 Dreamstime.com:** KPixMining. **58 Alamy Stock Photo:** Enlightened Media (cib); Valery Voennyy (cia). **Science Photo Library:** Paul Biddle (cdb); Mark A. Schneider (cb); Charles D. Winters (bi). **Shutterstock.com:** Cagla Acikgoz (bc); DmitrySt (ca); luca85 (cda); Minakryn Ruslan (bd). **59 Alamy Stock Photo:** Ian Dagnall (cia); Natural History Museum, London (bd). **Dreamstime.com:** Tatiana Neelova (cda). **Shutterstock.com:** Jirik V (ca). **60-61 Dreamstime.com:** Cristian M. Vela. **61 Depositphotos Inc:** Dr.PAS (cia). **Dreamstime.com:** Avictorero (cda). **Shutterstock.com:** valzan (ca). **64-65 Getty Images:** Dale Johnson / 500Px Plus. **65 Dreamstime.com:** Michal Baranski (bc). **66-67 Dreamstime.com:** Lukas Bischoff. **67 Dreamstime.com:** Zelenka68 (si). **68-69 Unsplash:** Robby McCullough. **69 Unsplash:** Yang Song (cb). **70 Shutterstock.com:** MarcelClemens (si). **70-71 Dreamstime.com:** Zelenka68. **72-73 Bryan Lowry. 72 Alamy Stock Photo:** tom pfeiffer (cib). **74-75 Richard Bernabe Photography. 76-77 Getty Images:** Piriya Photography. **77 Shutterstock.com:** Yanping wang (bd). **78-79 Dreamstime.com:** . **79 Alamy Stock Photo:** J M Barres / agefotostock (bc). **80-81 The Light Collective:** Ignacio Palacios. **81 Alamy Stock Photo:** Natural History Museum, London (sc). **82 Dreamstime.com:** Losmandarinas (bi). **82-83 Alamy Stock Photo:** Natural History Museum, London. **84 British Geological Survey:** Permit Number CP22 / 005 British Geological Survey © UKRI. **85 Alamy Stock Photo:** Natural History